建設プロジェクトマネジメント

小林康昭
編著

岡本俊彦
齋藤　隆
杉原克郎
内藤禎二
二ノ宮正
著

朝倉書店

編著者

小林 康昭(こ ばやし やす あき)　　足利工業大学，大成建設(株)顧問，東京大学 博士(工学)，技術士

著　者

岡本 俊彦(おか もと とし ひこ)　　大成建設(株)，技術士，一級建築士

齋藤 隆(さい とう たかし)　　鹿島建設(株)・横浜国立大学非常勤講師，東京大学 博士(工学)，技術士

杉原 克郎(すぎ はら かつ ろう)　　清水建設(株)，技術士，一級建築士

内藤 禎二(ない とう てい じ)　　大成建設(株)・日本大学非常勤講師，日本大学 博士(工学)，技術士

二ノ宮 正(に のみや ただし)　　(株)大林組，京都大学 博士(工学)，技術士

(五十音順，所属は執筆当時)

まえがき

　プロジェクトマネジメントと銘打った本書が扱う対象は，建設プロジェクトマネジメントである．建設プロジェクトマネジメントは建設マネジメントを構成する一分野である．その建設マネジメントは，経済学や経営学，あるいはマネジメント論の建設産業版である．巷間に流布する経済学や経営学，あるいはマネジメント論が向けている視野は，事実上，第二次産業の製造業や第三次産業の金融業や流通業などを対象としている．だが，建設業にも，経済学や経営学，あるいはマネジメント論の視点は必要なのであり，それ故に，建設マネジメント，あるいは建設プロジェクトマネジメントの意義が存在するわけである．
　最近の建設マネジメント研究や教育は，とくにプロジェクトマネジメントを重視している．建設産業では，建設事業の成否も建設業の浮沈も，プロジェクトマネジメントの成否が鍵を握っているからである．
　建設のプロジェクトをマネジメントする当事者は，企画起業する官庁や企業などの事業者や発注者，調査や設計の委託を受ける建設関連のコンサルタント，建設現場の施工を請け負う建設会社などである．当事者ごとにそれぞれのマネジメントが行われるわけだが，本書はその中の建設会社が施工現場で行っているマネジメントを対象にしている．
　対象に選んだ理由は本書の中で明らかにしているが，建設会社の施工現場のマネジメントが圧倒的な存在感を有しており，ほかの当事者にも，有用で，参考になり，倣うところが多いと考えられるのである．
　マネジメントの本には2種類ある．その1つは，実務的な本である．この本には，実際に行われるマネジメントに必要な知識や知恵が書かれている．この本から，過去にマネジメントを実践してきた先達が積み重ねた知見を修得して，自らのマネジメントに活用するのである．
　建設プロジェクトマネジメントを構成しているコスト，タイム，調達などのマネジメントは，基本的に体験の積重ねによってでき上がっている．マネジメントを牽引するマネジャの資質，運用を支えるマネジメント組織なども然りである．建設プロジェクトマネジメントは，時代とともに新しい手法や概念を取り入れてきたが，依然として体験の積重ねによる実務的な知見を無視しては，マネジメン

トを行うことはできないのである．

　もう1つは，研究書または学術書である．この本には，マネジメント理論の研究者による研究成果が書かれている．既往のマネジメントの事例や実態を研究し，合理的に分析した結果を学問的に体系づけている．その理論体系は，マネジメントが実践されずして，構築することはできない．そして，実践されるマネジメントについて，正当性や妥当性が実際に確かめられることで，その理論は説得力をもつのである．

　基本的に，マネジメントとは組織を動かすことであり，その組織を構成する人々を動かすことである．それは，その人々を納得させ，共感を得ることが前提にある．すなわち，民主的な人間関係の構築がベースにあることを意味しており，マネジメントは非常に人間臭い一面があることに留意する必要がある．それ故に，理論を学ぶ前に修得すべき意義が存在するわけである．マネジメントを行うためにマネジメントを学ぼうとするには，まず先達が積み重ねてきた知見を修得することから始めたい．

　その観点から本書は，昨今ではとかくなおざりにされがちな，体験的な積重ねによる，いわゆる伝統的な実務面を中心に構成している．

　職場や教室や研究室で，建設プロジェクトの教育，研究，実行，指導の渦中にある技術者，学生，研究者達のお役に立ち期待に応えたい，との一心で本書を上梓した．

2016年10月

著者たちを代表して　小 林 康 昭

目　　次

プロジェクトマネジメントの来し方 …………………………………………… 1

1. プロジェクト ……………………………………………………………… 7
1.1 プロジェクトの基本概念 ……………………………………………… 7
プロジェクトの語義／　プロジェクトの概念の形成／　プロジェクトの要件
1.2 プロジェクトの種類 …………………………………………………… 9
プロジェクトの目的／　プロジェクトの対象／　建設プロジェクトの概念
1.3 建設プロジェクトの対象 ……………………………………………… 11
公共基盤の整備／　産業基盤の整備／　生活基盤の整備
1.4 プロジェクトの構想と動機 …………………………………………… 15
1.5 建設プロジェクトのライフサイクル ………………………………… 16
ライフサイクル／　建設プロジェクト各段階の仕事を担当する当事者／　市場の需要やニーズの把握の段階の仕事／　概念的な計画と事業化実現の検討の段階の仕事／　設計と技術的な計画と管理の段階の仕事／　施工業者などの選択・契約と施工の段階の仕事／　引渡し段階以降の仕事
1.6 プロジェクトの資金 …………………………………………………… 22
国家財源／　地方財源／　民間資金の財源／　PFI事業に活用するために拠出する資金／　国際プロジェクトの財源
1.7 建設プロジェクトの起業者 …………………………………………… 25
1.8 建設プロジェクトに採用される生産システム ……………………… 26

2. マネジメント …………………………………………………………… 29
2.1 マネジメントの基本概念 ……………………………………………… 29
マネジメントの語義／　マネジメント概念の形成／　マネジメントの要件／　マネジメントの分類
2.2 マネジメントの特性 …………………………………………………… 31
リーダーシップ／　意思の決定と伝達／　チームワーク／　権限の委譲／　インセンティブの付与／　リスクの対応

2.3　建設マネジメント……………………………………………………47
　　　建設マネジメントの概念／　建設プロジェクトのマネジメント／　建設会社のマネジメント体系／　マネジメント体系の分化と連携

3. プロジェクトマネジャ………………………………………………………55
　3.1　プロジェクトマネジャの基本概念………………………………………55
　　　マネジャの語義／　マネジャの定義
　3.2　リーダーシップとマネジメント…………………………………………57
　3.3　プロジェクトマネジャの役割……………………………………………58
　3.4　プロジェクトマネジャの権限と要件……………………………………62
　　　プロジェクトマネジャの権限／　プロジェクトマネジャの要件
　3.5　プロジェクトマネジャに求められる要素………………………………63
　　　諸文献の要素リスト／　諸要素の考察
　3.6　プロジェクトマネジャの資質と能力……………………………………66
　　　文献調査による設定／　アンケートによる設定
　3.7　プロジェクトマネジャの育成・教育……………………………………71
　　　ファヨールが示した原則／　日米の実態比較

4. マネジメントの組織…………………………………………………………75
　4.1　組織の基本概念……………………………………………………………75
　4.2　組織論の展開………………………………………………………………76
　　　組織論研究の系譜／　現代組織論
　4.3　マネジメントと組織………………………………………………………84
　　　組織の要件／　組織の原理／　組織形態の基本形／　組織におけるマネジメント階層の構造／　組織の存続期間／　組織の行動様式／　組織上の権限と責任
　4.4　定常的マネジメントの組織………………………………………………95
　　　建設企業の初期的な組織の編成／　機能別組織の編成／　分権型組織の編成／　多重組織（分社組織）機構の構築
　4.5　プロジェクトマネジメントの組織………………………………………100
　　　部門別構造／　プロジェクトマネジャ構造／　プロジェクトチーム構造／　事業場別構造／　混成構造
　4.6　プロジェクトチーム制……………………………………………………104

プロジェクトチームの機能／　プロジェクトチームの原則／　プロジェクトチームの形成過程／　組織のデザイン／　組織のマネジメント

5. タイムマネジメント ……………………………………………………… 117
5.1 タイムマネジメントの基本概念 ………………………………… 117
　　タイムマネジメントとは／　タイムマネジメントの概念の形成
5.2 計 画 立 案 …………………………………………………………… 118
　　当初計画の立て方
5.3 着手後の工程見直し ………………………………………………… 121
　　Plan（計画）／　Do（実施）／　Check（検討）／　Action（処置：工程見直しのタイミングと方法）／　施工中の定期的な検討会の実施／　反省会の実施
5.4 工程表の作成 ………………………………………………………… 124
　　スケジュール作成の概略手順／　現実的な工程表作成ステップ／　工程表作成手法／　ネットワーク工程表作成の基本
5.5 スケジュールコントロール ………………………………………… 134
　　データ収集／　データ分析／　スケジュールコントロール上の注意点

6. コストマネジメント …………………………………………………… 142
6.1 コストの基本概念 …………………………………………………… 142
　　コストの語義／　コストの特徴／　コストとプライス／　コストの種類／　コストの算定
6.2 コストマネジメント ………………………………………………… 143
　　コストマネジメントの基本概念／　コストマネジメントの志向／　受注者のコストマネジメント手法
6.3 積　　　算 …………………………………………………………… 145
　　積算体系／　積算基準／　予定価格
6.4 見　積　り …………………………………………………………… 146
　　見積りの目的／　見積りの構成／　見積金額／　見積りの決裁
6.5 契　　　約 …………………………………………………………… 153
　　入札／　落札／　契約管理
6.6 予　　　算 …………………………………………………………… 156
　　予算の目的／　予算の書式／　予算金額／　実行予算書の作成
6.7 出入金の管理 ………………………………………………………… 158
　　入金の管理／　出金の管理／　現場会計

6.8 収支の管理 ……………………………………………………………164
コストの推定／ コストの確定／ 収支の推定／ 契約基準による管理／
支払基準による管理／ EVMS 手法による管理

6.9 収支の改善 ……………………………………………………………169
収支の悪化／ 検討の着手時期／ 改善の直接的方法／ 改善の間接的方法

6.10 設計変更 ……………………………………………………………179
設計変更の基本概念／ 設計変更の発生原因／ 設計変更の動機／ 準拠する規定／ 設計変更の手続き

6.11 決　算 ………………………………………………………………181
決算の基本概念／ 単独工事の決算／ 共同企業体の決算／ 建設会社の決算

7. 調達のマネジメント …………………………………………………186

7.1 調達の基本概念 ………………………………………………………186

7.2 調達の対象 ……………………………………………………………186

7.3 調達の主体 ……………………………………………………………187
現場調達／ 中央調達／ 調達の外部化

7.4 調達計画 ………………………………………………………………187
労務の調達計画／ 材料の調達計画／ 機械の調達計画／ 調達の目標

7.5 供給者の選定 …………………………………………………………188
選定の方法／ 競争取引／ 相対取引

7.6 契　約 …………………………………………………………………190
契約の種類／ 契約上の権利と義務／ 契約金額／ 支払い／ 契約変更と紛争解決の手段

7.7 労務の調達 ……………………………………………………………196
調達の対象／ 調達の方法／ 労務の原価

7.8 材料の調達 ……………………………………………………………199
調達の対象／ 調達の方法／ 材料の原価

7.9 機械の調達 ……………………………………………………………200
調達の対象／ 調達の方法／ 調達機械の選定／ 調達費用

7.10 請負による調達 ……………………………………………………204
調達の対象／ 調達の方法／ 原価の算出／ 労務請負の業務／ 下請契約約款／ 支払い

7.11 委託業務の調達 ……………………………………………………215
調達の対象／ 契約条件／ 原価設定／ 支払い

目　　次　　　　　　　vii

　7.12　引　渡　し……………………………………………………216
　　　　工期と納期／　輸送／　検収

プロジェクトマネジメントの行く末………………………………223

あ と が き……………………………………………………………230

索　　　引……………………………………………………………231

資　料　編……………………………………………………………235

プロジェクトマネジメントの来し方

　英語圏では，18世紀頃のプロジェクトのイメージは，建設事業や開発事業だった．すなわち，プロジェクトマネジメントとは，建設プロジェクトマネジメントと同義だった．
　産業革命直後の大きな生産活動は，大量一貫生産の工場制機械工業の定常的な作業が主流だった．定常的とは，同じことを繰り返す状態をいう．流れ作業の一糸乱れぬ動きを繰り返す職場は，定常的の典型である．
　一方，プロジェクトマネジメントは，始まりがあって終わりがある．そして，非定常的である．非定常的とは，繰返しが少なく，変化に富む状態をいう．工事現場の作業は，その場所，位置，数量，規模などがまったく同じことはない．そして，必ず終わりに向かって進んでいく．
　プロジェクトマネジメントが，建設プロジェクトマネジメントをイメージしたのは当然だった．
　19世紀頃のわが国でも同様の状況にあった．幕藩体制下の，普請奉行や作事奉行に率いられる黒鍬組などの士族集団，大工職の棟梁やとび職の頭に率いられる職人集団が行う城郭，堂塔，堤防，隧道の新設や改修が，当時の大プロジェクトである．明治になっても，この認識は踏襲される．
　伝統的な因習をもつわが国の建設の世界に，マネジメントの抜本的な転換期が到来したのは，第二次世界大戦後である．1950年代に機械化が導入される．1960年代に材料込みの請負体制が確立した．1970年代に受注者側に重層化が定着する兆しをみせる．1980年代にコンピュータ機能の端末化と情報システムの普及がみられる．1990年代に入ると，建設市場は縮小を始める．これは，わが国の建設産業の歴史で初めての出来事である．このときに，歴史的に大きな節目を迎えたのである．その流れは今後も続くだろう．2000年代はIT革命の時代と囃される．
　こうした時代の流れとともに，発注者が担ってきたプロジェクトマネジメント機能がしだいに縮小し，受注者の建設会社は，プロジェクトマネジメント機能を拡大強化して，建設プロジェクトのマネジメントの中核を担うようになった．

発注者の業務は，しだいに間接的統治色が濃厚になる．トップマネジメントが発する命令は指示→通達→追認と変容して，制約性や拘束性が弱まる．組織全体が管理労働的な職階層に変質する．業務は定常化して，機能別組織によって行われるようになる．プロジェクトチームを編成する機会は稀有となる．プロジェクトリスクは，外部化によって受注者側の建設会社の請負契約の義務と責任に移行して，発注者が負っていた責任とリスクは減少するか消滅する．その結果，発注者のマネジメントは，プロジェクトマネジメントの特性を欠いていくのである．

建設プロジェクトにおいて，体系化したプロジェクトマネジメントを遂行する者は，受注者である請負者，つまり，元請会社となる．元請会社とは，重層構造を構成するマネジメント体系の頂点に立つ建設会社（ゼネコン）である．つまり，元請会社のプロジェクトマネジメントを語ることが，実質的に本質的な建設プロジェクトマネジメントの現状を語ることになる．

1980年代に入って，わが国の建設の世界では，プロジェクトマネジメントのビジネス化に関心が向けられた時期がある．すなわち，コンストラクションマネジメント（CM）の採用である．CMとは，主に発注者が民間のマネジメントの専門家を雇って自身の脆弱なマネジメント機能を補完するシステムである．アメリカで誕生して定着し，その後，欧州諸国に導入された．わが国でも関心が高まったが，実用の段階には至っていない．その理由は，発注者達にマネジメントの専門家（CMr）を外部化する気がないこと，その結果ハードを離れたマネジメント専門家の活動する余地がないこと，マネジメントに対価を支払って契約する認識が発注者側にも受注者側にも育っていないことにある．つまり，マネジメントビジネスの市場が確立できていないのである．今後，市場環境の変化によっては採用の機運があるかもしれない．

1990年代に入って，マネジメントに必要な知識や実務上の慣行の共有化や啓蒙活動が求められるようになった．業界を超え，国を超え，国際的に活発になり，グローバルなプロジェクトマネジメントに関心が向けられた．特筆されることに，プロジェクトマネジメント業界の団体活動が挙げられる．その例に，PMI（Project Management Institute）がある．PMIは1969年に，アメリカで航空機製造会社や建設会社の経営者や工業大学の教授を中心に，プロジェクトマネジメントの専門家に相応しい知識や実務的な慣行の進歩促進を図ることを目的に設立された非営利団体である．活動対象は全世界に及び，200以上の国地域に会員を抱える．1998年には，日本支部が発足している．

PMIの活動は，PMBOK（Project Management Body of Knowledge）に象徴

される．PMBOK は"プロジェクトマネジメント知識体系"と邦訳され，世間に周知され受け入れられている知識や実務的な慣行を特定し記述している．

周知され受け入れられているということは，その内容が，ほとんどのプロジェクトに適用可能であり，その効果と有用性が広く賛同を得ていることを意味する．しかし，"あらゆるプロジェクトに等しく適用されるとか適用すべきということではない"，として，個々のプロジェクトマネジメントの組織は特定の与えられたプロジェクトに対して責任をもって適切に決定することを求めている（プロジェクトマネジメント協会（PMI）「プロジェクトマネジメント知識体系（PMBOK）ガイド」，2000年）．

つまり，PMBOK はプロジェクトマネジメントの普遍的な知識と実務的な慣行を提供するけれども，個々のプロジェクトのマネジメントに無条件に適用できるものではない，それぞれの状況に応じて判断せよ，といっているわけである．

プロジェクトマネジメントの体系化は刺激的だった．そこで，建設業界や建設関連の諸機関が関心を示した．

PMBOK は，プロジェクトマネジメントの体系を，9つで構成している．

1. 統合マネジメントとは，プロジェクトの様々な要素を調和させるのに必要な，計画の策定と実行，および統合の変更・管理からなる．
2. スコープマネジメントとは，プロジェクトが成功裏に完了するのに必要な，立ち上げ，スコープの計画・定義・検証，およびスコープの変更・管理からなる．
3. タイムマネジメントとは，プロジェクトを所定の時期に完了するのに必要な，アクティビティの定義・順序設定・所要期間の見積り，スケジュールの作成，およびスケジュールコントロールからなる．
4. コストマネジメントとは，プロジェクトを予算内に完了させるのに必要な資源（材料，機械，労務などの）管理，コスト見積り，コストの予算化，およびコストコントロールからなる．
5. 品質マネジメントとは，プロジェクトの要求を確実に満たすのに必要な，品質の計画・保証・管理からなる．
6. 人的資源マネジメントとは，プロジェクトに関わる人材や労働力を効果的に活用するのに必要な，組織計画，要員調達，および組織の編成・育成からなる．
7. コミュニケーションマネジメントとは，時期に応じたプロジェクト情報活動とその管理を行うのに必要な，コミュニケーション計画，情報配布，実績報告，および完了手続きからなる．
8. リスクマネジメントとは，プロジェクトのリスクの識別や対応に必要な，リスクマネジメント計画，リスク識別，定性的リスク分析，定量的リスク分析，リ

スク対応計画,およびリスクの監視とコントロールからなる.
9. 調達マネジメントとは,プロジェクト組織の外部から物品やサービスを収得するのに必要な,調達計画,引合計画,引合,発注先選定,契約管理,および契約完了からなる.

PMBOKが示す体系化は普遍性が高い.建設分野でプロジェクトマネジメントに向ける関心が高くなった理由は,1980年代から,建設事業が及ぼす社会的な影響,建設市場や生産システムの多様化,建設産業の構造的な問題などが急激に変貌・変革したからである.

PMBOKの体系は,1つの特定のプロジェクトを,終始唯一つの担い手が執行する前提に立っている.一方,通常の建設プロジェクトマネジメントでは,構想や企画の段階から調査や設計の段階を経て施工の段階まで,複数の担い手にマネジメント体系が分散する.各々の担い手が役割を引き継ぎながら,各々の役割を果たす.このシステムに適応するには,PMBOKの体系に手を加える必要がある.

この事実は,まさにPMBOKが表明しているように"プロジェクトマネジメントの普遍的な知識と実務的な慣行を提供するけれども,個々のプロジェクトのマネジメントに無条件に適用できるものではない,それぞれの状況に応じて判断"することに通じるわけである.

建設プロジェクトの代表的な担い手は,a. 建設事業の事業者やその建設工事の発注者,b. 設計者や監理者,および c. 建設工事を請負う施工者である.

a. が担う主なプロジェクトマネジメントは,1. 統合マネジメント,2. スコープマネジメント,7. コミュニケーションマネジメントである.

b. が担う主なプロジェクトマネジメントは,5. 品質マネジメントである.

c. が担う主なプロジェクトマネジメントは,3. タイムマネジメント,4. コストマネジメント,6. 人的資源マネジメント,8. リスクマネジメント,9. 調達マネジメントである.

通常,a. と b. のマネジメントは,リスクが少ない,マネジメント組織を設けることが少ない,定常的な業務が多い,などプロジェクトマネジメントの要件に乏しい.

c. のマネジメントは,リスクが多い,マネジメント組織を設けることが多い,繰返しが少ない非定常的な業務が多い,などプロジェクトマネジメントの要件を満たしている.c. のマネジメントを語ることが,建設プロジェクトマネジメントを語ることになる.

一方,わが国で慣用されてきた伝統的な建設プロジェクトマネジメントは完成

度が高く，建設関係者は，この伝統的な建設プロジェクトマネジメントへの執着が大きい．そのために，PMBOK に向けられた建設関係者の関心は，その後，衰微したようにみられる．

建設現場のプロジェクトマネジメントには，海外工事の存在がある．わが国の本格的な海外建設工事は，昭和 30 年代に始まった賠償工事をもって嚆矢とする．賠償工事は，第二次世界大戦下で日本軍が占領した地域に対して，戦後に謝罪と補償の名目で行われた無償供与の1つである．賠償工事の実態は，現場は外国だがマネジメントは日本的だったから，国際的なプロジェクトマネジメントとは程遠かった．

10 年足らずの一過性だった賠償工事の後に続く商業ベースの建設工事に携わるようになってから，わが国の建設会社は，外国の異文化と対峙することになった．異文化とは，現地の発注者や第三国（主として欧米先進国）の融資機関や設計監理コンサルタントなどのビジネスモデルとマネジメント文化の存在である．そこで，本格的な国際的な建設プロジェクトマネジメントを体験するようになる．海外工事の試練とは，相手側との異文化ギャップに苦しみ耐えることを意味するほど，わが国と諸外国とのギャップは大きい．海外工事で得たマネジメント上の知見は非常に大きく，試練に耐えた努力は称賛に値するのだが，得られた成果や実績を国内に移入・導入する機運はない．したがって，海外工事の現場では，もっぱら異文化の内外格差を意識しながら，その併存を前提にして従事している実態にある．ことほど左様に，国内では日本固有のマネジメント文化が強固であるという証である．本書は，国内の建設現場のプロジェクトマネジメントに対象を限っているので，海外工事におけるマネジメントの実情には触れない．

基本的に，通常の建設事業では建設現場がプロジェクトマネジメントを行い，本社や支店は定常業務のマネジメントを行う．

建設現場のプロジェクトマネジメントは，マネジメント組織のプロジェクトチーム（いわゆる作業所）を現場に編成し，チームのトップ（いわゆる所長）を頂点とするヒエラルキーのもとで組織的に行う．組織体系，要員編成，役割分担，達成目標，予算と時間的な制約は，明確で厳格である．

本社や支店のマネジメントには，プロジェクト発掘のための市場開発，プロジェクト入手のための営業・入札・契約，入手したプロジェクトに必要な資源（人材，労務，資金，資材，機器，情報など）の調達などがある．本社や支店が採用するマネジメント形態は，プロジェクトマネジメントではなく，定常業務を処理する定常的なマネジメントで行われる．基本的に，プロジェクト組織の編成はな

い．本社や支店の定常的マネジメントは，プロジェクトマネジメントに対する支援的な位置づけにある．

本社や支店の定常的マネジメントと建設現場のプロジェクトマネジメントが社内で併存する形態は，独立採算制と事業部制組織を基本に据えることによって機能する．本書では，基本的に，本社や支店が行うマネジメントは，対象から除外する．

建設現場で行うプロジェクトマネジメントについて，本書を構成する各章の概要は以下のとおりである．

第1章「プロジェクト」では，プロジェクトの基本的な概念に触れたあと，建設プロジェクトを構築する生産システムを時系列的な推移に対応して述べている．

第2章「マネジメント」では，一般的なマネジメント論と建設マネジメントの特徴を述べ，定常的マネジメントとプロジェクトマネジメントの特性を述べている．

第3章「プロジェクトマネジャ」では，制度上の役割や権限，求められる個人的な資質や能力，相応しい人材の養成・教育について述べている．

第4章「マネジメントの組織」では，組織論の紹介，通常の建設会社の組織形態の解説，建設プロジェクトに対応する組織の形成過程と種類を述べている．

第5章「タイムマネジメント」では，国内の土木工事の現場で，基本的に採用され常用されている手法をもとにして述べている．国際的に採用される手法や今後のIT導入の効用などを考慮する余地がある．

第6章「コストマネジメント」では，入札前の積算，落札後の予算編成，建設工事遂行中の収支管理，完成後の決算までを時系列的に述べている．

第7章「調達のマネジメント」では，請負工事が重層構造であることを前提に，元請会社の現場が担う調達業務とその管理を述べている．品質管理の業務は，下請会社への調達管理の対象として扱っている．

終章では，わが国の建設プロジェクトマネジメントの展望と課題を挙げている．

1. プロジェクト

1.1 プロジェクトの基本概念

1.1.1 プロジェクトの語義

「プロジェクト」という語は，英語圏の project の外来語である．project は，pro（前の方へ）と jacere, jact-（投げる）からなるラテン語から派生した動詞 project（前の方へ投げる）が語源とされる[1]．このラテン語動詞 jacere, jact- は最も豊富に英語の派生語を生み出した語の1つとされる．subject（下へ向かって投げる→主体），object（通り道に向かって投げる→対象），inject（中へ向かって投げる→注入）などが挙げられ，project もその1つである．

pro（前に向かって）の方向は，未来，将来を指す．project が計画を意味するのは，前方に向かって投げて，それを実現させること，すなわち将来に何物かを実現させる目的で投げかける，ということで，project には計画の他に投影の意味もあるが，共に「前に向かって投げる」の語義を同根とする派生語である．

1.1.2 プロジェクトの概念の形成

イギリスの代表的な辞典によると[2]，project として最初に示される意味は，17世紀前半の「（とくに字や図に書かれた）輪郭や下書き；表示された提示；予備的な構想や原型」だった．18世紀前半には「計画もしくは提案された企て，事業，仕事；組織だった公的な計画の大系」という意味で使われていた．20世紀初めに「個人や集団の生徒に履修する義務があるあらかじめテーマを定めた長期的な練習や学習」という意味が現れる．20世紀中葉には「産業的や科学的な研究のため，あるいは社会的な目的をもって引き受けられる個人や共同で行われる事業」もしくは「政府助成の低賃貸集合住宅や一戸建て住宅の団地や街区．さらにもっと徹底した住宅事業（とくに project を事業の意味に特定）」という意味が登場した．

アメリカの辞典には，project とは「企画，計画，企てを意味し，計画の実行を請け合う仕事や事業，従事することを請け合う仕事や問題」であり[3]，計画ばか

りでなく実行を含む．請け合うとは「約束する，保証する，引き受ける」のことである．さらには「1 計画，企画，もくろみ，企て，案（plan, scheme）：新体育館建設計画．計画を立てる．計画を実行する．委員会に案を出す．2（とくに多くの費用・人員・設備を必要とする大規模な）計画事業，事業：排水（住宅建設事業）．公共土木計画事業．衛生施設や他の福祉事業に多くの金を使う．開発事業が東南アジアの各地で行われている．3（とくに学術的な）研究課題，調査課題：夏の研究課題として鳥の研究を選ぶ．4 計画団地（または住宅事業計画）．5 以下略」とある[4]．

これらに述べられた概念を整理すると，プロジェクトとは目標があり，その達成に期限がある事業などと訳される．このプロジェクトをマネジメントすることとは，具体的な目標を，限られた期限内に達成することである．小規模で短期間に処理できる場合には，1人か2人程度の少人数を，限られた期間だけ従事させる．この要員をタスクフォース（特務班）という．処理に必要な期間が長期にわたり，多くの要員を組織的に動かす必要が出てくる場合には，通常の定常業務を処理する組織とは別の組織を編成して処理することになる．その処理のために編成される組織がプロジェクトチームである．

1.1.3 プロジェクトの要件
各種の文献[5~12]が挙げている要件を，以下に敷衍する．
① プロジェクトとは，仕事，事業，業務である．
② プロジェクトは，計画，実行，完成の機能を備えている．
③ プロジェクトには，具体的な目標・目的がある．
④ その目標・目的を達成するために，開始から終了までが有機的（期間が限定）である．
⑤ 行うべき業務が，あらかじめ明確になっている．
⑥ 業務に費やす費用・人員・設備が，あらかじめ限定されている．
⑦ 開始から終了まで，一連の仕事は一度限りで繰返しがない．
⑧ プロジェクトの一連の仕事にはライフサイクルがある．
⑨ プロジェクトの目的が達成された時点で終了する．
⑩ プロジェクトには顧客（社内の場合もある）がある．
⑪ プロジェクトは組織を横断する．
⑫ 踏襲するべき前例がない．
⑬ 不確実要素（予見が不可能）に満ちている．
⑭ マネジメントが必要である．

などが挙げられる．

1.2 プロジェクトの種類

1.2.1 プロジェクトの目的

プロジェクトは，その目的によってビジネスチャンス型と問題解決型の2つがある[13]．

(1) ビジネスチャンス型

定常的に行われている業務以外のビジネスチャンスが出現したときに，メンバーを集めた組織で行うプロジェクトである．代表的な存在が，建設会社が行う建設工事である．建設会社にとって，建設工事はビジネスである．したがって，具体的な建設工事が発注者によって企画化された段階から，建設会社はこの受注活動から契約，施工に至る一貫した活動をプロジェクト活動と位置づけて行動する．建設会社にとっては，建設工事の実施は恒常的な事業対象であるが，個々の建設工事は独立した存在のプロジェクトとして扱われる．このプロジェクトでは，事業費，実施期間，仕様や性能を，プロジェクトを行う受注者の意思で定めることができない．これらの条件や制約は発注者の意思で決定され，その意思は契約によって受注者を拘束する．

(2) 問題解決型

組織の中で，問題点が見過ごせない状態に至ったときに実施されるプロジェクトである．定常的な業務を行う組織の中で発生した問題点の解決が，日常の定常的な業務の中では解決できない場合に，とくに別の組織を編成して，その問題解決に当たる業務を実施する．

この類のプロジェクトでは，プロジェクトの実施者やその上位者の意思で，あらゆる目標を定めることが原則である．建設工事でも，発注者側に問題解決型に該当するプロジェクトが生まれる場合がある．発注者にとっては，既存の施設や建造物に機能不足や容量不足が生じて，その解決の方策として新たな建設事業の構想につながることがあるからである．

国や自治体の出先事務所は，建設工事の企画，契約，管理などの業務を恒常的に実施する役割を担っているが，このような状況下では，個々の建設工事を定常業務とみなさないで，問題解決型の独立したプロジェクトとして扱うことが適当である．

なお，本書では，(1) のビジネスチャンス型のプロジェクトを対象とする．

1.2.2 プロジェクトの対象

　計画，仕事，事業と表現されるすべてがプロジェクトとは限らないが，実行すること，開始と完結を有する有期性を考慮すると，様々なプロジェクトの存在がわかる．

　個人や家庭では，旅行，進学，就職活動，結婚，持ち家の達成，葬儀などの生活や人生に関わる身近なプロジェクト．個人や家庭を取り巻く生活環境では，水道，下水，電気，ガス，電力，電話などのライフラインの修理改造，道路の補修や拡張，ゴミ処理場の建設，区画整理事業など，住民の暮らしに関わるプロジェクト．行政官庁では，法令の制定，制度の整備，予算の立案など，最近の裁判員制度，公務員改革，総合評価方式の実現に向けた一連の仕事もプロジェクトである．民間企業では，経営戦略の策定，技術・製品の開発，販売目標達成のプロジェクト．研究機関や教育機関では，研究や教育指導に関して特定の目標を立てて立ち上げるプロジェクトがある．

　新幹線・青函トンネル・本四架橋などの建設計画，第二次世界大戦末期に核兵器開発を実現したマンハッタン計画，月に人類初の第一歩を印したアポロ計画などは，歴史に残る国家的な大プロジェクトである[14]．国家的レベルのプロジェクトでは，オリンピック大会や世界万国博覧会，政府間開発援助（ODA）などの実施のような，国家的戦略レベルの計画的意義を備える特定の目的の遂行も，プロジェクトの範疇に入る．

　遡れば，奈良の大仏，エジプトのピラミッド，中国の万里の長城などの建設は，歴史的な大規模プロジェクトである．このように，個人的から国家的まで，先端的から歴史的まで，様々なプロジェクトが存在する．

1.2.3 建設プロジェクトの概念

　本来，プロジェクトやプロジェクトマネジメントは，アメリカの実業界や行政の世界では，長い間，エンジニアリング・建設業界が独占していたツール[15]とされ，プロジェクトと建設プロジェクトがほとんど同義の時代があったという．そのことは，英語圏の人々には，団地開発事業，住宅事業計画などで例示されるような，建設事業や建設プロジェクトがprojectの語に抱く古典的なイメージなのであろう．

　建設プロジェクトを，各種文献[5,16~20]から敷衍すると，以下のような概念が挙げられている．
① 建設プロジェクトとは，社会基盤整備を目的とする仕事，事業である．
② プロジェクトに備わる機能とは，計画，実行，完成である．

③ プロジェクトに備わる機能を満たす共通の基本的な要件は，具体的な目標・目的である．
④ 目標・目的を達成するために，開始から終了まで特定の期間が限定される（有期的）．
⑤ 行うべき業務が，あらかじめ明確になっている．
⑥ 業務に費やす費用・人員・設備が，あらかじめ限定されている．
⑦ 開始から終了まで一連の仕事は，一度限りで繰返しがない．
⑧ 一連の仕事には，ライフサイクルがある．
⑨ 請負契約によって履行される仕事がある．
⑩ 建設工事がある．
⑪ 専門家による設計が行われる．
⑫ 特定の限られた特定の明確な仕事である．
⑬ 最終点は，唯一つである．
⑭ 多様な専門的業務から構成される．
⑮ 複数の段階で構成されている．

　要約すると建設プロジェクトとは「限られた資源（金銭，人的，物的，情報など）を投入し，限られた期間に特定の社会基盤の整備を目的として立案された計画に基づいて，専門家の手になる設計に従って，土木や建築の事業を請負いで行う活動」である．

1.3　建設プロジェクトの対象

　社会基盤の整備を目的とする建設プロジェクトにおいて，社会基盤とは，公共，産業，生活などを支える基盤を指し，整備とは，建設，運用，維持，管理などの一連の行為を指す．

1.3.1　公共基盤の整備

　交通，通信，官衙，防災，国防，文化，芸術，環境などの構造物や施設物あるいはシステムなどである．この多くは公共事業であり，産業基盤や生活基盤に含めてよいものもある．

　(1) 交通関係の構造物や施設物あるいはシステムなど
　人の移動や物流の手段となる鉄道や自動車などの陸運，船舶などの海運，航空機などの空運などを支える各種のシステム，あるいはそのシステムを支える構造物や施設などで，たとえば，鉄道，道路，トンネル，駅舎，操車場，機関庫，駐

車場，広場，道の駅，サービスエリア，ガソリンスタンド，橋梁，港湾，空港，航空管制施設，出入国管理事務所，灯台などが挙げられる．

(2) 通信関係の構造物や施設物あるいはシステムなど

マスメディアと，個人や団体機関の間の情報伝達の手法をつかさどる各種のシステム，あるいはそのシステムを支える構造物や施設などで，たとえば，放送局，レーダー基地，新聞社，放送局，電話局，郵便局，通信ネットシステム，通信衛星打上げ基地などが挙げられる．

(3) 官衙関係の構造物や施設物あるいはシステムなど

国や地方の公共機関の執務，あるいはこれらの機関が公衆の利用を目的として運用する各種のシステムあるいはそのシステムを支える構造物や施設などで，たとえば，中央省庁舎・都道府県庁・市町村役場などの公官庁，公会堂，警察署，裁判所，気象観測所，刑務所，消防署，保健所などが挙げられる．

(4) 防災関係の構造物や施設物あるいはシステムなど

台風，大雨，洪水，波浪，強風，豪雪，雪崩，地震，津波，海嘯，高潮，噴火，土石流などによる自然災害から人々の生命・財産を守るために設けられるシステム，あるいはそのシステムを支える構造物や施設などで，たとえば，消防署，海岸施設，堤防・防波堤・砂防ダム，防潮堤，護岸，調整池，防火壁，防風林，防雪林・スノーシェッド，災害避難場，避難塔などが挙げられる．

(5) 国防関係の構造物や施設物あるいはシステムなど

わが国に対する外敵からの軍事的脅威に備えるために設けられるシステム，あるいはそのシステムを支える構造物や施設などで，たとえば，軍事基地，軍港，兵舎，兵站基地，工廠，練兵場，射爆場，防空壕，トーチカ，核シェルターなどが挙げられる．

(6) 文化関係の構造物や施設物あるいはシステムなど

自然科学，人文科学，社会科学などの学術研究や高等教育，音楽，美術，演芸，文学などの芸術上の履行，研究，教育，スポーツ競技などの実施などに関わるシステム，あるいはそのシステムを支える構造物や施設などで，たとえば，天文台，大学，研究所，実験・試験施設，宇宙開発事業関連施設，図書館，動物園，植物園，水族館，博物館，美術館，音楽堂，国立劇場，体育館，競技場，記念館，文書館，考古館，出版社，印刷工場，史跡や遺跡物の保護・保存施設などが挙げられる．

(7) 環境関係の構造物や施設物あるいはシステムなど

大気汚染，水質汚濁，騒音，廃棄物，温暖化などの発生を抑制かつ発生による

影響や負荷を軽減・排除する目的で設けられるシステム，あるいはそのシステムを支える構造物や施設などで，たとえば，廃棄物処理場，塵焼却場，緑化地帯，公園，下水処理場，廃液処理施設，防音壁などが挙げられる．

1.3.2 産業基盤の整備

工業，エネルギー，農業，漁業，林業，商業，サービス業，観光業などを構成するシステム，あるいはそのシステムを支える構造物や施設物あるいはシステムなどである．かなりの部分は，民間事業である．

(1) 製造業関係の構造物や施設物あるいはシステムなど

いわゆるモノツクリの，大は世界的な大規模な生産施設から小は巷の町工場に至るまで，製造，原料，燃料，移送などに関わるシステム，あるいはそのシステムを支える構造物や施設などで，たとえば，工場，精錬所，製品倉庫，製品移送施設，原料貯蔵施設，原料移送施設，貨物専用駅，索道，加工所，工作所，造船所，修理工場，醸造所，工業用水路，工業専用港などが挙げられる．

(2) エネルギー関係の構造物や施設物あるいはシステムなど

電力，石油，ガス，石炭など，原動力源の生産，製造，移送などに関わるシステム，あるいはそのシステムを支える構造物や施設などで，たとえば，発電所，送電変電施設，燃料備蓄施設，油田，パイプライン，製油所，炭鉱，坑道，鉱山，精錬所，鉱業所などが挙げられる．

(3) 農業関係の構造物や施設物あるいはシステムなど

米穀，野菜，果物などの農産物，牛馬豚鶏などの畜産物，林産物などの生産，育成，貯蔵，維持，流通などに関わるシステム，あるいはそのシステムを支える構造物や施設などで，たとえば，農場，圃場，果樹園，養蚕場，磯場，樋門，農業用水路，農道，食糧貯蔵所，青物市場，精米所，農事試験場，牧場，鶏舎，畜産試験場，林道，森林鉄道，林業試験場，農業協同組合などが挙げられる．

(4) 漁業関係の構造物や施設物あるいはシステムなど

海洋，湖沼，養殖場，漁場などの水産物の漁獲，移送，養殖，加工，貯蔵などに関わるシステム，あるいはそのシステムを支える構造物や施設などで，たとえば，魚道，養魚場，魚礁，漁港，魚市場，冷凍倉庫，漁業組合，水産物加工所，水産試験場などが挙げられる．

(5) 商業関係の構造物や施設物あるいはシステムなど

販売，金融，卸売，広告宣伝，その他の企業や団体機関などの活動に関わるシステム，あるいはそのシステムを支える構造物や施設などで，たとえば，商業ビル，ショッピングモール，デパート，スーパーマーケット，商店，市場，広告会

社，銀行，保険会社，証券会社，証券取引所，商工会議所などが挙げられる．

(6) サービス業関係の構造物や施設物あるいはシステムなど

興行，娯楽，遊山，遊興などのシステム，あるいはそのシステムを支える構造物や施設などで，たとえば，ホテル，旅館，レストラン，料理店，料亭，食堂，居酒屋，ゲーム場，パチンコ屋，競馬場，競艇場，競輪場，撮影所，映画館，スケート場，ゴルフ場，ゲートボール場，興業会社などが挙げられる．

(7) 観光業関係の構造物や施設物あるいはシステムなど

観光活動に供するシステム，あるいはそのシステムを支える構造物や施設などで，たとえば，遊園地，テーマパーク，サファリパーク，スキー場，リフト，マリーナ，ヨットハーバー，観光案内所，観光道路，遊歩道路，山小屋，土産物屋，門前町，林間公園，海浜公園，展望台などが挙げられる．

1.3.3 生活基盤の整備

住宅，ライフライン，教育，診療・養護，宗教などを構成する構造物や施設物あるいはシステムなどである．生活基盤と公共基盤の領域は重複し，その境界は曖昧である．

(1) 住宅関係の構造物や施設物あるいはシステムなど

人々の平素の生活の衣食住の中の住に関わるシステム，あるいはそのシステムを支える構造物や施設などで，たとえば，独立家屋，集合住宅，宅地，団地，庭園，私道，門柱，境界柵・塀などが挙げられる．

(2) ライフライン関係の構造物や施設物あるいはシステムなど

人々の平素の生活を支える用水光熱情報に関わるシステム，あるいはそのシステムを支える構造物や施設などで，たとえば，上水道給排水施設，下水道浄化処理施設，光熱（電気，ガス）施設，通信（電話，有線放送）施設などが挙げられる．

(3) 教育関係の構造物や施設物あるいはシステムなど

初等中等教育に関わるシステム，あるいはそのシステムを支える構造物や施設などで，たとえば，小学校，中学校，高等学校，専門学校，予備校，幼稚園，保育園などの校舎，講堂，寄宿舎，校庭などが挙げられる．

(4) 診療・養護関係の構造物や施設物あるいはシステムなど

人々の健康維持，診察治療，防疫，福利厚生に関わるシステム，あるいはそのシステムを支える構造物や施設などで，たとえば，病院，保健所，療養所，リハビリセンター，診療所，医院，薬局，児童相談所，公民館，老人ホームなどが挙げられる．

(5) 宗教関係の構造物や施設物あるいはシステムなど

神道，仏教，キリスト教などの既成宗教や新興宗教および信徒の宗教活動に関わるシステム，あるいはそのシステムを支える構造物や施設などで，たとえば，神社仏閣，廟塔，祈念碑，墓地，教会，教団会館などが挙げられる．

1.4 プロジェクトの構想と動機

プロジェクトを構想する主な動機は，以下のように大別される．

(1) ニーズの実現

生活や社会活動のために建設を期待し，その実現が動機となるプロジェクトである．住民やユーザーの要望が動機につながる点で，ほとんどの公共工事が該当する．具体的な事例に，公共交通機関，上下水道や電力電話線などのライフラインの整備がある．

(2) アイディアの実現

起業家が特定のアイディアを構想し，その事業化が動機となる建設プロジェクトである．具体的な事例に，アメリカのディズニーランドと同じ構想で事業化を図った東京ディズニーランドを実現させたプロジェクトがある．

(3) 保有資金の活用

自己資金を活用する目的を動機として構想する建設プロジェクトである．具体的な事例に，バブル期の蓄財者が，地上げや買収によって入手した不動産を活用してビルやゴルフ場を建設し，その経営や売却によって収益を目論んだプロジェクトがある．

(4) 不動産の活用

不動産の有効活用が動機になる建設プロジェクトである．建設することが最も有利な運用効果を期待できる場合に採用される．具体的な事例に，集合住宅群や商業ビルの大型建築，テーマパークやゴルフ場を建設するプロジェクトがある．

(5) 資源の活用

資金や不動産以外の資源の活用を動機付けの理由にする建設プロジェクトである．たとえば，景観や温泉で代表される観光資源，鉱物や石油・ガスなどの地下資源，快適な気候や動植物の生育に適した自然環境，河川や湖沼の包蔵水力の天然資源などが挙げられる．具体的な例に，遊覧道路，パイプライン，森林開発，水力発電所などを建設するプロジェクトがある．

(6) 人的資源の活用

人的資源には，専門的に優れた人材と単純労働力の人材があるが，建設プロジェクトに採用される動機は，後者の不特定多数の人材活用が対象である．具体的には，余剰の労働力の雇用創出を図る失業者対策を動機とする建設工事である．アメリカで大恐慌時代に採用された例が歴史的に有名である．わが国でも第二次世界大戦直後に，復員軍人や引揚者の失業者達の救済策として採用された．

(7) 景気の浮揚活性

不景気を克服する手段として採用される建設プロジェクトである．その実施に必要な建設資材や建設機械などを製造する製造業を刺激し，関連する輸送業やエネルギー産業への波及効果を期待する．失業対策事業よりも効果を期待できる範囲が広い．現代でも，不況時に景気浮揚を名目に公共工事を採用することがある．

1.5 建設プロジェクトのライフサイクル

1.5.1 ライフサイクル

(1) ライフサイクルの基本概念

プロジェクトは，着手から完成まで繰り返すことがなく，一度だけの特定の段階を踏んで進行する連続的な変化の流れで構成される．この変化の流れの全体を，プロジェクトのライフサイクルという．ライフサイクル（life cycle）の本来の語義は，生物の一生の形態や姿態の変化を追って誕生から死までの経過を指している．

(2) ライフサイクルのフェーズ

このライフサイクルの各段階（構想，計画，調査，設計，施工など）を，プロジェクトのフェーズという．大規模なプロジェクトでは，一連のフェーズを分けて計画し実施すると，効果がある．各フェーズごとに結論を出して，確認し了解した上で，次のフェーズに進む．

(3) 建設プロジェクトのライフサイクル

建設プロジェクトのライフサイクルは，多様に区分された段階（フェーズ）で構成される．Chris Hendrickson ほかは，建設プロジェクトの起業者（発注者）側の立場に立ったトータルのライフサイクルを「市場の需要やニーズの認識，概念的な計画と事業化実現の検討，設計と技術的な計画管理，施工業者などの選択・契約と施工，施設の引渡しと占用の開始，運用と維持管理，施設の廃棄，で構成」するとしている[21]．ここに示される建設プロジェクトのライフサイクルの構成に

従って，各段階を述べる．

1.5.2 建設プロジェクト各段階の仕事を担当する当事者

発注者としての起業者からの委託や請負を引き受ける受注者は，シンクタンク，調査・測量会社，建設コンサルタント，設計事務所，建設会社，専門技術会社などである．起業者がライフサイクルの全段階に関わり，各受注者は各段階で以下のような形で関わる．

(1) 市場の需要やニーズの認識の段階

基本的には，起業者自身が行う．起業者からの委任を受けたシンクタンクやコンサルタントなどが行うこともある．

(2) 概念的な計画と事業化実現の検討の段階

基本的に，起業者自身が行う．起業者の委任を受けたシンクタンクが行うこともある．

(3) 設計と技術的な計画管理の段階

通常は，起業者の委任を受けた調査・測量会社，建設コンサルタント，設計事務所などが行う．

(4) 施工業者などの選択・契約の段階

通常は，起業者自身が行う．起業者の委任を受けた建設コンサルタント，設計事務所などが行うこともある．

(5) 施工の段階

起業者が発注者となって請負契約を締結した建設会社が受注者となって行う．建設会社は，総合建設会社と専門工事会社または元請業者と下請業者に区分される．

(6) 施設の引渡し以降の段階

基本的には，起業者自身が担当する．例外的に，特殊な技術を必要とする部分を，専門会社が起業者からの委託や請負で行うこともある．

1.5.3 市場の需要やニーズの把握の段階の仕事

市場の需要とは，商品やサービス等を「購買する裏付けがある欲望または社会的総量を言う」とある[7]．ニーズとは「必要．要求．需要」であり[7]，needs とは「1a 入用．必要．b 必要なもの，要求，要望されるもの．(以下省略)」である[22]．この段階では，市場における需要（やニーズ）を確認し，その程度を予測する．需要の予測には，消極的予測と積極的予測の2つがある[7]．

(1) 消極的予測

消極的予測とは，理論構造の立場から推定する予測方法である．前提や予測方

式によって推定結果が変化する．予測者は，手法としてのいろいろな予測方式の特性を，通常から研究しておいて，前提条件が設定されたときには，ただちに予測値を推定できるように心がけておくことが必要である．この前提条件は，起業者を取り巻く諸条件の動向によって変化する可能性が高い．したがって，唯一つの推定値だけでなく，いくつかの前提条件のもとにいくつかの推定を求めておくことが必要になる．消極的予測の手法として，需要予測モデルが用いられる．需要予測モデルには，論理構造の強い理論に基づいたものから，過去のデータに頼りながら構築したものまで，いくつかの手法がある．

1) 理論構造に基づく予測モデル　理論構造に基づいたモデルには，総需要・新製品導入時の初期購買・反復購買などから生産財・耐久財・一般消費財などの需要構造や財の違いに至るまでのモデルなどが考えられる．

2) 過去のデータに基づく予測モデル　データに基づく予測モデルには，回帰モデルと時系列モデルがある．回帰モデルは，説明変数と予測しようとする被説明変数との間の相互依存的（静的）な構造を関数に示そうとするものである．時系列モデルは，予測しようとする変数を動的な構造としてとらえようとするTCSI分離型や自己回帰型などに分類される．

(2) 積極的予測

積極的予測とは，不完全情報も考慮に入れた大局的な立場から，上述の消極的予測の推定値に対して行う意思決定をいう．意思決定の段階では，推定の問題から計画の問題に移され，予測値ではなく計画値として扱われる．つまり，予測が当たる当たらないの論議は問題外になる．計画値のとおりに運ばない場合に備えて，修正計画を考えておく必要がある．

1.5.4　概念的な計画と事業化実現の検討の段階の仕事

(1) 概念的な計画

概念とは，本来は哲学上の見解を規定する語を，経営やプロジェクトの分野で転用している語で，「事物の本質をとらえる思考の形式．（中略）経験される多くの事物に共通の内容をとりだし，個々の事物にのみ属する偶然的な性質をすてることによるとするのが通常の見解．（以下省略）」である[7]．つまり「経験上では常識的と判断される共通の内容だけを抽出したものごと」を概念という．この段階で行われる仕事は，以下の4つである．

1) 目的の明確化　プロジェクトの目的を，具体的かつ明確に示す．

2) 目標の明示　目的を達成するために必要な要件，および目標になる対象を具体的に示す．建設プロジェクトでは，建設する施設，構造物などが目標になる

1.5 建設プロジェクトのライフサイクル

対象である.

3) 仕事の策定　建設する対象物の立地,規模,諸元などを定める.そして,その完成に必要な仕事の内容と順序を策定する.

4) 投下資源の推定　策定された仕事を行うために必要なヒト,モノ,カネなどの諸資源の概略値と,完成までに要する期間を推定する.

(2) 事業化実現の検討

事業とは,「ある一定の目的の達成のために行う協働活用」である[12].一般には,公私の企業体が利益獲得を目的として行う活動をいう.事業化実現の検討には,以下のような,費用と収入の推定,利益の算出と事業化の検討などが必要である.

1) 費用の推定　計画された事業を実現し,さらにその事業を継続することに要する費用を推定する.

2) 収入の推定　その事業から得られる収入を推定する.

3) 利益の算出　収入と支出をもとに対費用効果(利益)を算出する.この対費用効果が利益である.

4) 事業化の検討　その事業が,経営的に成り立つ計画であるかを検討する.そして,成算を確信した時点で,事業化に入る決断を下す.

という運びになる.

建設事業では,建設のための投下資本や竣工後の運用に要する費用などを合わせた支出と,供用期間に入ってからのサービスや商品などの売上げによる収入を想定し,支出に対する対費用効果の採算性を検討する必要がある.検討に際しては,法令,環境,および社会的な制約や規制などが経済的な効果に及ぼす影響も,具体的に考慮に入れる必要がある.これらの一連の検討作業を,フィージビリティースタディー(feasibility study)という.

1.5.5 設計と技術的な計画と管理の段階の仕事

(1) 設計

設計の手順は,設計者の選定→設計対象物の概念(コンセプト)の策定→諸元,意匠,外形,外観の決定→構造上の検討→詳細設計の実施,という経過を踏んで進められる.

1) 設計者の選定　発注者(起業者)自身が基本概念(コンセプト)を策定する場合には,その策定後に設計者が選定される.選定の方法には,非競争的,競争的の2種類が採用される.非競争的な選定方法には特命または随意交渉,競争的な選定方法には設計コンペや競争入札などがある.

2) 基本概念（コンセプト）の策定　　設計上の基本概念は，立地計画（敷地，経路，配置，配列，アクセスなど），規模（広さ，高さ，階層，幅員など）などである．この段階の設計を概略設計といい，方針の適否や実現の可否の検討に用いられる．検討の結果，そのプロジェクトを方針どおりに進めるか，方針を見直すか，放棄するかを判断する．

3) 意匠，外形，外観などの決定　　概略設計の精度や具体性をさらに高め，実際上の用途を具体的に考慮して，形状，構造，形式，寸法，外観，外形などの詳細を決定して基本図に表現する．この段階の設計を基本設計という．基本設計は，プロジェクトの実施計画，予算，期間などの策定や推定に用いられ，資金，要員，資機材などの調達計画を具体化する．

4) 構造上の検討　　基本設計で決定された構造物について，設計条件を設定して構造上の検討を行い，基本設計に対する構造的な裏付けを行う．主な検討要素には，自重や載荷物などによる長期荷重や地震や台風などによる短期外力などに対する転倒や活動などの安定，圧縮，引張り，せん断や曲げなどの応力度，歪み，沈下，振動などの挙動，摩耗，酸化，腐食，風化，侵食，高熱などに対する耐久性などがある．

5) 詳細設計の実施　　すべての情報やデータを活用し，規定された仕様と基準に従って計画されたすべての要素について設計思想を具体化する．そして，使用材料などを決定して，建設工事の実施ができるように具象化する．この段階の設計を実施設計という．構造計算，図面作成，材料集計，工事仕様策定の仕事から構成される．

(2) 技術的な計画と管理

1) 保証すべき品質の明示　　備えるべき品質（強度，精度，仕上がり，空間，美観など）の規定を設計や施工の仕様書にまとめる．この仕事が発注者または使用者に対する品質の保証であり，品質保証（quality assurance）という．

2) 保証品質の確定　　発注者や使用者の承認や了解を得て，保証すべき品質の規定を品質仕様として正式に決定し，仕様書を発行する．この仕事は，発注者または設計者やコンサルタント技術者が発注者の委託を受けて行う．

3) 保証品質の遵守　　仕様書の規定に従って，設計，施工計画，積算などが行われる．

4) 技術的な管理　　発注者または発注者に代わる管理者が，各仕様書の規定方針どおりに，設計の仕事を進めるように管理する．

1.5.6 施工業者などの選択・契約と施工の段階の仕事

施工する建設会社を選ぶこと，選ばれた建設会社が施工を行うことが，この段階の仕事である．

(1) 施工業者などの選定・契約

発注者または発注者の委託を受けた者が，建設会社を選定する．選定には競争入札，非競争的な随意交渉や特命などの方法がある．入札書の作成，契約条件の策定，契約約款の整備，応募業者の招聘，選定の実行，契約交渉，契約締結などの仕事がある．

(2) 施工

土木や建築の工事を実施することを施工という．建設会社が建設現場で着工から竣工まで行う仕事には，施工計画，調達，施工（材料，労務，機械などの供給と運用，作業の促進，工程進捗の管理，労務管理など），施工の管理（品質の管理，安全の管理，原価の管理など）などがある．

1.5.7 引渡し段階以降の仕事

プロジェクトの完成後，仕事の性格はプロジェクト的から，定常的に移行する．

(1) 引渡しと占用の開始

発注者が竣工検査を終了し，工事費を支払った時点で，完成した施設が受注者から発注者に引き渡される．この時点で，施設は発注者が所有権を得ることができる．工事費の支払いが未了の間，受注者は完成した施設を担保物権として所有権を確保することができる．この権利を，メカニカルルーエン（先取り特権）という．

(2) 運用と維持管理

引渡しが完了した施設は，発注者の所有物として運用が開始される．やがて，老朽化が始まり，損傷や破壊が発生する恐れが出てくる．そのために，維持管理の仕事が必要になる．点検，塗装，部品などの取替え，補修などの仕事がある．その施設が予想を上回る運用効果をもたらした場合や，保証された品質以上の要求があってその施設が既設の現状のままでは負荷をもたらす恐れがある場合（たとえば，設計基準を超える過大な交通量で渋滞が発生など）には，増設や改造の選択に迫られる．

(3) 施設の廃棄

運用期間を経ると，その社会的または技術的な生命を終えて，廃棄に至る．この期間を耐用年数または寿命という．廃棄にするか，修復を施して蘇生をはかるかの判断に迫られる．その判断の基準には，次の2つがある．

1) 経済的効用　老朽化した場合にとられる処置である．修復する費用と廃棄して新設する費用を比較し，後者が経済的に優れていると判断された場合には，廃棄につながる．経済的な検討には，短期的と長期的と，2つの視点がある．修復した後でもやがて修復に迫られて，長期的には修復を繰り返すことになる．いったん新設に踏み切った後でも，やがて修復が必要になる．この間の比較検討対象の期間の取り方で，結論が変わってくるのである．

2) 社会的効用　陳腐化した場合にとられる処置である．陳腐化とは，時代の変化で機能や価値が失われることをいう．老朽化していなくても，代替的な施設が出現してその社会的効用が（多くは経済的効用も）失われて陳腐化を招き，廃棄につながることがある．架橋や海底トンネルによる連絡船，新幹線や車社会によるローカル鉄道，空路開設による長距離列車などの例が挙げられる．

廃棄があれば，解体や撤去の仕事がある．廃棄物をその場に放置しても害がないと判断される場合，解体や撤去を行わず，原型のままで放置することもある．放置されたものが，期せずして歴史的価値を認められて，活用されるべき文化的遺産として受け入れられる場合がある．箱根山中の東海道旧道跡，信越本線の碓氷峠に遺された煉瓦橋，廃業後の富岡製糸工場などの例がある．これは，プロジェクトライフサイクルから外れる例外的な存在である．

1.6　プロジェクトの資金

建設プロジェクトの遂行に必要な資金は，資金源によって，次のように種別される．

1.6.1　国家財源

国の収入と支出は全額，予算に計上され，国会の議決を必要とする．予算は原則として1年間単位である．国の会計には，一般会計と特別会計がある．

（1）一般会計

一般の歳入と歳出を経理する国の一般的な基本会計である．一般財源とは，国の会計区分において，特別会計に属する歳入・歳出を除くすべての歳入と歳出を経理する国の一般的な基本会計から支出する資金の出所をいう．

（2）特別会計

一般会計から切り離して，特別の事情・必要に基づいて，その収入・支出を経理する会計である．建設プロジェクトの実施には，事業の特別会計が関連する．特定財源とは，国の会計区分において，歳出の目的を特定して歳入・歳出を経理

する会計から支出する資金の出所をいう.

(3) 財政投融資金

財政による投資や融資をいう．従来，原資の大部分を占めていた郵便貯金や厚生年金などの資金運用部資金は，平成13 (2001) 年度の財政投融資改革で制度的なつながりが解消された.

現在は財投債を主な資金調達手段として，政府が政策目的に則して投資や融資を行う．資金の運用先に，特別会計，公団・事業団・機構などが行う建設事業，公庫・銀行などの貸付事業，特殊会社（電源開発，関西空港など），地方公共団体や公営公庫などがある.

1.6.2 地方財源

地方公共団体の予算制度は，地方自治法で統一的に定められている．基本的には，一般会計，特別会計，公営事業会計に区分されている．このうち，建設プロジェクトに関連する社会基盤整備に関係するのは，公営事業会計である．独立採算性を基本原則とするが，地方の普通財源からの繰越金，国からの建設費の補助などの助成措置，地方債に対する政府資金による引受けが行われている[23].

(1) 補助金

国や地方公共団体が，特定の事業の促進を期するために地方公共団体や企業体などの公共団体に給付する資金をいう．通常は，国庫補助金制度に基づく地方公共団体または民間法人，個人などに対する国の一方的貨幣給付[24]を指す．一方的給付とは，返す必要がなく反対給付を必要としないので，受け手である地方公共団体や法人・個人が償還義務を負わない．補助金などの範囲には，補助金，負担金，交付金，補給金，委託費を含み，補助費・委託費には，さらに援助金，国債分担金を含む.

一般には，国が公益性の観点から，特定の事務，事業の実施に資するため反対給付を求めることなく交付される金銭的給付[25]と要約される．補助金の給付を受けて行われる事業を，とくに補助事業と称する．地方の公共事業では，補助事業の占める割合が大きい.

(2) 地方交付税

国民の租税負担の公平化や行政水準維持のために財政力格差の調整を行う目的で，基準財政収入が基準財政需要に満たない地方公共団体に対して国が交付する財政調整資金である．現行の仕組みは，各団体の基準財政需要額と基準財政収入額の差額分を完全に補填する[26]．基準財政需要額とは，合理的かつ妥当な行政水準を確保するに要するとして算出される支出金額である．基準財政収入額は，地

方税収に調整係数（都道府県では0.8, 市町村では0.75）を乗じて算出される．基準財政需要額が基準財政収入額を上回る団体には差額分全額が配分され，下回る団体には交付額がゼロになる．前者の団体が交付団体，後者の団体が不交付団体である．制度ができた動機は，日本全体として経済の地域格差が著しいため，財源調達力が偏在していることにある．地方公共団体に対する財源調整的性格が本来の目的であるが，これに加えて政策誘導的性格がある[27]．

1.6.3 民間資金の財源

(1) 発注者の自己資金

民間の発注者が事業を実施するために自己が保有する財源をあてる資金をいう．

(2) 金融資金

民間の発注者が事業を実施するために，金融機関から融資を受ける資金をいう．市中金融機関（銀行，金庫，組合など）や特殊金融機関（開銀，公庫など）からの融資や国際金融機関からの借款がある．社債を発行して出資を募る方法もある．

1.6.4 PFI事業に活用するために拠出する資金

資金不足に悩む公共機関が，社会資本基盤整備のためにPFI手法を実施するために設置されたPFI推進機構によって導入する民間資金をいう[28]．

1.6.5 国際プロジェクトの財源

(1) 自己資金

発注者が事業を実施するために，自己が保有する財源をあてる資金をいう．わが国の建設会社が海外進出先で用いる表現で，海外工事の発注者が外国の援助資金や国際融資に依存せずに発注する建設工事の資金源を指す．わが国の進出先では，産油国の政府や企業に多い．

(2) 金融資金・直接信用供与（バイヤーズクレジット）

発注者が事業を実施するために，発注者自身の保証によって金融機関から融資を受ける資金をいう．

(3) サプライヤーズクレジット

金融機関が発注者に信用供与せずに，受注者に信用供与を行う場合に採用される方法で，受注者の保証によって金融機関から融資を受ける資金をいう．

(4) 無償援助資金

わが国の国際協力機関が，低開発国などで行われる建設工事などに返済義務を課さないで援助する資金をいう．ODA（政府間開発援助）資金の1つである．

(5) 有償援助資金

わが国の国際協力機関が，低開発国などで行われる建設工事などに一定の返済

条件を課して融資する援助資金をいう．ODA 資金の1つである．

(6) 国際金融機関からの借款

当事国以外（第三国）の世界銀行やアジア開発銀行などの金融機関からの借款をいう．広義の ODA にあたる．

1.7　建設プロジェクトの起業者

起業者とは，事業者ともいい，新しく事業を起こす個人，組織，政府などの機関，企業などをいう．事業のユーザーと同義語に用いられることもあるが，利用者であるユーザーが必ずしも起業者とは限らないことがある．この起業者がその事業の実施・施行を外部に発注する場合に，発注者の位置づけになる．

(1) 国の機関

日本国政府の機関では，建設工事を発注する国土交通省や農林水産省などの中央省庁をいう．建設事業は会計法および関連の法律や政令などに従って行われる．

(2) 地方自治体

都道府県および市町村をいう．建設事業は地方自治法および関連の法律，政令，条例などに従って行われる．

(3) その他の公共機関

国や地方自治体などが所管する機関をいう．国が所管する機関として，水資源機構や都市基盤整備機構などがある．地方自治体が所管する機関として，水道企業体などがある．ほかに下水道事業団や鉄道建設整備機構などが，建設工事の発注体の委託を受ける場合がある．

(4) 民間企業

設備投資を行って建設工事を発注する一般の民間企業をいう．土木工事の発注企業には，鉄鋼やセメントなどの素材産業，石油や電力などのエネルギー産業などの装置産業，民営鉄道，ゴルフ場・テーマパーク・スキー場・マリーナなどのリクリエーション産業が多い．鉄道，高速道路，電力などは，以前は公共・公益機関が発注してきたが，制度や機構の改革に伴って，民間企業に移行した発注機関が多い．

(5) 外国籍の起業者

外国籍の起業者には，2種類ある．1は，日本国内で建設工事を発注する外国籍の起業者である．外国の在日公館や外資系企業などがある．2は，海外市場でわが国の建設会社に建設工事を発注する現地国籍や第三国籍の公共機関や民間企

業,および日本企業が現地に設立した現地国籍企業などである.

1.8 建設プロジェクトに採用される生産システム

建設事業がこの世に誕生して以来,長い歴史の間に,以下に挙げるような生産システムが登場し活用されてきた.

(1) 直営システム

起業者が,調査,測量,設計,施工など,建設プロジェクトのトータルライフサイクルにわたって,あらゆる仕事を自身が直接雇用した技術者(インハウス)に直接雇用した労働者を直接指図させ,建設を完成させるシステムをいう.経営者や技術者が育っていない初期段階に採用される.わが国では,江戸時代以前から行われてきた公共工事,明治時代の諸官庁が行った公共工事に採用されていた.

(2) 設計直営・施工発注システム

起業者自身が設計までの仕事を行い,施工を建設会社に請負で発注するシステムをいう.経営者や技術者集団を備える建設会社が育った段階で採用することができる.わが国では,明治時代に会計法が施行され制度化された.工業力が未成熟で資機材市場が機能しないときには,発注者が資機材を受注者に支給貸与し,労務だけの請負が採用される.資機材市場が確立すると,材料と労務を含む請負(材工込み)に移行する.

(3) 設計・施工分離発注システム

設計と施工を別々に発注するシステムをいう.設計は設計事務所や建設コンサルタント,施工は建設会社に発注される.技術教育が普及して,設計技術者が育った段階で採用できる.わが国の公共工事では,第二次世界大戦後に建築士法と技術士法が施行されて制度化された.このシステムは,世界的に公共工事の主流になっている.

(4) 設計・施工一括発注システム

設計と施工を,同一の相手に請負発注するシステムをいう.わが国では中世から,大工の棟梁を中心とする職人集団に設計と施工を一括して発注する仕組みが常態化していた.現代では,元請の建設会社が自社の技術者に設計をさせて,下請会社に施工を発注する仕組みが一般化している.欧米などでは,元請の建設会社は設計会社に発注して設計をさせ,下請会社に施工を発注する仕組みが一般的である.内外ともに,公共工事での採用は少ない.

(5) 性能発注システム

　起業者が限られた性能や条件だけを示して請負発注するシステムをいう．基本的な性能や条件を除くあらゆる技術面の判断は，受注者に一任される．設計施工一括発注システムより受注者の裁量範囲が広く，契約上のリスクや責任が大きくなる．工場，発電所，パイプライン，病院，ホテル，ゴルフ場などの建設事例が多い．

　アメリカでは Performance Specification, Combined-Engineering-Construction システムなどと称され，米国陸軍では，Architect-Engineering-Management Contract システムと称している．アメリカの装置産業のプラント建設で使われている俗称のターンキー(Turn-Key) システムが，世間ではよく知られている．イギリスの影響圏では，Package Deal の俗称が採用される．様々な名称[29]の乱立は，このシステムの幅が広く，対象のプロジェクト，発注者の意向，契約条件などによって，採用される形態に多くの選択肢が存在することを物語る．

　上記の枠組を超えて，さらに採算性，資金調達，運用上の検討を受注者に求める場合もある．そのシステムをフルターンキーという．

(6) BOT システム

　発注者が性能と引渡時期を示し，受注者が資金調達，設計，施工，竣工後引渡時までの運用を行ってから建設物を引き渡すシステムをいう．運用中に受注者の責任で，建設資金を回収する．システムの名称は，Build, Operate and Transfer のイニシャルに因む．他に，竣工後に引き渡してから運用を任される BTO システムがある．イギリスなどで行われる PFI[28] に採用されている．わが国でも，病院，駐車場，廃棄物処理場などの例がある．

(7) マネジメント委託システム

　発注者が，自身の発注機能の不足部分を外部に委託発注して，建設事業を実施するシステムをいう．Construction Management 略して CM と称される．設計事務所，建設コンサルタント，建設会社，CM 専業者などが受託する．発注者の現状に応じて，委託の内容，範囲，責任の大きさは千差万別となり，実態に応じて，ピュア型 CM やアットリスク型 CM，または，オーナー型 CM，エイジェント型 CM，請負型 CM などの形態が採用される．アメリカ・ニューヨーク港湾局の世界貿易センタービル建設が，公共工事に CM を採用した公表事例の嚆矢とされる[30]．その後，欧米諸国の建設市場に定着したが，わが国では試行段階にある[31]．

　その歴史を概観すると，当初は起業者・発注者側が背負っていた機能が，時代とともにしだいに受注者側に移転していく流れが認められる[32]．

参 考 文 献

1) Shipley, J.T., 梅田 修ほか訳「シップリー英語語源辞典」, 大修館書店, 2009 年
2) The New Shorter Oxford English Dictionary on Historical Principles
3) Webster's Third International Dictionary, Merriam Webster, 2002
4) Randum House English Japanese Dictionary, Ballentine Books, 1996
5) 土木学会編「土木用語大辞典」, 技報堂出版, 1999 年
6) 米国 Project Management 協会 (PMI) PMBOK (Project Management 知識体系ガイド)
7) 新村 出「広辞苑 第六版」, 岩波書店, 2008 年
8) マグローヒル科学技術用語大辞典, 日刊工業新聞社, 2000 年
9) Ritz, G.L. "Total Construction Project Management", McGraw-Hill, 1994
10) Meredith, J.R. "Project Management", John Wiley & Sons
11) 金安岩男「プロジェクト発想法」, 中公新書, 2002 年
12) 二神恭一「ビジネス経営学辞典」, 中央経済社, 2006 年
13) 中嶋秀隆ほか「改訂版 実践 プロジェクトマネジメント」, PHP 研究所, p.10, 2008 年
14) 飯吉厚夫ほか「ビッグプロジェクト その成功と失敗の研究」, 新潮新書, pp.87-116, 2008 年
15) 上述 13), p.3
16) 國島正彦ほか「建設マネジメント原論」, 山海堂, 1994 年
17) Harris, C.M. "Dictionary of Architecture & Construction 4th ed.", McGraw-Hill, 2005
18) Dictionary of Enginnering 2nd ed., McGraw-Hill, 2003
19) Greater Phoenix, Arizona Chapter #98 of The National Association of Women in Construction "Construction Dictionary 8th ed."
20) Clough, R.H. ほか "Construction Project Management 3rd ed.", John Wiley, 1991
21) Hendrickson, C. ほか "Project Management for Construction", Prentice Hall, 1989
22) 松田徳一郎「リーダーズ英和辞典 第二版」, 研究社, 1999 年
23) 土木学会海外活動委員会「社会基盤の整備システム」, 経済調査会, 1995 年
24) 宮本憲一「補助金の政治経済学」, 朝日選書, 1990 年
25) 細江守紀「公共政策の経済学」, 有斐閣, p.11, 1997 年
26) 井堀利宏「経済学で読み解く日本の政治」, 東洋経済新報社, p.181, 1999 年
27) 宮脇 淳「公共経営の創造」, PHP 研究所, p.24, 1999 年
28) 野田由美子「PFI の知識」, 日経文庫, p.25, 2003 年
29) 中村絹次郎ほか「欧米の建設業と請負契約制度」, 新建築社, 1966 年
30) ENR Editorial, World's tallest towers begin to show themselves on New York City sky line, *Engineering News Records*, 102(1), January 1, 1970
31) 小林康昭「CM を導入し定着させるための課題」, 建設オピニオン, 平成 20 年 1 月号, pp.46-50
32) 小林康昭「最新 建設マネジメント」, インデックス出版, pp.131-135, 2008 年

2. マネジメント

2.1 マネジメントの基本概念

マネジメントは，経済学から派生した経営学が扱う対象の1つである．経営学は，20世紀に入って，アメリカで誕生した現代企業が勃興した20世紀のアメリカは，現代経営学の中心地になった[1]．そして，アメリカはマネジメント理論の発祥の地になった．経営学は主に企業などの組織の動態的側面（組織の意思決定行動）と静態的側面（組織構造）を考える[2]．マネジメントは，主にその動態的側面である組織の行動プロセス，とくに組織の中の人間関係を扱う[3]．アメリカで培われたマネジメント理論は，国際的にも大きな影響力をもっている．わが国も，アメリカのマネジメントの理論と実践の両面で，強い影響を受けてきた．

2.1.1 マネジメントの語義

イギリスの代表的な辞典によると，managementの原形であるmanageには「古くは馬の調教を意味し，今では（道具を）扱う，（企て等を）行う，（家事，組織，国家を）管理運営する，（人，動物等を）従わせる，（人等）に対して機嫌等をとって目的を達成する」などを挙げている[4]．managementの派生語であるmanagingには「どうにかして〜する，目的を遂げる，〜を処理する，正しく使う／利用する」などが列記されている[4]．

2.1.2 マネジメント概念の形成

今でも，イギリスでは，語り手が自分の意思として「無理矢理させる」意味に使われることが多い．

アメリカでは「企業などを経営する」などの意味が加わる．ドラッガーは「アメリカ英語特有の概念であり，イギリス英語には翻訳できない．アメリカ人が慣用するマネジメントの概要は，企業のマネジメントを意味している」と述べている[5]．日本人がイメージするマネジメントは，アメリカで認識されている語義である．現代のイギリスでも，アメリカの影響を受けて，アメリカ的な認識が加わ

2.1.3 マネジメントの要件

マネジメントが備える要件は，以下のように語り継がれてきた[6〜10]．
○他の人に何かをさせることである．
○他の人とは，仕事を共にする集団の構成員（部下や下僚）である．
○マネジメントする人（マネジャ）は，必ずしも自らが手を下さなくてもよい．
○唯一人だけで仕事をする行動はマネジメントではない．
○マネジメントする人は，構成員が協働する仕事を最適化するように状況を整備する．
○特定の目標を達成することが，集団が組織化された目的である．
○予想されるリスクを回避・克服して，目標を達成するプロセスである．
○目標達成の目的は，利益を出すことである．

マネジメントとは「必ずしも管理者の意向どおりにならないリスクのある環境で，人為的・目的的に組織化された集団のもとで，自らが必ずしも手を下さずに，組織の利益を獲得擁護する目的で，組織構成者が協働して仕事を遂行できる状況を作り，仕事を最適化するようにリードする行為」である．「意向どおりにならない」とは，目的の達成には多大な抵抗（リスク）が予想されるからである．リスクを回避して，損失を最小限に抑え，最大限の利益をもたらすことが，マネジメントの評価につながる．

2.1.4 マネジメントの分類

企業や官庁などは，定常的（routine）な業務と非定常的（temporary）な業務を処理している．定常業務は継続性があり反復性があるので，業務規定や先例に従って処理することができる．通常の定常業務を行っている場合に，非定常的な業務が飛び込んでくることがある．非定常的な業務には，限定された特定の目的があり，その目的を達成するために，その業務に応じたやり方で処理しなければならない．この場合の非定常業務がプロジェクトである．それ故にマネジメントは，定常業務（決まりきった仕事：routine，または専門別：discipline あるいは機能別：functional といういい方をされることもある）のマネジメントと非定常的なプロジェクト業務のマネジメントとに大別されるわけである．

(1) 定常的マネジメント

マネジメントの対象が日常的に変化のない仕事であって，その仕事は一般に常設の組織集団によって，定常的に連続して行われる．たとえば，一貫生産の製造工場で，原材料の購入，加工・製作，組立，塗装，検査，搬出など，各部署が定

常的に繰り返すような仕事のマネジメントである．常設の機能や専門で区分される組織によって行われるマネジメントなので，これを英語では functional management（機能的なマネジメント）または discipline management（専門的なマネジメント）と称している[11]．

(2) プロジェクトマネジメント

マネジメントの対象が，特定の目的に限られた一定の期限内に達成することを義務付けられている事業を遂行する仕事であって，こうした特徴を備えている事業をプロジェクトと称する．プロジェクトには必ず始めと終わりがあり，この期間の推移経過をライフサイクルと称する．対象となる仕事にライフサイクルの存在することが，プロジェクトマネジメントの要件である．

プロジェクトマネジメントは，常設の組織で行われることも，一時的にその目的のためだけに組織を編成して行われることもある．一時的に編成される組織をプロジェクトチームといい，その組織のトップをプロジェクトマネジャという．

2.2 マネジメントの特性

2.2.1 リーダーシップ

(1) リーダーシップのレベル

リーダーシップは，リーダーが備えるべき必須の要件の1つである．リーダーシップには，直接的リーダーシップ，組織的リーダーシップ，経営戦略的リーダーシップの3つのレベルが存在する[12]．

直接的リーダーシップは，顔と顔を合わせる第一線のリーダーシップである．部下達がいつでもリーダーを見られるような組織で発生する．現場組織におけるプロジェクトマネジメントのリーダーシップは，プロジェクトチームのトップの現場所長から，作業グループリーダーの職長に至るまで，直接的リーダーシップに該当する．直接的リーダーの影響範囲は，十数名から数百名までである．直接的リーダーは部下達の近くで，状況の変化を把握し取り組むべき問題を判断して，部下達に直接的な影響を及ぼす．組織編成に際して，陣頭指揮に立つ直接的リーダー1人が，配下の全員を直接統率管理できる人数を考慮して決定することが望ましいとされているが，戦場の中核的な戦闘集団とされる中隊を，各国ともに最大200名で組織する不文律は，こうした共通認識を裏付けている．

組織的リーダーシップは，直接的リーダーシップの場合よりも多い部下の階層を通じて，間接的に行われるリーダーシップである．組織的リーダーは，上位組

織の，たとえば支店長や土木本部長などが該当する．

経営戦略的リーダーシップは，会社全体の組織の責任を担い，さらに重層構造を構成する企業群の数千名から数万名の人員に影響を与える．経営戦略的リーダーとは，企業のトップ，すなわち，社長と限られた経営幹部である．

(2) リーダーの機能

通常，直接的リーダーには，以下のような機能が求められる．
○組織構成員にインセンティブを与える．
○自身の遂行能力の維持向上に努め，組織に体験の蓄積をつくる．
○仕事の仕組みをつくる．
○組織の気風をつくる．
○組織を代表する．
○上位組織との意思の疎通を図る．

マネジメントを，スポーツチームの監督が備える統率力に譬えれば，直接的リーダーシップが，スポーツチームの主将が備える牽引力と譬えられるだろう．

(3) リードの形態

1) 直接的・個別的リード　　組織形成の初期段階や個人経営の私企業では，高度に集権化したリーダーが，直接的な率先や垂範的な指揮を行うなど，個々の問題ごとに下位者に直接命令し調整するやり方でリードしている．このやり方を，直接的・個別的リードという．家父長的なヒエラルキーによる上位下達の管理が特徴であるが，近代的マネジメントの感覚からは遠いものである．

2) マネジメント的リード　　大規模な組織の構成員には，直接的リーダーといえども，目的的な仕事の協調関係をつくり出し合理的に秩序だった活動を行って目的達成ができるようなリードが必要になる．そのためにリーダーは，組織という仕組みをつくり，権限を下部に委譲し，間接的にリードするやり方をとらざるをえなくなる．間接的なリードは，リーダーの意思を的確に伝えて，それに忠実に従う行動をとらせることが難しい．この欠点を補い，直接的・個別的リードより優れたものにするために生まれたのが，マネジメント的なリードである．

マネジメント的リードは，組織内の人間関係の対等・平等性の中で真価を発揮するものであるから，組織の民主化が不可欠である．

3) 2つのリードの前提　　下位者に上位者からの権限委譲がなく，個人が単なる労働力のコマとみなされる場合には，直接的・個別的リードしかできない．したがって，人間性悪説のマクレガーのX理論が前提になる．一方，マネジメント的リードでは，権限を委譲された下位者が自発的に仕事を行うことができる．こ

の場合の人間関係は，人間性善説であるマクレガーのY理論が当てはまる．機能するリードの相違は，マクレガーの理論[13]によって裏付けられる．

(4) 阻害要因

以下のような行為があると，リーダーシップの発揮が阻害される．

1) 面従腹背　表向きは，上位者の意向に服従する様子を見せながら，上位者の意向に従う意思はなく，実際に行動する際には意向に反する行動をとる．表立って上位者に立ち向かうことができない者が選択する計略的な行動である．上位者が孤立している場合に発生しやすい．

2) 下克上　下位者が，中間管理者の権限や存在を軽視して，表立って上位者に自分達の意思を押しつけて意のままに操ったり，上位者の意向に反する行動に走ることをいう．中間管理層を置いた複数階層の組織運営で，組織のトップの指導力が低く，仕事に対する理解力が不足し，組織構成員と共有する価値観が乏しく，彼らの意向に無関心で彼らの言動を放任し，不満を汲み取る努力を怠っているような，組織の綱紀が紊乱状態にある場合や，中間管理層の意向が不鮮明でリーダーシップを欠いた場合に起きやすい．

3) 嫉妬　組織構成員の間に醸成される恨みや憎しみの心理状態がもとになって，競争の劣者や敗者の側から優者や勝者に向けられる感情である．嫉妬心は「本来，相応しいのは自分である」との自負に裏付けられているので，正義の観念も加わって強固な意識になる．終身雇用と形容される長期雇用保証型の職場では，敗者は排除されないで定年まで職場に留まるので，その後の競争の帰趨に，なんらかの影響をもつことが少なくない[14]．

この心理状態は，リーダーシップの発揮を妨げる．それを抑えるために，以下のような工夫がされてきた[15]．

a. 古参の存在：わが国の組織社会では，競争意識や嫉妬心を抑えるために，役職上の上下関係以上に，先任・後任の間に厳しい上下関係が維持されている．組織構成員個人にとっては，組織上の上司よりも，日常仕事を共にする同僚の中の先任者である古参の力が強く，怖ろしい存在になる．こうした関係は，無用な競争心や嫉妬を抑え，新任者に職務を円滑に伝える点に意味がある．この上下関係は年功によって固定されているから，古参は安心して後進に指導を施すことができる．

b. 身分制と年功序列の慣行：身分制や年功序列の慣行は，嫉妬心を緩和する効果がある．身分制とは，採用試験や学歴・学校歴などで格差をつける制度であり，人事上の不遇が自分の能力や人柄のせいではないと割り切る心理状態を本人に植

え付ける．年功序列を慣行化することで，凡庸な者でもその役職内部のボス的リーダーとして，精神の安定が図られる．これらの慣行は，能力ある者に不満をもたせるが，多くの凡庸な者の嫉妬心を抑えて働かせる効用があり，組織の安定を保つ働きをしている．

c. 官僚的機構の制度化：無用な嫉妬心を抑えるために競争を限定的に留める慣行は，現在の官僚制度に，その名残を見ることができる．官僚制度下の昇進競争では，基本的に同期の者に限って競争させる仕組みになっており，昇進した理由は明確にされない．この思想は，大企業などの大規模組織運用の基本にも活かされている．

2.2.2 意思の決定と伝達

(1) 意思決定の形態

組織の意思決定とは，組織自体が意思決定を行うのではなく，組織の中の誰か個人，集団の中のある集団の意思決定を，その組織の意思決定とみなすわけである[16]．通常の組織は階層構造を前提とするので，上意下達の命令系統を通して意思決定が行われる．

わが国のほとんどの組織では，組織内の意見調整，交渉，根回し，会議などを含めると，日常的に集団的意思決定が普遍的に行われている．わが国では，トップダウン型の意思決定プロセスに乗る前に，ボトムアップ型の意思決定プロセスによって意見を集約する方法が採用されている．トップダウン型の意思決定プロセスでも，集団的な意思決定と無縁ではない．そのために，いわゆる，ホウ（報告）レン（連絡）ソウ（相談）が，慣用化されている．

(2) 集団的意思決定の成立基盤

1) 多角的視点　集団は，個人より多くの情報と視点を備えているので，個人が発想の枠を超えられない問題でも，より適切な問題把握が可能になることがある．その結果，選択肢をより多く生み出すことができる．集団的意思決定には，個人が陥りがちな基本的・致命的な誤ちを修正するメカニズムが働きやすくなる．

2) 受容度と実現性　組織内部には，意見や利害が対立することが多いので，意思決定の後で実行に移すには，同調者や協力者の存在が必要になる．関係者を意思決定に参加させれば，下された決定の内容を受け入れやすくなり，実行が容易になる．

3) 正当性　集団で意思決定すると，その決定が正当化される効果がある．1人が決定したことに対しては，独断専行を反対や実行拒否の口実にできるが，然

るべき集団の決定であると，異議や反対や拒否の意思表示がしにくくなる．

4) 責任分散　本来，意思決定は，現実には結果が成功であれば肯定的に評価され，失敗であれば結果の責任を責められる．集団で意思決定すれば，成功の評価や業績は分散されるが，失敗の責任も分散される．組織として責任を回避するために，意思決定の集団化が常態化している．この組織を，リスク回避型の組織という．

(3) 集団的意思決定の弊害

集団的意思決定には，以下のような問題が発生することがある．

1) 怠業（サボタージュ）　集団で協働すると，努力を怠り手抜き現象が起きることがある．その原因は，個人的な貢献や努力を識別できず，評価ができないからである．これを防ぐには，あらかじめ個々のメンバーの個人的貢献や努力を正当に識別・評価するシステムを決めておいて，運用させることが必要である．

2) 同調圧力　集団内で，意見や態度に大勢の支配力があると，他のメンバーに，その意見や態度に同調せざるをえないような心理的な圧力，すなわち同調圧力が働く．これを山本七平が「空気」と表現した[17]．

同調圧力には，自分の意見や信念よりも，他から得られる情報を信用してそれを受け入れて，自分の意見や態度を変える，俗に回心とも呼ばれる私的同調と，正しくないと思いながらも集団の規範に従うために表面上・対外的な行動は変えるが，個人的な信念を維持する，俗に追従といわれる公的同調がある．

集団に同調圧力が普遍的に存在すると，同調したメンバーから同調していないメンバーに対する同調圧力が増して，集団内の価値観や行動の同一化・同質化がさらに進む．集団が均質化すると，意思決定プロセスは円滑に働いて満足度が増す．しかし，多数派の意見や判断が必ずしも正しいとは限らないので，似た者同士が円滑に意思決定した結果，高い満足度を得ることができても，誤った結果に陥るような失敗の原因につながることがある．

3) 少数派影響力　集団内で一見無力に見える少数派が，状況次第では，多数派に強い影響を及ぼすことがある．少数派影響力は，主張が一貫しており，しかも頑迷とはみなされない，少数派自体の立場を反映しているとはみなされない，創造性を重視する雰囲気を感じさせる，などの条件のもとで発揮されやすい．

4) 集団極化現象　意見の異なるメンバーが集まって討論して意思決定を行うと，より極端な方向に変容することがある．この現象は，当事者達自身も自覚していなかった暴走に陥る恐れがある．

5) 過剰忖度　相手の気持ちを過剰に慮ると，相手が言い出す前に，相手が望

む行動をしてしまう現象が起きることがある．集団の誰もが望んでもいないことを集団で決めてしまうことがある．

6）病理的集団思考　　凝集性が高いエリート集団が，重要度が高い意思決定を行う際に，
○全能無謬幻想を抱く．
○決定の正当化に固執する．
○集団の倫理性を無批判に受け入れる．
○相手を（敵とか弱者とか）過度な紋切り型で認識する．
○反対者には直接的な圧力をかける．
○全員一致の幻想がある．
○全員一致からの逸脱に恐怖感がある．
○集団決定の阻害に対して自己防衛する．
などに陥ることがある．そのうえ，集団が外部の情報から遮断されていると，自分達に都合がよい情報だけを選択し，さらに集団の凝集性が一層高まって，意思決定の質は客観的な価値からかけ離れた状態に陥ってしまう．集団を構成する多様性を活かして，意思決定の合理性を追究する姿勢が必要である．

(4) 意思決定の階層
1) トップダウン型
　a. 上意下達の形態：上意の通達の気力や拘束性の強さ，および発する時期などによって，号令，命令，指示，指揮，指図，支援などがある．
　号令，命令，指示は，下位者が行動を起こす前に，上位者が発する行動である．
　号令は，「やれ！」「進め！」というように，多くの下位者に同時に特定の動作を起こさせるための合図の言葉であり，具体的な内容を伴わない．
　命令は，上意の内容を具体的に発信する．基本的に反論を許さない．強い拘束力を伴うのが命令であって，命令違反は懲罰の対象になることもある．
　指示は，「呼びつけて指示する」というように，指示する上位者と指示を受けて仕事を行う下位者が離れていることもありうる形態である．したがって上位者が下位者を常時監視しないで，ある程度の自主的な行動に任せることも可能である．指示に対してある程度の意見具申は容認される．
　指揮，指図，支援は，行動中の下位者に対する上位者の行動である．
　指揮は，「終始，一糸乱れぬように陣頭指揮する」というように，上位者が下位者と直接対面して上意下達する形態である．下位者は自発的な判断をせずに，眼前の上位者の指揮に服従して行動する．

指図は,「部下が働いている場所にやって来て,あれこれと指図する」というように,上位者は下位者が起こした行動に介入するが,指揮ほどの拘束性はない.両者の距離感は,指揮の場合よりは遠い.下位者にある程度の自発的な裁量が許容される形態である.

支援は,たとえば助言や忠告などである.下意が上意に優先する.

レヴィは,上意下達の形におけるリーダーの気力や拘束性の強さによって,リーダーシップを専制型,民主型,放任型に類型化した[13].

命令を発してから下位者を指揮する強制力や拘束性が最も強い形態は,専制型といえる.指示を与えてから下位者に必要な指図を施す形態や,号令をかけて意思を明らかにしておいて下位者が意見や助言を求めてくればそれに対応するという形態は,下位者の自発性を促すという点で,民主型といえる.

現実の問題として,リーダーがリーダーシップを発揮する組織集団には,組織力や協働性の違いがある.仕事には難易度がある.自負心のあるリーダーや組織崩壊を恐れるリーダーは,拘束力のある強制的な専制型の上意下達に魅かれる傾向があるが,上意下達のあり方は,リーダーの個性によるのではなく,たとえば,表2.1に示されるように,組織力や仕事の難易などに応じて,最適と思われる形態を採用することが望ましい.

b. 指示起案形態:上位者が意思決定する際に,その意思の文書化を下位者に委ねる方法である.口述筆記,指示起案,原案起草などの方法がある.

口述筆記では,口述者を使って,上位者の意思をそのまま具現化する.指示起案では,上位者が口頭で明らかにした方針に沿って文書化する.上位者の顕示力や積極性が強い場合には,起案に上位者の意思が露わになる.起草者に対する依存心や依頼心が強いと,起案者の判断が入ってくる.原案起草は,原案を起草する際に上位者が権限を起草者に委譲する方法である.かなりの比率で起草者の意見が原案に反映される.これを,原案起草権と称して,トップダウン型でも下位者が意思介入を行う余地がある.

2) ボトムアップ型　タテ型組織の中で組織構成員全体の意向を吸い上げて,組織の中央で集約する実務階層主導型の意思決定の形態である.全体の意向とはいうが,現実には意思決定の参画者は限られる.制度的には,底辺を構成する者には意思決定の機会は与えられない.

a. 伺い書形態:伺いとは,目上の人に指図を求める形式をいう.上司の指図・

表2.1 上意下達の形態の一例

	困難な仕事	簡易な仕事
強靭な組織	指示→指図	号令→助言
脆弱な組織	命令→指揮	指示→指図

命令・指示・許可を請うために下位者が出す文書を伺い書という．本来の伺いとは，神聖な神仏に俗事を煩わせることは非礼であるので，俗人である氏子や檀徒の側から発意してその行いの許しを得ることに真意がある．この真意が，現代社会の公官庁で行われている伺い書の制度の源泉である．俗人である上位者を尊んで業務上に労力を課すことを遠慮して，あえて行動内容を決める労を下位者が担い，上位者の労を可否の選択だけに限定する構図である．

b. 稟議形態：官庁・会社などで，会議を開くほど重要でない事項について，主管者が決定案を作って関係者間に回付し承認を求めること，あるいは所定の重要事項について決裁権をもっている上層部の幹部などに，主管者が文書などで決済承認を求めることを稟議[18]という．稟議のために主管者がつくる決定案や文書などの書類を稟議書という．主管者には，組織の中の特定の階層の者があたる．

稟議書の意思表明の形態として，照査や承認などがある．承認は下僚の言い分・提案・意見に異論を言うことなく賛成して，その実施に許可を与えることである．

照査は，下僚に対して賛否を即断せず意見を留保することを意味する．留保することも上位者が保有する当然の意思表示である．即断せずに留保する表向きの理由は，下僚の言い分・提案・意見について時間をかけて調べてみないと承認を出せないから，ということである．実際には，照査のために時間をかけることはなく，即座に照査欄に捺印して，更なる上位者に承認を求めるべく回す．

中間管理者が承認を与えると，更なる上位者が承認権を行使できなくなる．その体面を保ち中間管理者にも意思表明の機会を与えるために，照査という機能を与える．だから，照査と称しても，意思表面の留保を意味するわけではなくて，捺印は同意を意味する．それ故に，上位者は照査欄に捺印がなければ承認印を押さない．つまり，上位者は，照査者の同意を担保したうえで承認するのである．

c. 諮問答申形態：中間管理職が実務を担当する下位者に諮問して，下位者からの答申に基づいて中間管理者がトップから裁可を得て，問題処理を行う形式をいう．トップの意向によっては，諮問がトップから発せられることもある．

3）水平型　階層制を必ずしも前提としない場合には，水平型の意思決定構造によって，横の意見を相互に調整する意思決定プロセスを採用することがある．これは常設組織から横断的に編成された委員会形式の組織で，構成するメンバーが出身母体の利益誘導者・主張代弁者として参画するような，組織がヒエラルキーを構成しない場合に限って成立する．

建設現場のプロジェクトチームでは，リーダーを頂点とするヒエラルキーが成立しているので，水平型の意思決定は困難である．

2.2 マネジメントの特性

(5) 情報の非対称

1) 非対称情報の発生　情報の非対称とは，「売り手と買い手の情報量に差があること」を意味する[19]．生産性を向上するために分業が行われると，組織に所属する者は専門分野に特化する．特化は，自分の専門分野には詳しくなるが，ほかの分野には情報をもたなくなる．相対的に情報量は乏しくなる．必然的に情報の非対称が発生する．上司は，組織の全員の行動をたえず監視できないので，完全な情報を得ることは不可能になる．上司と部下との間に，情報の非対称が発生する．

2) 非対称情報による弊害　上司の情報量が部下よりも少なく，現場を精通するのに必要な情報量を得ていない場合には，上司は組織構成員を最適にマネジメントできなくなって現場のコントロールが不可能になる．非対称情報を悪用する弊害には，上司の理解不足に部下が便乗した故意の情報操作や虚偽，上司の判断を部下自身の都合良いように誘導する，などが挙げられる．すると，部下は，組織のためではなく自分自身の利益や保身のために行動する恐れが出てくる[20]．このような情報の不完全性がもたらす弊害が起きないような解決策が必要になる．

3) 非対称情報の原因

a. 部下の行為による起因：部下が上司に対して，表2.2のような行為をとって

表2.2　部下の行為による非対称情報

発生原因となる部下の行為	意図的 [確信的]	偶発的 [無作為]
情報の伝達をしない：非謀略的	不要だと誤解 上役が既知と錯誤	忘れる（失念）
情報の伝達をしない：謀略的	自己の不利を隠蔽 自己優位の維持目的で隠蔽	
誤解を与える情報を伝達する	詐欺行為	表現能力不足
情報を間違って伝達する	虚偽	現状把握不足

表2.3　上司の行為による非対称情報

発生原因となる上司の行為	意図的 [確信的]	偶発的 [無作為]
現場で情報に接しない：非謀略的	不要だと錯覚 理解不能と黙殺	忘れる（失念）
情報の報告を求めない：謀略的	責任回避のため 虚勢維持のため	
情報の存在を無視する：非謀略的	情報価値を無理解	関心がない
情報の存在を無視する：謀略的	責任回避のため	
情報に反応しない：非謀略的	情報価値を無理解	認識がない
情報に反応しない：謀略的	責任回避のため	

いると，情報非対称の発生が多くなる．

　b. 上司の行為による起因：上司が表2.3のような行為をとっていると，情報非対称現象が生じる恐れがある．

　4）情報非対称の縮減対策　　情報非対称を効果的に縮減するには，以下のような方法が採用できる．

　a. 権限や責任の明確化：組織を構成する全員の権限や責任を明確にして，全員が情報を共有または承知するように徹底する．明確になっていないために必要な情報を，不要と誤解することを防止する．

　b. 行為のルーチン化：必要な情報を必要な時期に伝達する行為をルーチン化する．個人の自発性に依存しようとして情報の伝達が忘れられてしまうのを防止する．

　c. 文書化のシステム化：伝達すべき情報を文書化して伝達するようにシステム化する．伝達する際の情報を記憶や口頭に依存しようとして，内容を錯誤したり，伝達していないのに相手が既知であると誤解することを防止する．

　d. 必罰の徹底：錯誤，無作為，失策に対して，あらかじめ定めた処罰規定を周知徹底させ，厳格に適用する．当事者の個人に対する擁護を優先しようとして，虚偽，詐欺，隠蔽が不問にされると，その結果として組織活動に対する妨害行為が蔓延する．

　e. 評価・効果のシステム化：上司は，部下が自分の指示どおりに行動しているか否かを常に監視することができない．どれだけ熱心に努力しているのか正確な把握もできない．そこで上司は，こうした非対称情報の下では組織を構成する全員が十分な労働インセンティブをもたらさず，効率的な結果を生み出すことができない，と考える可能性が高くなる．その場合，上司の意向を汲んで，組織を構成する全員に対してインセンティブメカニズムを導入するようなシステムを設ける方法がある．

　ただし，固定的な処遇を好む労働者と変動的な処遇を好む労働者の存在を考慮して，システムを選択する必要がある．安定志向の労働者は，慎重さに優れ生産の品質が安定する可能性が高い[21]．

　f. 管理体制の選択：集権的と分権的の管理体制のどちらが効率的であるかは，直面している情報の非対称の不確実性の状況に依存して判断することになる[22]．

　集権的な管理の下では，組織のトップが判断の誤りを起こすと組織全体の行動に大きな影響を及ぼし，計画どおりに組織が機能しなくなる恐れが出る．しかし，各部署が相互に依存する関係を考慮に入れた判断が可能になる．分権的な管理の

下では，判断や活動の機動性や自由度が大きく，それぞれの分権的組織が独立して判断するので，誤りを犯しても企業全体ではその誤りが相殺され，全体のリスクは小さくなる．

(6) 意思の伝達

1) 伝達の形態　意思の伝達形態には，口頭型と文書型がある．通常，日常の仔細な報告や連絡などの意思伝達は口頭で行われる．重要な問題は，ルーチン化された文書で，意思の伝達がなされる．文書型には，あらかじめ用意されたマニュアルまたは規定に従う事前規定型と，メモやノーティス（通達など）によって遂行する逐次適用型がある．組織構成員の自発性が高い組織集団では，事前規定型の効果が高い．成熟度が低い組織集団では，逐次適用型の採用が望ましい．

2) 伝達の時期　意思の伝達には，事前（予告）と事後（報告）がある．事前は，特定の行動を起こす前の注意喚起の効果が大きい．事後は，特定の行動の結果を確認するうえで効果がある．成熟度が低い組織集団では，両方の実行が必要である．

3) 伝達の行為

a. 常時一貫型：仕事の進捗に応じて，そのつど必要な情報を適宜与えていく方法である．通常は，部下の仕事ぶりを監視しながら，口頭か文書の形で与える．

上司には，リアルタイムで部下の仕事の進捗や出来栄えの把握が可能であり，的確な情報を的確な時期に伝達できる長所がある．その反面，部下の仕事ぶりの監視・監督に精力を奪われて，上司自身の仕事に対する時間的・精神的な余裕がなくなること，マネジメント上の視野がミクロ的に陥り，プロジェクト全体にわたるマクロ的な視野を失いがちになること，部下はたえず上司の監視・監督の眼を意識し，上司から指示命令の形で伝達される情報に盲従する癖がつくことで，自立精神を育むことが困難になる短所がある．

b. 事前一括型：あらかじめすべての必要な情報を伝達する．上司を部下の監視・監督から解放し，部下の自主性に委ねるやり方である．上司は，必要な情報を部下に伝達した後は自身の仕事に集中できる余裕があること，部下は，あらかじめ伝達された情報をもとに，仕事の進捗に応じて自発的な対応力を育む長所がある．その反面，上司は自身の仕事に奔走する余りに部下達の仕事をリアルタイムで把握することがなおざりになる恐れがあること，与えた情報が最適ではない場合の修正調整が困難であること，部下は自主性に固執して予想と異なる局面で誤った対応を行う恐れがあること，などの短所がある．

c. 漸減型：最初は，上司は部下に対して，たえず情報をキメ細かく伝達する．

部下が仕事を熟知するに伴って部下に対して信頼が増すと，しだいに伝達の量を減らして伝達する間隔も延ばし，ある時点から仕事を全面的に任せる．順調に行われると，信頼関係が醸成される長所がある．その反面，信頼関係を損ねると機能不能に陥る短所がある．

d. 規則的間欠型：一日の定時刻帯（たとえば朝会など）や，週・月例会の形で，定期的で間欠的な情報伝達を行う．上司からの一方的な伝達ばかりではなく，上下相互間の情報交換によって，情報の共有や，疑念の確認などを実行できる長所がある．その反面，会議が形骸化して惰性（マンネリ）に陥りやすい短所がある．

e. 不規則的間欠型：ポイント重視型，あるいは，行き当たりばったり・気まぐれ・勘の重視とみなされるやり方である．ポイント重視とは，あらかじめ時期や対象を特定して，その部分に限定して情報を詳しく伝え，その他の部分は軽視するようなアクセントをつける方法である．マネジメント能力が高い者が経験のあるプロジェクトで採用すれば，成功率は高い．一方，能力が低かったり未経験のプロジェクトでは，手抜きや怠業（サボタージュ）につながり，情報伝達が危機的に低くなる恐れがある．

f. 受動的（放任）：部下を全面的に信頼して任せきる，悪くいえば部下の仕事（に関心がないか理解できないので）を放任するやり方である．上司が実力を備えた上で受動的な態度をとって，部下の仕事の成り行きに弊害が起きなければ，その上司は度量が大きいと評価される．

その一方，部下の仕事を理解する能力がない上司が自身の無能さを露呈しないように振る舞い，部下を全面的に信頼している，とみせかける態度がある．最後まで仕事の成り行きに弊害が起きなければ，上司本人の無能さは露呈されない．

どちらの場合でも，仕事の途中で不測の事態に遭遇したり弊害が発生した際の，上司が解決する能力の有無が，受動的マネジメントの評価につながる．

2.2.3 チームワーク

組織を構成する全員が目標を共有し，秩序だった行動様式をとることをいう．メンバーが，集団組織に溶け込んで仲間と協働作業を行う能力が，チームワーク能力である．チームワークを図るには，メンバーは以下の心掛けが求められる[23]．

(1) 個の封殺

各自に課せられた役割に集中することである．その際，私心を去って目立とうとしない態度が求められる．目立とうとする魂胆が透けてみえると，嫉妬や疑心が起きて集団の秩序が乱れる原因になる．

2.2 マネジメントの特性

(2) 疎外感の排除

任務がみつからず，集団の中の自分の位置がわからないと不安な心理状態に陥るものである．その結果，いざ集団で行動を起こそうとするときに求心力が発揮しにくくなる．手持無沙汰の状態が長く続いて指示待ちになると，集団の中で疎外感を抱くようになって，集団の秩序を維持することが難しくなる．指示がなければ，自らできることを探し出してでも仕事をつくる意力が必要である．

(3) コミュニケーションの促進

集団行動には，仲間同士の連帯感が必須である．そのための意思疎通を促進するために，たえず気さくに近づいて，一見不要と思われる雑談も厭うてはならない．

(4) 越権行為の排除

課せられた権限と責任の領域，および各自が為すべきことを認識して，和を乱す行為を戒めなければならない．典型的な撹乱行為が，越権行為である．善意から発せられる越権行為であっても，干渉やお節介となってチームワークを乱すもとになる．

(5) 構成員の安定度の維持

グループを私有化したり派閥をつくる行為は，共有行動様式を乱しメンバーの心理的な安定を妨げて，チームワークの維持が困難になる．

2.2.4 権限の委譲

権限の委譲は，最も重要なマネジメント機能である．

(1) 業務の委譲

欧米諸国の職場にみられる形態である．たとえばアメリカの企業でみられる権限の委譲は，任務の処理に必要な全権限を与える形をとる．上司の介入や干渉は権限を侵す行為となり，介入すればその結果責任を負うことになるので，上司は極力，介入を避けようとする．責任をあらかじめ明確にしておくために，委譲する任務や権限を，雇用契約や業務規定（job description）で具体的に示しておく必要がある．

(2) 機能の委譲

わが国の職場にみられる形態である．組織のトップは，組織の各階層に業務執行上の一部の機能に関する権限だけを委譲する．底辺の担当職には仕事を実施する権限，中間管理職には担当職を監視して照査する権限，トップ職は部下達の仕事の結果を承認する権限を手元に留保する．原則として，委譲する内容や権限を明示する慣行はない．

2.2.5 インセンティブの付与

(1) インセンティブメカニズム

インセンティブとは，気力を充実させ積極的にするために与える激励や刺激をいう．労働意欲を刺激して生産性を高めるには，インセンティブの付与が欠かせない．

インセンティブの喚起は，人間の本能である各種の欲望を刺激することにある．たとえば，人間関係学派のアブラハム・マズローは，人間を突き動かす5つの階層で構成される，生理的，安全・安定性，所属・愛情，承認・尊厳，自己実現の欲求に応えることができれば，インセンティブは喚起されると主張した[24]．この主張を参考にすれば，具体的には，顕彰によって誇り，昇給報酬によって物欲，昇格によって名誉欲や存在意義，裁量権の付与によって自己実現の欲求に応えられるような制度化が考えられる．このほかに，人間関係，就業規則，厚生制度の充実などは，職場環境の改善向上に直接的な効果を期待できる．選択するに際して，多様な価値観や企業の経営環境などの影響を考慮する必要がある[25]．

(2) 競争原理[14]

1) 競争志向の活用　組織活動を活性化するには，組織の求心力と構成員の凝集力を高めることが必要である．そのためには，構成員達の上昇志向を刺激して，インセンティブを促すことは効果がある．上昇志向とは，個人的な本能から生まれる出世志向のことである．

競争原理を活用してインセンティブを鼓舞するには，活動の方向性を明確に示す，全員が価値観を共有する，関心を仲間から逸らさせ上司の指向に向けさせて組織の求心力を高める，公正な評価を制度化する，全員を公平に扱う，評価結果を説得力のある形で反映する，などを徹底する．

2) 活性化の阻害　わが国では，能力と身分と人格が連動した競争状態が成立している．この場合の身分とは，学歴や学校歴，あるいは公務員試験の区分け制度のような二次的な身分を意味する．

人格的な要素の評価が含まれた競争では，職務能力だけで昇進が決定されるわけではない．人格を含めた競争として意識されると，競争から離脱できずに，競争への残留圧力を高めることになる．人格をめぐる競争は，人格そのものが企業と一体化する状況を生み出すことになる．

この敗者に対する配慮が常に必要である．配慮が欠けている競争は，多くの者の競争志向を減退させることになって，有効な競争モデルが設計できない．

(3) 評価の仕組み

構成員のインセンティブを鼓舞するには，公正な評価制度の整備と運用が不可欠である．

1) 評価の基準

a. 若年層に対する評価基準：最初の評価は，採用の段階で行われる．採用試験の書類選考，筆記試験，面接などで重視されるのは，積極性，自己表現能力，常識・教養，専門知識などである．官庁や大企業は一般的な傾向として，即戦力よりも潜在力を備えた将来性や組織人としての協調性を重要視する傾向があり，採用後の教育訓練によって組織内のカラーに順応させようとの意図が認められる．即戦力があっても，個性的な人物はむしろ敬遠される．

b. 中間管理職層に対する評価基準：若年層で重要視された積極性は，年齢が上がるにつれて評価基準から姿を消す．それに代わって，対人関係を重視する協調性や組織管理者的な統率力や指導力のような性向が評価の対象に加わる．

c. 上部管理職層に対する評価基準：さらに年功を重ねると，実務能力や専門知識よりも，調整能力や人柄，人格，人徳の面が重要視されるようになる．このような人物が組織のトップに据えられることは，ボトムアップ型のマネジメントが円滑に機能することを前提にしている．上層部に進むほど，総じて，知識より知恵，個性より人柄，積極性より調整力が重要視される．有能で切れる（ように見える）上司は，部下から嫌われる．

2) 評価の方法　　長期的な視点で評価するものが，いわゆる人事考課である．人材の潜在力を定期的に審査して，その結果を定量化するものである．

a. 直属一系考課：直属の上司（たとえば課長）が（一次）評価した後，その上の上司（部長）が再評価（二次評価）して，さらにその上の上司（本部長）が最終評価（三次評価）する方法である．直属上司の個人的な心証が恣意的な評価に反映されやすい．

b. 複数合意考課：直属以外の上位者も加わって銘々が評価して，その結果をもち寄り，評価者全員が合意した結果を正式な評価とする方法である．直属以外の評価者が加わる，いわゆる「たすきがけ」の評価になる．顧客（たとえば発注者など）に評価を依頼して，上司の評価者が参考にしたり，評価点に算入する方法もある．

c. 被考課者同意考課：評価者の評価結果を，被評価者が同意してから，評価が正式に決まる仕組みである．アメリカで通常採用されることが多い評価方法である．

3) 評価の反映

a. 正の評価の反映：評価の結果は，評価対象者のインセンティブの助勢のために，主として顕彰，賞与，昇給，昇格，職制の抜擢などのような形で反映される．

b. 負の評価の反映：責任の所在を明らかにして，再犯を防ぎ，規律を保つには，負の評価を反映した処分を行うことが必要である．基本的には，譴責戒告，更迭，減給，停職，降格，解雇（諭旨または懲戒，公務員の処分では免職）などが採用される．

c. 喧嘩両成敗：1つの組織の中で紛争や係争（内輪もめ）が生じた場合，当事者達に対してとられる処分の方法である．

「喧嘩した者は，その理非にかかわらず，双方ともに処罰すること．戦国時代以降，法制化された[18]」手段で，中世社会の苛烈な騒擾の中から生まれた紛争解決策の1つの規定といわれる[26]．処分の影響をその組織の内部に留める効果があるので，現代でも多くの日本人が納得する決着の仕方として，暗に支持されていると考えられている．

たとえば，個人的に責任がない争いで両成敗が行われた後では，双方の主張に対する批判は急にトーンダウンして，理性的に追求する姿勢は潰えてしまう．

2.2.6 リスクの対応

(1) リスクとマネジメント

リスクとは「この先どうなるかわからない不確実性のこと」をいう．とくにプロジェクトのリスクとは「起こったならば，プロジェクト目標に影響を与える不確かな事象あるいは状態」をいう[27]．マネジメントの場合には「収益と損失がどのくらい変化するかの度合」を意味する．不測の事故や災害による損失がもたらす恐れがある要因に備えて対処するための経営管理の手法[28]がリスクマネジメント（risk management）である．

具体的にはこのリスクをあらかじめ把握し，遺漏がない対策を採用して確実に無害化し，その対応が万全を期すことが不可能になった場合にも，被る損失を最小限に食い止めるために，体系的な取組みをはかる必要がある．

(2) リスクの処理

リスクは，侵害のみが発生する純粋リスク（自然災害，火災，交通事故など）と，一方に損害，他方に利得をもたらす投機的リスク（金利変動，為替変動，株価変動など），あるいは，現状の受け身のままでも被る受動リスク（騒乱，盗難，公害など）と，利潤獲得や拡大志向などを求めて現状を変化させることで発生する能動リスク（事業の失敗，不採算，市場競争の敗退など）に分類される．

リスクがいったん発生すれば，プロジェクトのコスト，スケジュール，品質などに影響が及ぶ．したがって，リスクはプロジェクト全体を通して全期間にわたり，組織を挙げて取り組む対象になる．取り組むべき仕事は，リスクの予測と識別（純粋，投機的，受動，能動など），リスクの定量的・定性的分析，リスク対応計画（保険の付保，防止・抑制策の採用，余裕の考慮，予備費の用意など），発生したリスクへの対応などからなる．リスクの処理に支出するリスクコスト（人件費，保険料，保有損失，防災対策などの費用の合計額）に対する対費用効果が最大になるように，合理的に対策・処理することが必要と考えられる．

(3) ビジネスモデルの構築

わが国では法規や情報が整備されていることで，比較的，事故の発生確率が低いか予測確度が高いために，顕在的なリスクコストが低く，リスクをコストと捉えて合理的に処理する考えを軽視する傾向がある．しかし，企業経営の基盤が変化して，伝統的なビジネスモデルが崩壊した結果，リスクマネジメントの有用性が認められるようになってきた．

リスクマネジメントの本来の目的は，リスクが発生しないように対処することであるが，そのリスクの発生は，あらかじめ覚悟しておかなければならない．したがって，発生する恐れがある場合には，その予防や発生したリスクを抑制する措置を前もって講じておくことが必要である．リスクマネジメントは，リスクが起きないようにするばかりではなく，起きた場合にどうするかを考えておくということである．

2.3 建設マネジメント

2.3.1 建設マネジメントの概念

アメリカで生まれた construction management を踏襲した概念であり，以下の3つ[29]が挙げられる．①は，建設施工管理マネジメントである．わが国では施工管理と称していた概念である．②は，建設生産システムの1つである construction management contract system を指す狭義の概念である．わが国では，このシステムを CM と俗称している．③は，建設プロジェクトのマネジメントである．建設プロジェクトの発案から始まって，その遂行に必要なすべての過程にわたるマネジメントを指す広義の概念である．

さらに④として，建設分野の産業や市場の構造，経済活動や企業経営など，construction companie's management または construction business management

表2.4 建設生産システムと業務分担の例

システム	発案	企画	調査	計画	設計	調達	監理	施工
直轄・直備・直営	事業者	事業者	事業者	事業者	事業者	事業者	事業者	事業者
設計直営・施工外注	事業者	事業者	事業者	事業者	事業者	受注者	事業者	受注者
設計・施工分離外注	事業者	事業者	受託者	受託者	受託者	受注者	受託者	受注者
設計施工一括発注	事業者	事業者	受注者	受注者	受注者	受注者	受注者	受注者
ターンキー	事業者	受注者	受注者	受注者	受注者	受注者	受注者	受注者
Build/Operate/Transfer	事業者	受注者	受注者	受注者	受注者	受注者	受注者	受注者

の概念を指すことがある.

本章では,③の概念を対象にしている.

2.3.2 建設プロジェクトのマネジメント

(1) ライフサイクルと建設生産システム

通常の建設プロジェクトは,発案→企画→調査→計画→設計→調達→施工→監理→供用→破棄のライフサイクルをたどる.これらの各段階ごとに,当事者として関与する事業者,監理者,受注者などがマネジメントを行ってい

表2.5 設計・施工分離外注システムにおけるマネジメントの協働

	事業者	受託者	受注者
プロジェクトの統合	◎		○
スコープ	○	○	◎
タイム	◎		○
コスト	○		◎
品質	○	◎	○
人事			◎
コミュニケーション	◎		○
リスク	○		◎
調達	○		◎
ファイナンス	◎		○
クレーム	○		◎
環境問題	○	◎	○
安全	○		◎

(注)◎主体的に実行,○補佐的に実行

る.事業者とは,自身の事業としてプロジェクトを遂行し発注する者,受託者とは,事業者から委託を受けて調査,設計,監理などの業務を行う者,受注者とは,事業者から注文を受けて施工を行う者を指す.

表2.4に示すように,その関与は建設生産システムによって様々である.直轄・直備・直営の場合を除いては,複数の企業や組織が関与することで,1つのプロジェクトマネジメント体系が完結される.

たとえば,設計・施工分離外注システムでは,受注者である建設会社のほかに,企画などの段階で事業者(発注者)が設計や監理の段階で受託者が関与している.

(2) 建設プロジェクトマネジメントの協働

一般的なプロジェクトのマネジメントは,プロジェクトの統合,スコープ,タイム,コスト,品質,人事,コミュニケーション,リスク,調達,ファイナンス,クレーム,環境問題,安全などの仕事で構成される[27].表2.5は,設計・施工分離外注システムの施工段階において,発注者,受託者,受注者が協働している一

例である.

2.3.3 建設会社のマネジメント体系
(1) プロジェクトの執行組織

一般に建設会社は，通常の建設プロジェクトを執行するために，プロジェクトチーム制を採用している．プロジェクトチームは流動的かつ短期的な性格をもつ組織で，恒久的な固定的部門別組織とは対照的な性格を備える．この組織集団の編成にあたっては，プロジェクトの横割りの課題を効率的・効果的に達成するために，母体組織（本社や支店本部など）の中に恒常的に設置された縦割りの各部門別の組織から必要な人員を横断的に選抜して，組織構成員に充てる．この組織集団は，通常の場合，建設現場に活動拠点となる事務所を設ける．本社を頂点とするヒエラルキーの末端組織に位置づけられ，生産活動の最前線拠点となる．作業所，出張所，工事事務所などと称される．

この組織集団は，プロジェクトマネジャ（現場所長）を頂点とするトップダウンのマネジメント階層構造を形成する．プロジェクトチームは，次のような原則を備えている．

○目的の与件と確定化：結成前に目的が確定し条件が与えられる．
○目標の統合化：目標達成のために，諸資源の統合化・最適化を必要とする．
○責任と権限の集中化：プロジェクトマネジャに全権限を集中させる．
○非定例性：繰返しのない1回限りの仕事を対象にする．
○最適能力による構成：課題解決に最適なメンバーで構成される．
○二重管理：出身元の母体と出向先のプロジェクトチームを重ね合わせた構造である．
○チームの仕事の優先：出身元よりも出向先の仕事優先を原則として重視する．
○母体組織による評価：チームのメンバーの最終評価は，出身母体が行う．
○達成期限の設定：チームの課題は，必ず達成期限がある．
○課題解決後のチーム解散：課題解決後チームは解散し，メンバーは出身母体に戻る．

(2) プロジェクトチームの編成

プロジェクトチームの編成は，プロジェクトチームのトップであるプロジェクトマネジャの配下に，工務，工事，技術，機電，事務などのグループが配置される．

工務グループは，主に現場の内務を担当する．所長を補佐するスポークスマン機能も備え，予算や契約の管理業務を所管する．小規模組織の場合には，工事グ

ループが兼任することもある．

工事グループは，現場の屋外業務を担当する．工事資源（労務，材料，機械類）を駆使する施工業務は，最も枢要な中核的な任務である．配下に多数の技能工や作業員を擁しており，最も人数が多いグループを形成する．監督者に対して作業者の人数が多すぎると，管理や統率が行き届かなくなって，作業効率が低下する原因になる．効率的な管理と統率のためには，現場監督の技術者や作業を統率する職長などの適正な配置がきわめて重要である．一般に，現場で陣頭指揮に立つ直接的リーダーが，配下の全員を直接統率管理できる人数が200名を超えない組織づくりが望ましいとされている．

技術グループは，主に技術上の管理業務を担当する．設計監理，仕様規定，品質検査などを所管する．小規模組織では，工務グループが兼任することもある．

機電グループは，建設機械，仮設備の機械や電気の設備の運用管理の業務を行う．

事務グループは，現場の庶務や出納などの業務を扱う．

(3) 現場の配置資格者

会社は現場に，法令で定める資格要件を備えた従業員を現場代理人，監理技術者，主任技術者，総括安全衛生管理者，安全管理者，衛生管理者などに充てる法的な義務がある．

現場代理人は，建設業法で定められた建設現場における社長の代理人であり，プロジェクトチームのリーダーいわゆる現場所長である．監理技術者は，建設業法の規定により，土木工事では3,000万円以上の現場において施工の技術上の管理をつかさどる．主任技術者は，建設業法の規定により，土木工事では3,000万円未満500万円以上の現場において施工の技術上の管理をつかさどる．

総括安全衛生管理者は，安全衛生法および政令の規定により，常時100人以上の事業場で，安全および衛生管理者を指揮して，所定の業務を統括管理する．安全管理者は，常時50人以上の事業場で，安全に関わる技術的事項を管理する．衛生管理者は，常時50人以上の事業場で，衛生に関わる技術的事項を管理する．

2.3.4 マネジメント体系の分化と連携

(1) 組織の権限と業績管理

会社のトップは，設定した目標に沿って計画を立案し，その計画のとおりに成果を挙げる経営責任がある．そのために，業績の評価ができるように，トップ自身を含めて権限を割り当てる．権限の割当てに伴って，様々な責任が発生する．

その責任のうち，収益，費用，利益に関連する責任を明らかにして業績評価の

2.3 建設マネジメント

対象となる部門を責任センターと称する[30]．責任センターには，与えられている権限の内容に応じた基準で，業績の評価が行われなければならない．組織の機能が，収益の発生だけに権限がとどまる組織を Reveneu Center，原価と収益の発生の両方にまたがる場合の組織を Profit Center，原価の発生だけに権限がとどまる組織を Cost Center という．

現場のプロジェクトチームの業績管理を，会社のトップの社長1人に集約するような場合には，その権限と責任の所在は表2.6のように示される．

表 2.6 組織上の権限行使に伴う責任の所在

	原価の発生	収益の発生	組織上の存在
Reveneu Center	なし	あり	社長
Profit Center	あり	あり	現場所長
Cost Center	あり	なし	現場のスタッフ

表 2.7 マネジメント目標の補完関係

	上位組織（支店）	現場組織（プロジェクトチーム）
原価管理	◎	○
工程管理	○	◎
品質管理	—	◎
安全管理	◎	○
環境保全	—	◎
近隣対策	—	◎

◎最重要視，○関心をもつ，—任せる．

元来，建設会社の経営は現場主義を貫いており，通常の場合トップの社長と現場組織が直結する構造は，基本的には合理的で効率的である．このような組織を，中央集権的な組織または中央集権化された組織という．個人経営の建設会社に多く認められる．

(2) 組織の階層化

建設会社が多量の建設工事を受注して，同時にマネジメントする必要に迫られると，会社のトップが全体の状況の把握や経営方針の伝達を行うことが難しくなって，中央集権的な経営は不可能になる．そこで，プロジェクトチーム（現場組織）を群管理する組織を設ける．その結果，マネジメント体系は，現場組織と上位組織からなる階層化が制度化される．

この上位組織は，3つの機能を備える．①は，現場組織のプロジェクトマネジメントを，トップに代わって管理統轄する機能である．この機能を operation 機能という．②は，表2.7に例示するように，現場のプロジェクトマネジメントを補完する機能である．

③は，独立採算的に運営する機能である．これらの機能を備えた上位組織は，市場，生産物，地域，顧客などの経済的成果の種類や分野ごとに企業活動を行う部門をまとめて，その活動に必要な資金や人材や機材などの経営資源を所有して，独立採算的に運営される．

(3) 事業部制組織

この上位組織のように分権化された機能を備える組織を事業部制組織という．事業部制組織は，①独自の市場をもっていること，②自律的な単位部門であること，③独立採算制であること，が前提である[31]．

わが国の通常の建設会社は，独自に定めた地域市場ごとに活動拠点となる支店を設けて，建設プロジェクトの入手を図り，その消化によって経済的成果をあげる独立採算制を運営する．このような独自の地域市場を受けもつ支店が，地域別の事業部制組織である．さらに，本社の土木本部と建築本部は，土木工事と建築工事のそれぞれの経済的成果をあげる独立採算制をとっている．この2つの本部は，生産物別の事業部制組織である．つまり，わが国の建設会社は，現場組織の上位に地域別と生産物別の二重の独立採算制の事業部制組織を置くことを特徴としている．

(4) マネジメント機能の2元化

現場組織のプロジェクトマネジメントに対して，上位組織の間接的リーダーが行うoperationの目的は，会社のトップの経営戦略を受けて，傘下のプロジェクトチーム（現場組織）に対して，とるべき方向に向けてマネジメントを実行させることである．本社や支店の上位組織に，現場組織が備えていなかった財務，法務，広報，市場管理，技術，積算などの機能を備える必要が出てくる．

これらの機能を備える組織は，部門別組織を構成し，原則として，定常業務のマネジメントを行う．社内の各組織のマネジメントに，企業戦術（生産または支出）の機能と役割を担うプロジェクトマネジメントと企業戦略（経営）を受けて指令を発するオペレーションの2元化が起きる．その一例を，表2.8に示す．

会社の組織が備える機能が2元化すると，本社や支店などの上位組織が集権的組織として備える責任と権限は，工事の受注から必要な工事資源の調達に至るまで，収益の発生と原価の発生にまたがる業務を行うことになり，Profit Centerに位置づけられる．

表2.8 社内各部門の役割分担

	本社		支店	現場
	土木・建築本部	営業・財務部門	土木部・建築部	作業所組織
利益管理	○	×	○	○
生産管理	×	×	○	○
市場管理	×	○	○	×
資産管理	×	○	○	○
人材管理	○	×	○	○

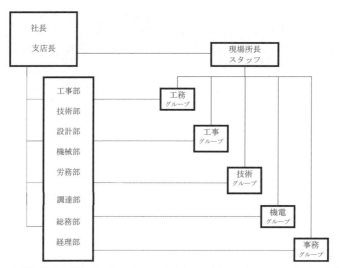

図 2.1 現場組織と上位組織（たとえば支店本部）の間のマネジメント体系の連携関係

現場のプロジェクトチームの責任と権限は，与えられる工事資源の有効活用という原価の発生に関する業務に限定されて，Cost Center に位置づけられる．現場主義経営では現場組織が備えていた責任と権限が，本社や支店の上位組織側に移っている．

(5) 階層間のマネジメント連携

現場組織と上位組織（本社や支店など）に組織の階層化と機能の分化が起きた結果，現場組織と上位組織の間で連携関係を保持する仕組みが必要になる．図 2.1 に例示されるような連携関係のもとでマネジメントが行われる．

現場所長のプロジェクトマネジャは，上位組織（支店や本社）に対しては，プロジェクトチームを代表して社内要路との連携関係を促進する役目をもつ．同時に，社外に対しては，プロジェクトマネジメントを執行するうえで会社を代表し，発注者をはじめとする社外の機関，団体，組織との協働関係を維持促進する機能を有している．

参 考 文 献

1) 藤本隆宏「やさしい経済学—経営学のフロンティア『もの作り経営学』の本質 2 発進力強化 急務に」日本経済新聞 2008 年 11 月 28 日
2) 船越克己ほか編著「企業行動にみる経営学」，創成社，2005 年，ドラッガー，P.F.（上

田惇生訳)「新訳 現代の経営 上巻」, ダイヤモンド社, 1996 年
3) 後藤幸男ほか「経営学」, 税務経理協会, pp.3-4, 2000 年
4) The Concise Oxford Dictionary, 2011
5) ドラッガー, P.F.（上田惇生訳)「マネジメント 上」, ダイヤモンド社, pp.6-7, 2001 年
6) ドラッガー, P.F.（上田惇生訳)「プロフェッショナルの条件」, ダイヤモンド社, p.ix, 2012 年
7) クリーランド, D.I.（上田惇生訳)「システム・マネジメント」, ダイヤモンド社, pp.6-7, 1969 年
8) Weihrich, H. ほか "Management：A Global Perspective, Tenth edition", McGraw-Hill, p.4, 1993
9) Koontz, H. ほか "Management, Ninth edition", McGraw-Hill, p.4, 1988
10) Madsen, L.K. "Management Defined, Characteristics, and Human Behavior", Effective project management techniques, a seminar presented by the National Committee on Engineering Management of The American Society of Civil Engineers, p.5, April, 14, 1973
11) Oberlender, G.D. "Project Management for Engineering and Construction Second edition", McGraw-Hill, p.9, 2000
12) フランシス・ヘッセルバインほか「アメリカ陸軍リーダーシップ」, 生産性出版, pp.131-144, 2010 年
13) 宮田 薫「管理者のためのマネジメント理論」, 日本コンサルタントグループ, 1995 年
14) 日置弘一郎「『出世』のメカニズム」, 講談社選書メチエ, pp.14-16, 1998 年
15) 山本博文「男の嫉妬」（ちくま新書）, pp.180-205, 2014 年
16) 印南一路「すぐれた意思決定」, 中央文庫, p.273, 2002 年
17) 山本七平「『空気』の研究」, 文春文庫, pp.23-45, 1983 年
18) 新村 出「広辞苑 第六版」, 岩波書店, 2008 年
19) 藪下史郎「非対称の経済学」, 光文社新書, p.81, 2002 年
20) 上述 19), p.157
21) 上述 19), p.159
22) 上述 19), p.161
23) 国分康孝「チームワークの心理学」, 講談社現代新書, 1985 年
24) 小林康昭「最新 建設マネジメント」, インデックス出版, p.99, 2008 年
25) 上述 19), p.169, p.171
26) 清水克行「喧嘩両成敗の誕生」, 講談社選書メチエ, 2006 年
27) PMI「プロジェクトマネジメント知識体系ガイド PMBOK」, PMI 日本支部, 2014 年
28) 後藤多美子「構造物のリスク・マネジメント」, 土と基礎, 1999 年 1 月号, p.11（地盤工学会), 高梨智弘「リスク・マネジメント入門」, 日経文庫, pp.27-29, 1997 年
29) 馬場敬三「建設マネジメント」, コロナ社, pp.24-25, 1996 年
30) 唐沢昌敬「変革の時代の組織」, 慶應通信, p.35, 1994 年
31) ドラッガー, P.F., 野田一夫監修（上田惇生訳)「新訳 現代の経営 上巻」, ダイヤモンド社, p.20, 1996 年

3. プロジェクトマネジャ

3.1 プロジェクトマネジャの基本概念

3.1.1 マネジャの語義

「マネジャ」とカタカナで表現される語は，英語の manager が日本語化した外来語である．英語圏で manager と称される者には"a. ビジネスや家政万端を経済的に仕切る者（つまり，課長や所長，執事など），b. 法的機関の（たとえば，英国下院のような）中で特例の履行を指定された小グループの構成員，c. ビジネスや研究のような特定の仕事や職業に就く者，d. 英国の法律に基づいて裁判所から債権者救済裁定に指名された者，e1. スポーツのチームや競技のすべてを担当する者（つまり，チームの監督），e2. 学生スポーツのコーチの指示のもとで運動具や記録を管理する者，f. 市民関連団体の活動を監視するために指名を受けた者"が挙がっている[1]．

この中で，a. ビジネスマンや e2. 運動部員のマネジャ，などの概念がわが国でも頻用されている．だが，英語圏では，ビジネスマンのマネジャに加えて，e1 に挙がっているように，スポーツチームの監督が代表的な存在である．

この2つの manager は，複数の配下の人間を統率して，降りかかるリスクを排除して，成果を果たす責務をもっていることが共通している．この共通点が，マネジャの基本的な概念である．

プロジェクトの完成責任を負うマネジャが，プロジェクトマネジャ（PMr）である．プロジェクトマネジャは，配下の人間を統率して，特定のプロジェクトの目的に向かって，降りかかるリスクを排除して，特定の期間に成果を果たす責務をもっている．

建設計画や工事の「建設」プロジェクトでは通常，発注者（官公庁や民間の施主）・設計者（コンサルタント会社や設計事務所）・施工者（建設会社）の三者がプレイヤーとして登場するが，そのうちで，典型的な「プロジェクトマネジャ」

は，施工者（建設会社）を代表する工事事務所長や作業所長などの「建設現場の所長」である．

統計によれば，わが国で金額500万円以上の工事は年に約100万件にのぼるという．つまり，日本では毎年100万人以上の建設現場所長が「プロジェクトマネジャ」として働いている．

ところがこのように多数存在している「プロジェクトマネジャ」のポストや職能の体系的な研究や理論化は，日本でも欧米でもさほど進んでいない．

ピーター・F・ドラッカーは『マネジメントとは，成果に対する責任に由来する客観的な機能である』と述べている[2]．つまり「マネジメント」は客観化できるのである．「マネジメント」や「プロジェクトマネジメント」を体系的に整理した文献が数多く出版されていることは，客観化の現れといえる．しかし，こと「プロジェクトマネジャ」という職能に限定し，分析を試みたり，あるべき姿を論じた書物は限られている．プロジェクトマネジャに関する体系的な整理や研究が求められる所以である．

3.1.2 マネジャの定義

「プロジェクトマネジャ」を様々な視点から捉えれば，次のように定義される．

① プロジェクト単一の統合責任者（a single accountable individual）であり，とくにプロジェクトの計画・実行・状態の報告に対して責任を負う人間[3,4]

② 責任一元化の概念に基づいて着手時点から終了時点まで一貫してそのプロジェクトを指揮監督し，技術（品質）・費用・日程上の要求事項を満たすような特定の最終成果物を生み出し，同時にビジネスとしての利益目標を達成するために選任されたプロジェクトの統括管理責任者[4]

③ 特定のプロジェクトの最高責任者として，プロジェクトの開始から終了まで専従する個人．一般の組織のマネジャとは，以下の点で異なる[5]．

  ⅰ）特定のプロジェクトに限定された具体的な目標に対する課題の解決にあたる．

  ⅱ）明確な意思決定と要員に対するリーダーシップが求められる．

  ⅲ）期限は有期である．

以上の3つの定義に共通することは，「プロジェクトマネジャ」は特定な目的をもつ計画事業，すなわち期限が設定され（有期性），オリジナルな内容をもつ（独自性）業務である「プロジェクト」を遂行するリーダーであり，唯一の統括的最終責任者であることである．この意味付けは，建設分野でのプロジェクトマネジャの職能にも適用される．

建設におけるプロジェクトマネジャ(建設PMr)の主な特徴は以下の3点である．

① 担当業務は，企業組織の管理部門長（マネジャ）が担当する定例的業務とは異なり，有期性あるプロジェクトという独自業務の長であり，その目的に向けチームメンバーを一体化せねばならない．
② 発注者との契約上，文字どおり"現場代理人（site agent）"である．すなわち，所属する企業の社長（最高経営責任者）の代理者であることを示しており，当該プロジェクト現場の最終責任者として強力な権能・権限を保有している．
③ 変化の多い建設プロジェクトを推進するために「変化への対応力」と「変革追究心」をもつことが要求される．

本章の「プロジェクトマネジャ」は建設プロジェクトマネジャを指すものとする．

3.2 リーダーシップとマネジメント

プロジェクトマネジャ(PMr)は，プロジェクトの業務を遂行する上で，チームや現場組織の要員（スタッフ，部下）を率いる人間すなわち「リーダー」の側面と，業務を着実に達成する責任者，つまり「マネジャ」の側面とを合わせもつ人と捉えられる．日々のPMrの活動では，この2つが渾然となった存在である．プロジェクトマネジャのあり方を考える場合には，この2つの側面のリーダー論（リーダーシップ）とマネジャ論（マネジメント）の両視点から分析すれば理解しやすい．基本的にリーダーとは，指導者，指揮者，統率者であり，マネジャとは，特定の業務の統括管理責任者を指している．

リーダーシップは，社会生活に不可欠のものである．しかし，その意味や解釈は千差万別であり，普遍的に理解されているとは限らない．マネジメントについても解釈は統一化されていない．様々な解釈の中から，本章の目的に相応しくかつ実用的な考え方を以下に紹介する．

ハーバード大学のリーダーシップ論担当教授Kotterは，「リーダーシップとマネジメントとは別々の個性をもちながらお互いを必要としている，共に欠くべからざるもの」と解釈し，「優れたリーダーシップとマネジメント力を備え，かつこの両者をうまくバランスさせられるかどうかに真価がかかっている」と説明している．

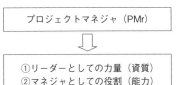

図 3.1 プロジェクトマネジャ(PMr)

彼によればリーダーシップの手法とは「目標に向けて組織メンバーの心を統合すること」であり，その武器とは「動機付け」と「啓発」である．さらに，マネジメントの手法とは「計画立案・組織化・人材配置」であるが，主な武器とは「コントロール」と「問題解決」であると唱えている[6]．

同様な考え方のカナダ McGill 大学教授 Mintzberg（マネジメント・組織論）は，「フォーマルな（マネジメント）権限はマネジャに力を与えるが，どの程度顕在化させるかは，マネジャのリーダーシップに左右される」と述べている[7]．

Kotter は，リーダーシップとは「変革を成し遂げる力量」を指し，マネジメントとは「複雑さへ対処する役割」と指摘し，基本的にはリーダーとマネジャは識別すべきものと捉えている．そして，この根本的な違いを理解すれば，一線級の人材を「優れたリーダー兼マネジャ」へと養成する道は開ける，と述べている．

一方，アメリカの Encompass Service 社の最高経営責任者 Ivey は，「リーダーシップとは人々を目標に向けて前向きに働かせる力（ability）であり，マネジメントとは定義されたプロセスの範囲内でそのプロセスを前進させる職務（profession）である」との相違点を挙げながら，「マネジャ全部が優れたリーダーである必要はないが，優れたリーダーはまた優れたマネジャである」と記している[8]．

個々のプロジェクトのあり様は固有なものであり，一人一人のプロジェクトマネジャのあり方は一様とはいえないが，重要なポイントは共通である．それ故，Kotter, Ivey の考え方を取り上げれば，プロジェクトマネジャは，「優れたリーダーの資質」をもち，同時に「優れたマネジャとしての能力」を備える存在と捉えることが経験的に合理的と考えられる（図3.1）．

3.3 プロジェクトマネジャの役割

「建設」という仕事には，3つの特徴がある．すなわち①注文生産，②単品生産，③現地生産の3点である．

建設プロジェクトは，計画・設計・調達・工事・維持管理などのライフサイクル要素から構成されるが，本章ではそのうちの「工事」に焦点をあてている．「工事」とは，特定の顧客からの注文に基づいて，図面・工費・工期等を合意して契約し，唯一無二の建設成果物（施設・構造物）を指定の場所につくる行為である．

さらに，契約時点では予測できなかった様々な変更や新しい条件の出現は，建設プロジェクトには付き物なのである．そのために，建設PMrには一般的なPMrに比べて，広範囲な「変化への対応能力」が必要となる．

建設プロジェクトは通常，発注者，設計者（コンサルタント），施工者（総合建設企業）の三者が登場し，各々の立場のプロジェクトマネジャが存在するが，本章は，プロジェクトへの実質的従事期間が長期にわたり，かつ工事の着手から完成まで一貫して直接の責任を負う施工者（総合建設企業）の現場代理人である「建設現場の所長」を「プロジェクトマネジャ」の代表あるいは典型として取り扱う．

まず，プロジェクトマネジャの役割を述べる．

(1) 英国の場合

英国土木学会（ICE）発行の"Civil Engineering Procedure" 1971年初版には，現場代理人（建設現場所長）について以下が記述されている[9]．

"請負者の現場組織の主任業務執行統轄管理者が現場代理人である．彼は，通常，経験に富んだ技術者であり，その身分や資格や権限は契約条件に規定されている．彼の判断に委ねるべき毎日の決定事項は多く，そのために，雇用者から，自由裁量権が委任されているのが通例である．彼は，技術的経験と事業の経験をもっているばかりでなく，部下の統率力，誠実さという資質においても優れていなければならない．部下の立場を無視する現場代理人は，部下の協力を得ることを期待できない．そのために，決まりきった仕事の形式的なことに拘泥して，迅速かつ決然たる行為が必要とされる場合に，阻害されることがあってはならない．工事が適切に管理されているかどうか，施工が無駄なく契約書類どおりに行われ，現場に駐在するコンサルタントエンジニアの適切な要求に合致しているかどうかを適切に管理することにある．"

この文中にみられる「優れた資質」，「部下の統率力」，「迅速な決然たる行為」はプロジェクトマネジャの役割を遂行する上で，重要なキーワードである．

(2) 日本の場合

日本の施工者（総合建設企業）の果たす機能として，（社）日本土木工業協会は，総合エンジニアリング機能（総合生産管理，技術的なリスクマネジメント，関係諸機関とのコーディネート）を挙げている[10]．

通常，プロジェクトマネジャ（建設現場所長）は施工者の代表者として以下に示す「総合エンジニアリング機能」を現場において発揮する役割をもつ．

1) 総合生産管理　契約に基づいて，仕様書と設計図が要求する品質を確保

し，工事の安全と近隣環境の保全を図りつつ，所定の契約金額・工期で工事を完成させるには，施工の過程で投入される労働力・資材・機械などや様々な専門技術・技能を系統づけ，1つの指向性を与えて効果的に運営する機能が必要となる．こうした総合的な生産管理は，すべての受注者に不可欠の機能であるが，工事の規模が大きく与条件が複雑になるほど，工事の進め方や組合せは複雑になる．プロジェクトマネジャ(建設現場所長)は，最適な経路と組合せを見出す高度な管理能力を必要とする．

元請としての総合建設会社は，専門工事会社からの施工手段などの調達に加えて，専門工事会社に対する技術面や経営面の支援・指導を行い，各専門分野にわたる信頼性・生産性を有する組織を確保・維持することは，元請会社の重要な側面であり，わが国の建設産業全体の技術の維持・向上に不可欠な機能である．

2) 技術的なリスクマネジメント　公共土木工事では設計と施工は原則として分離される．現地での個別生産であるために，地質などの条件は，設計時点の与条件が施工段階で相違している場合がある．日本の自然環境では，施工中で不測の事態に遭遇し，迅速・適切な対処や設計や施工方法の見直しが必要となる場合も多い．土木構造物は設計と施工方法が密接に関連しているので，設計や施工の条件が複雑になるほど，施工経験が豊富な施工者からの提案や助言が重要になる．このように，設計と施工の相互のフィードバックの繰返しによって，与条件の不確実性を補完して，工事の最適化を図っていくことができるのである．総合建設会社は，このような設計・施工面での広範なエンジニアリング機能を備えることによって，発注者・設計者の機能を支援・補完する役割を果たしている．

3) 関係諸機関とのコーディネート　一般に，公共事業は，用地買収，近隣住民との合意形成，関係諸機関との協議・調整に多くの労力・時間を要する．これらが，施工途上まで解決しないこともあり，工事を進め

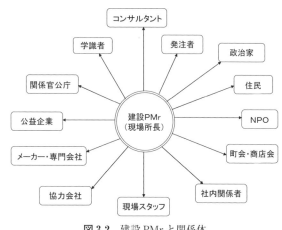

図3.2　建設PMrと関係体

表 3.1 建設 PMr の役割とポイント

〈建設 PMr の役割の分類〉	〈含まれる主なポイント〉
1. 業績目標を達成するための<u>推進者</u>になる.	利益目標, 業績検討会議, 生産性, 原価管理, コストダウンの実施
2. 各現場の工事がスムーズにいくように<u>実務指導者</u>になる.	現場巡回, 打合せ, 安全, 工期, トラブルのアドバイス, 業者調整
3. 施主・発注者に満足な施工品質を提供できるような<u>最終工事責任者</u>になる.	品質チェック, 検査体制, 施主折衝, 技術説明
4. チームワークをとるための<u>人間調整役</u>になる.	コミュニケーション, 行事, 人間性
5. 工事書類の承認印を押すことで, <u>工事管理実務の最終責任者</u>になる.	工事収支報告, 管理書類, 申請書
6. 支店・本社会議に出席し, 会社と工事担当者(部下)との<u>連絡相談役</u>になる.	伝達方法, 雰囲気づくり, 課題研究
7. 施工・技術能力向上のための<u>教育責任者</u>になる.	OJT, 勉強会, マニュアル, 手引書, 指導力
8. 工事担当(部下)の<u>人事・労務管理者</u>になる.	残業・休日の管理, 配置, ローテーション
9. 受注を増やすための<u>営業協力者</u>になる.	現場営業, 技術支援, 営業同行, 施主対応, 代金回収
10. 企業を成長安定させるための<u>現場経営者</u>になる.	税務対策, 建設業法対応, 資金繰り, 資機材運用

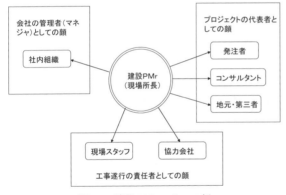

図 3.3 建設 PMr の 3 つの顔

ながら対応を行うこともある. 受・発注者が相互に協力して問題解決に当たることも多い. このような場合に, 総合建設会社は関係諸機関との協議・調整の支援・代行や近隣住民との合意形成の支援など, 関係者や当事者とのコーディネート機能を果たしている(図 3.2).

建設現場の所長は, 現場組織(現場スタッフ・部下, 協力会社など)を主な舞台にして, 本社・支店からの支援や, 外部からの専門会社の助力を必要に応じて受けながら, 以上の 3 つの機能を, 常時発揮するような行動に努める必要がある.

近年, 多くの日本の建設企業が, ISO 標準に基づくマネジメントシステムを導入して, 社内マニュアルに反映させて部署・社員の役割を明確に示すようになった. たとえば「建設工事事務所」の役割には, ①現場方針と工事目標の設定, ②顧客満足(CS)対応, ③一貫した品質・安全衛生・環境マネジメント, ④協力会

社の適正な選定と評価，⑤現場社員・協力会社社員の教育訓練，などの記載がある．これらは，プロジェクトマネジャの役割を表している．

以上の諸要件を整理した「建設現場所長の役割とポイント」を表3.1に示す[11]．建設会社の建設現場の所長（プロジェクトマネジャ）には①工事遂行の責任者，②プロジェクト代表者，③会社の管理者，の3つの「顔」がある．参考として図3.3に，建設PMrの3つの顔を掲げる．

3.4 プロジェクトマネジャの権限と要件

プロジェクトマネジャは，一定の「権限（authority）」を付与されて，はじめて役割を果たすことができる．行政機関や発注者は所轄の工事の遂行をプロジェクトマネジャに委ねるからには，プロジェクトマネジャが一定の「要件（requirements）」を備えることを求めるものである．

3.4.1 プロジェクトマネジャの権限

プロジェクトマネジャが目的を達成するには，以下の3つの権限がトップマネジメントから委譲される必要がある．
① メンバー選定や組織編成の人事権をもつこと
② 他の干渉を受けない独立した予算権をもつこと
③ 既成の組織の枠組にとらわれない，必要に応じて実行できる運用権をもつこと

人事・予算・運用の3つの権限をもつことは，企業組織の中に独立した責任権限単位をつくることを意味する．それは，企業のトップマネジメントの権限が分割されて分離した単位，と認識することである．プロジェクトマネジャはこの権限を与えられる反面，課題解決を達成する責任を負うことになる．プロジェクトマネジャの上司（たとえば担当副社長や支店長など）の意思は，スタッフ的な助言にとどめるべきである[5]．

3.4.2 プロジェクトマネジャの要件

わが国には，プロジェクトマネジャが備えるべき要件や資格（qualification）を明確に示したものが少ない．通常の工事入札時に現場代理人に対して「類似工事の経験」を求める程度である．アメリカでは，多くの公的機関がプロジェクトマネジャの諸要件を列挙し明示しているので，その中から期待する「プロジェクトマネジャ」の要件を以下に挙げる[5]．

(1) アメリカ土木学会（ASCE）

ASCEが期待する要件は，以下のように学会論文集に発表されている．

企業の安定度，従業員の能力，財務力，現場経験の深さ，技術力，過去の成功例，情報システムの整備状況，問題解決能力，制度の適応性，コミュニケーション能力，マネジメント技術，契約管理術

(2) 連邦調達庁（GSA）

GSAの基本要件は，連邦調達規則のTITLE 41に以下のように記述されている．

専門的なサービス業務を実施する資格，専門分野に精通して蓄積した経験，あらゆる段階の広範な業務遂行能力，発注機関の利益を守るための実行力，過去の類似プロジェクトの経験，主要従業員の能力・適性，マネジメントの適応性

(3) アメリカ建築家協会（AIA）

AIAの要件は，当協会が発行しているハンドブックの2.1に記述がみえる．

設計期間中の発注者の代理役，施工技術・施工性に関する助言，材料・製品に関する助言，建設市場の条件に関する助言，実施計画に関する助言，原価に関する助言，購入・納入時期に関する助言，契約区割りに関する助言，入札・交渉の調整，工事契約のマネジメント，財務責任のない発注者の工事期間中の代理役，工事の財務責任を引き受ける存在

以上の3ケースの要件は，プロジェクトマネジャへの就任が予定されている個人的な要件も一部含んでいるが，主として「プロジェクトマネジメント契約（project management contracts）」を履行する企業に対する要件を挙げている．特定の個人が引き受けるプロジェクトマネジャのポストないし職能に求められる純粋な個人的な要件については，次節で述べる．

3.5 プロジェクトマネジャに求められる要素

特定の人物がプロジェクトマネジャのポストに相応しいか否かを判定したり，自らが判断するには，求められるべき「要素（factor）」が明確であることが必要である．諸文献を参考にして，以下にプロジェクトマネジャに求められる要素を挙げる．

3.5.1 諸文献の要素リスト

国内および海外の諸文献に紹介されている様々な要素は，たとえば，
馬場は，「プロジェクトマネジャの素質」として8項目を挙げている[12]．

①確固たる技術能力，②強固な意志，③思考の熟成，④その任に就けること，⑤上役との良好な関係，⑥チームワークに長けること，⑦異なる機能部署経験，

表3.2 種々の著者による建設PMrの重要スキル

Kerzner 他 (1989) (10項目)	Green (1989) (19項目)	Gushagar 他 (1997) (20項目)
チーム構築	外交手腕	コミュニケーション
リーダーシップ	会見力	聴取力
紛争解決	指示力	PM
技術識見	忍耐	意思決定
企画力	主張	リーダーシップ
組織編成	リーダーシップ	問題解決
起業精神	弁術	品質マネジメント
管理力	文章力	組織化
経営支援	聴取力	権限委譲
資源配分	感情移入	計画目標設定
	セールス	結果重視
	政治力	財政マネジメント
	管理力	時間マネジメント
	トレーニング	技術知識
	協力	交渉力
	組織編成	適応力
	伝達力	管理力
	非言語的伝達	案件入手力
	感受性	創造性
		リスク取り

⑧勇気

Kavanaghは,「建設PMrの人間的な特質(personal attributes of a CPM)」として以下の10項目を挙げている[13].

①高潔さ, ②チームワーク姿勢, ③リーダーシップ, ④問題解決力, ⑤鍛錬された心, ⑥感情の円熟, ⑦熱中, ⑧人間への配意, ⑨知識欲, ⑩コミュニケーション力

Odusamiは, 表3.2のとおり, Kerzner, Green, Gushagarらが各々挙げた「建設プロジェクトリーダーの重要スキル」を構成する諸要素の表を作成した[14].

Bennisは, リーダーシップ研究の著書[15]の中で, 各世代に共通な「リーダーシップの基本的能力」として以下の4事項を挙げている.

①適応力(逆境を乗越え, より強い人間へと成長する力), ②意味の共有化と他者の巻き込み, ③意見と表現(明確な目的と高いEQ), ④高潔さ(高い倫理性と求心力)

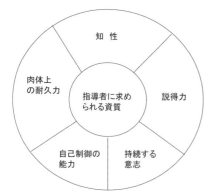

図3.4 指導者に求められる資質(塩野七生「ローマ人の物語Ⅳ」より)

塩野は著書「ローマ人の物語Ⅳ」の中でイタリアの普通高校の歴史教科書には「指導者に求められる資質」として以下の5つが挙げられていることを紹介している(図3.4)[16].

①知性, ②説得力, ③肉体上の耐久力, ④自己制御の能力, ⑤持続する意志

3.5.2 諸要素の考察

上に掲げた諸要素のリストを，本章にとって最適な考え方を整理するために分析・比較すれば，以下のとおりである．

馬場が挙げている「思考の熟成」および「その任に就けること」や，Kavanagh の「鍛錬された心」や「人間への配意」などの表現は，普遍的な解釈が難しい．また，各リストの呼称が，馬場は「素質」，Kavanagh は「人間的特質」，そして Kerzner, Green, Gushagar ら3名は「重要なスキル」であり，単純な比較検討は避けねばならないが，各リストに共通に下記2つの問題点が見出される．

a) 同一リスト内の要素間に内容の重複がある．
b)「人間的な要素」と，「必要な機能の要素」という異質な事柄が混在している．

これらはとくに Green と Gushagar ほかの挙げたリストにおいて以下のように顕著である．

a) の例：要素のうち「リーダーシップ」の細目と考えられる「指示力」や「意思決定」が「リーダーシップ」と並列の要素となっていること．また同様に，要素「PM」の一部とみなされる「品質マネジメント」や「時間マネジメント」がやはり「PM」と同列の要素として挙げられていること．

b) の例：「感受性」と「組織編成」との共存，あるいは「適応力」と「計画目標設定」との共存という，一種の不合理が感得されること．

また，a)，b) 2つの問題点の帰結として，リストでは要素の数が必要以上に多いと認識される．

一方，「リーダー(指導者)」という概念に関する Bennis の4事項は，蓄積された豊富な実際のデータに基づくリーダーシップ理論に到達したものとして評価されるが，「最適なプロジェクトマネジャの要件」と設定するには過剰に厳正といえる．塩野の挙げたイタリア教科書の指導者の資質5項目は長い歴史を有し，国境も分野も越えて適用できる普遍性が高く，「プロジェクトマネジャに求められる資質」として最適である．

上記の文献調査および本章の3.2節の「リーダーシップとマネジメント」を参考にして，プロジェクトマネジャの要件を適切に示すには，以下のような考慮をすることが適当である．

① 人間に固有の「資質」と，任務を遂行する「能力」とに分別して，要件を挙げること
② 要件数としては，「資質」を5要素程度，「能力」を5要素程度とすること

3.6 プロジェクトマネジャの資質と能力

3.6.1 文献調査による設定

プロジェクトマネジャに必要な「資質 (nature)」と「能力 (ability)」の要素を各5つ具体的に設定した (表3.3).

まず「プロジェクトマネジャに求められる資質」として，塩野の挙げる5要素，すなわち「知性」・「説得力」・「肉体上の耐久力」・「自己制御の（能）力」・「持続する意志」の5つと設定する．各要素の理解のため，それぞれ右側の語群を意味付けのキーワードとして示す．

① 知性：常識・知識・見識・判断力
② 説得力：明快・論理・心配り・話術
③ 肉体上の耐久力：健全な精神・体力
④ 自己制御の力：理性・沈着冷静・倫理観
⑤ 持続する意志：熱情・一貫性・集中力

次に，「プロジェクトマネジャが備えるべき能力」について，参考文献からは，まず米国PM協会 (PMI) のPM知識体系 (PMBOK)[3] に記述されている①統合マネジメント，②スコープマネジメント，③タイムマネジメント，④コストマネジメント，⑤品質マネジメント，⑥組織マネジメント，⑦コミュニケーションマネジメント，⑧リスクマネジメント，⑨調達マネジメントの9つのマネジメント

表3.3 建設PMrの資質5要素および能力5要素

〈建設PMrに求められる資質〉

要素	キーワード
①知性	常識・知識・見識・判断力
②説得力	明快・論理・心配り・話術
③肉体上の耐久力	健全な精神・体力
④自己制御の力	理性・沈着冷静・倫理観
⑤持続する意志	熱情・一貫性・集中力

〈建設PMrが備えるべき能力〉

要素	キーワード
①工事管理力	日常のQ, C, D, S, Eの管理
②内部コントロール力	現場組織/人員・協力会社の掌握・教育
③対外調整力	発注者・地元・公益企業などとの折衝・問題解決
④リスク管理力	予見・洞察および適正対応
⑤イノベーション力	新方法・新技術などの創造・適応

領域が挙げられる．

またわが国の建設工事現場における工事管理5要素として①品質，②コスト，③工程，④安全，⑤環境，すなわちQ，C，D，S，Eの各管理の定着が挙げられる．

PMBOKの9領域，工事管理の5要素は共に「プロジェクトマネジャが備えるべき能力」の一面を表していることがいえる．

さらに前述した，「建設業現場代理人読本」には，現場代理人の役割として①目標達成の推進者，②現場実務指導者，③最終工事責任者，④人間調整役，⑤工事管理実務最終責任者，⑥連絡相談役，⑦教育責任者，⑧人事労務管理者，⑨営業協力者，⑩現場経営者の10分類が挙げられているほか，現場所長（プロジェクトマネジャ）として①工事遂行の責任者，②プロジェクト代表者，③会社の管理者，の3つの顔が記されている[11]．

これらの分類を参考として，以下に名付けた5要素を「プロジェクトマネジャが備えるべき能力」と設定した．
① 工事管理力（日常のQ，C，D，S，Eの管理）
② 内部コントロール力（現場組織/人員・協力会社の掌握・教育）
③ 対外調整力（発注者・地元・公益企業などとの折衝・問題解決）
④ リスク管理力（予見・洞察および適正対応）
⑤ イノベーション力（新方法・新技術などの創造・適用）

3.6.2 アンケートによる設定

プロジェクトマネジャに関する以上の資質5要素，能力5要素について，2005年初春，わが国の大手総合建設企業に所属する土木技術者を対象としてアンケート調査を行い，回答および意見を求めた[17]．アンケート依頼先は，代表的な大手総合建設会社（6社）から選んだ土木系社員40名とした．世代や経験の差異による傾向を把握する目的から，その構成を，既に現場所長の実績あるベテラン幹部20名と，現在，現場所長の任にある中堅・若手層20名と設定し，各社により適切な人選を依頼した．

アンケートは，プロジェクトマネジャ(建設現場の所長)がもつべき資質と能力の各5要素間の相対的重要度順位を選択し，かつ自由意見を求めた内容である．

【調査結果と分析】

回収された回答のうち，有意な回答者数は34名で，ベテラン層，若手層ともに17名ずつであった．各層回答者の職階や職制は以下のとおりである．
　ベテラン層＝年齢53〜59歳：所長経験者で本社の幹部・部長クラス　計17名
　若手層＝年齢39〜50歳：現任所長および所長経験ある本店の次長級　計17名

34件の回答結果（重要度順位）を完全順位法でデータ処理し，相対的重要度指数（relative importance index）による表示を，資質・能力の2ケース，全体・ベテラン層・若手層の3ケースで示したものが，図3.5～図3.10である．

資質と能力について，全体（回答者全員）の相対順位を以下に示す．

〈資質〉　1位　知性　　　　　　　〈能力〉　1位　対外調整力
　　　　2位　持続する意志　　　　　　　　2位　リスク管理力
　　　　3位　自己制御の力　　　　　　　　3位　内部コントロール力
　　　　4位　説得力　　　　　　　　　　　4位　工事管理力
　　　　5位　肉体上の耐久力　　　　　　　5位　イノベーション力

全体，ベテラン層，若手層の3ケースについて，以下のことがいえる．

「資質」については，「知性」と「持続する意志」の重要性が高く認識されていることは3ケースに共通している．ただし，それらに続く重要要素の認識に，世代による差異が認められる．ベテラン層では「自己制御の力」，若手層では「肉体上の耐久力」である．一方，「能力」の諸要素は，3ケースともに，「対外調整力」，「リスク管理力」，「内部コントロール力」が上位を占める．世代別では，ベテラン層は「内部コントロール力」，「対外調整力」，若手層は「リスク管理力」を最上位としている．

回答者からの自由意見の概要をベテラン層，若手層別に示したのが表3.4である．自由意見から以下のことが読み取れる．

(1)　建設プロジェクトマネジャ（PMr）に求められる要件を「資質」と「能力」とに分別する考え方は概ね妥当である．

(2)　「資質」は知性・持続する意志・自己制御の力・説得力・肉体上の耐久力の5要素，「能力」は対外調整力・リスク管理力・内部コントロール力・工事管理力・イノベーション力の5要素の構成と設定することもほぼ適切である．

(3)　「資質」の構成5要素の重要度順位調査では，ベテラン・若手両層共通に「知性」と「持続する意志」が1位か2位を占めたが，3位にはベテラン層が「自己制御の力」，若手層が「肉体上の耐久力」を挙げ，世代間の違いを示した．

(4)　「能力」の構成5要素の調査では，全体を通して「対外調整力」，「リスク管理力」，「内部コントロール力」が上位3傑となった．ただし，若手層はその中で「リスク管理力」を最上位と認識している．

(5)　ベテランの描く建設PMr像は「バランスのとれた資質・能力を有し，部下を上手に働かせ，顧客の信頼と関係者の協力を得つつ，重要事の決定を確実に行う総合型管理者」といえる．

3.6 プロジェクトマネジャの資質と能力

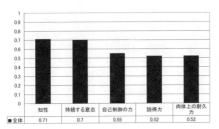

図 3.5　要素別重要度指数（資質：全体）

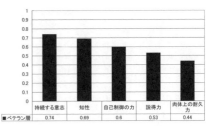

図 3.6　要素別重要度指数（資質：ベテラン層）

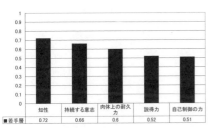

図 3.7　要素別重要度指数（資質：若手層）

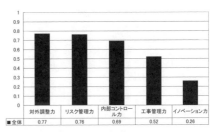

図 3.8　要素別重要度指数（能力：全体）

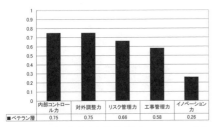

図 3.9　要素別重要度指数（能力：ベテラン層）

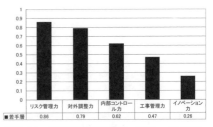

図 3.10　要素別重要度指数（能力：若手層）

(6) 若手所長の建設 PMr のイメージは「常にリスクを予見して最善策を実行することを重視し，多様化した業務を，自ら先頭に立って行う合理的管理者」といえる．

(7) 若手層の意見には，社会との接触の拡大・社員の意識や倫理観の変化などの言及もみられた．建設プロジェクトマネジャ像も，時代とともに変化する可能性が潜在することがわかる．

表3.4 ベテラン層と若手層の諸意見

〈ベテラン層の諸意見〉
- 資質では判断力・実行力が，能力では現場に関わるすべての人の協力を得ることが最重要である．
- 強い意志・熱情・能力発揮の場づくり・リスク対処・明るく楽しい運営の具備が要件である．
- 元請企業の総合力を現場へ導入できる力が大事である．
- 資質の各要素はリンクしている．
- 技術力に裏打ちされた能力が不可欠である．
- 工事管理力は必須である．
- 部下への威張りやいじめをしないこと
- 経験と試行錯誤の積み重ねが能力となる．
- 海外工事なら自己顕示の資質，契約管理の能力が付加される．
- 基本と重要とは異なる．肉体と工事管理力は基本
- 各要素のバランスが大事．本質を掴む力が重要
- チーム全員を同じ方向に向ける力が最重要
- 無意識のうちに知性を発揮して対処する力
- 所長以外の人による代替可能性が小さいほど重要な要素と考える．
- 高次元の判断者であること
- モノづくりや日常管理は部下（工事課長）に委ねる．
- 重要事の決定者である．
- 所長の技術力は最低限の要求事項である．

〈若手層の諸意見〉
- 所長は部下の担当業務も兼務して多忙である．以前ほど社員の数に余裕はない．
- 情報開示で一般社会との接点が増え，所長が難しい処理を迫られるケースが多い．
- 所長の能力は平時よりも有事に問われる．リスク管理・危機管理の能力が重要である．
- 今後は，透明性ある表現力・物事をシンプルにできること・言行一致・悲観的に予測し楽観的に行動することが大事である．
- 所長の権限が以前より限定される傾向がある．
- 今後は，環境・倫理を含む「社会的責任能力」がとくに重要となる．
- 魅力ある所長，尊敬される所長は「確固たる信念の持続」の力がある．
- コンプライアンス・倫理観は不可欠である．
- 人脈の確保と新情報収集活動の能力
- 全体的なバランス感覚が大事
- 今後は時代の流れを掴み，対応できる能力が必要
- 常にその時点での最重要課題に最善策を講じる力
- 資質には所長のカリスマ性（対部下）が必要になっている．
- 先頭に立つタイプと権限委譲・総体管理のタイプを使い分ける力が大事
- 勘・経験・度胸および心が大事．資質には直感力（センス）が付加されるべきである．
- 所長が先頭に立たねば部下はついてこない．社員の意識も変わってきた．
- 近年は本社・支店と一体となって力を発揮することが大事
- 外部の素人へわかりやすい説明ができることが大事
- リスク管理と対外調整が最重要な任務である．
- 以前の家族主義は通用しない．業務の中で部下を掌握する力が不可欠である．

3.7 プロジェクトマネジャの養成・教育

3.7.1 ファヨールが示した原則

1900年頃，経営管理論の父といわれるフランスのファヨールが「マネジメント教育を施すべき対象」としてのマネジャの要件を，肉体的健康，知的健全さ，道徳的勇気，マネジメント機能以外の製造（施工）・販売（営業）・財務（収支）・保全・会計の知識，マネジメント機能の知識，と整理した[5]．この考え方は本章3.6節で示したプロジェクトマネジャに求められる諸要素にも共通するところが多い．プロジェクトマネジャの養成・教育は，今日的にもきわめて重要な事柄であり，その内容は，人間行動の心理をも包含したマネジメント知識に至る広範性に富むものである．

現在の「プロジェクトマネジャの養成・教育」の実態を，日米の建設分野を対象に比較を行えば以下のとおりである．

3.7.2 日米の実態比較

(1) わが国の場合

わが国の大手総合建設企業に所属するプロジェクトマネジャ(PMr)やPMr候補者の多くは，本社が用意する教育や研修に参加する以外は，職場のオンザジョブトレーニング（OJT）で，職場の先輩達の指導を受けたり自主的な勉強を通じて「経験の積み重ね」としてPMrとしての力をつけるのが実状である．

大手総合建設会社の多くは，なんらかの「管理者養成教育プログラム」を用意しており，その内容は，技術企画部門が主催する設計手法・見積手法・新技術・新工法などの「実務能力の向上講座」（社内講師による講義および受講者がグループに分かれてのケーススタディーや演習など）と人事教育部門が企画する「管理講座」（仕事の管理における人間行動・リーダーシップ・部下の育成などを盛り込んだ社外専門家による講義と班別の問題解決演習・討議など）で構成される例が多い．実務向上講座や管理講座は，管理職候補者となる等級や年限に達した段階で，1〜2回の集合教育で行われ，後は本人の自己啓発に期待するのが実態である（表3.5）．

(2) アメリカの場合

アメリカの大手建設エンジニアリング企業では，就職時期が一定していない制度が背景となって，限られた少数幹部への特別スクールは例外として，わが国のような企業内集合教育は存在しない．

表 3.5 管理者研究のプログラム例

キーワード	関連事項
管理とは	管理の基礎，管理と組織，仕事の管理，マネジメントの重要性
改善	改善に当たっての基本姿勢，問題意識，問題解決
部下育成	育成の基本，OJT，育成計画
よい職場づくり	コミュニケーション，リーダーシップ，自己啓発

表 3.6 アメリカの大学院のマネジメント教育科目例

- Construction Engineering（建設エンジニアリング）
- Engineering Project Management（エンジニアリング PM）
- Web-based Systems for Engineering & Management
  （エンジニアリング＆マネジメント：ウェブシステム）
- Database Systems for Engineering Management
  （エンジニアリングマネジメント：DB システムズ）
- Visualization and Simulation for Engineering Management
  （エンジニアリングマネジメント向け視覚化・シミュレーション）
- Construction, Maintenance and Design of Civil and Environmental Engineered Systems
  （土木・環境技術システムの建設・維持管理・デザイン）
- Marketing and Management：International Construction and Engineering
  （マーケティングとマネジメント：国際建設エンジニアリング）
- Advanced Concrete Construction（コンクリート施工特論）
- High-Tech Building and Industrial Construction
  （ハイテク建築と産業施設建設）
- Civil System and Environment（土木システムと環境）
- Management of Technology（技術管理）
- Project Evaluation and Financing（プロジェクト評価と資金調達）
- Advanced Project Planning & Control
  （プロジェクト計画とコントロール特論）
- Business Fundamentals for Engineering
  （エンジニアリング向けビジネスの基本）
- Human and Organization Factors：Risk Assessment and Management of Engineered Systems
  （人的・組織的要因：リスク評価とリスク管理）
- Construction, Maintenance and Design of Engineered Systems
  （技術システムの建設・維持管理・デザイン）
- Law for Engineers（技術者のための法規）
- Improving Performance in Engineering and Construction
  （エンジニアリング・建設における業績向上）
- Advanced Construction Engineering（建設エンジニアリング特論）
- Strategic Issues of the Engineering Construction Industry-Management of Complex Project
  （エンジニアリング・コンストラクションの戦略：複合プロジェクトの産業マネジメント）
- Managing the Improvement Process in Engineering-Driven organizations
  （エンジニアリング組織の発達プロセスマネジメント）
- Planning and Leading Change for Engineers：Managing Human Systems for Results
  （技術者のための計画と変更：人的システムの管理）

（カリフォルニア大学バークレイ（UC Berkeley）大学院　Engineering & Project Management　2004 年の例）

アメリカの建設プロジェクトマネジャ教育は，大学院の授業で行われる．大学院（工学系）には土木工学の領域に，Construction Engineering & Management（建設エンジニアリング＋マネジメント）や Engineering & Project Management（エンジニアリング＋プロジェクトマネジメント）と称する学科が設置されている．

その学科（たとえば UC バークレイ，スタンフォード等）では，30～40名の大学院生が，技術管理（management of technology），エンジニアリングビジネス，人と組織，建設法規，資源配分，リスクマネジメント，企業戦略などを学び，ケーススタディー（事例研究）やチームタスク（課題学習班）の中で教官は，大学院生の一人一人に，たとえば「もし君が今，プロジェクトマネジャであったらどう決断するか？」を問い掛け，実務を模した教育を行う特色がある．

このようにアメリカの大学院教育は「優れたプロジェクトマネジャ」に必須の基本的知識と実行訓練の場を学生に与え，社会に送り出すという明快な役割を有している（表3.6）．

わが国の大学の PMr に関する授業は，社会人教員（非常勤講師）による「建設マネジメント」科目の一部にその役割の紹介が行われている程度で，プロジェクトマネジャ育成に効果を期待できる状態にはない．

参 考 文 献

1) Webster's Third New International Dictionary, Merriam-Websters Inc. Publishers
2) ドラッカー，P.F.，野田一夫ほか訳「マネジメント」，ダイヤモンド社，1974年
3) PMI Standards Committee "A Guide to the Project Management Body of Knowledge", 2000
4) エンジニアリング振興協会監修「エンジニアリングプロジェクト・マネジメント用語辞典」，重化学工業通信社，1986年
5) 小林康昭「最新 建設マネジメント」，インデックス出版，2013年
6) Kotter, J.P. "What Leaders Really Do", Harvard Business Review, 1990
7) ハーバード・ビジネス・レビュー：「リーダーシップ」，ダイヤモンド社，2002年
8) Ivey, J.M. "Five Critical Components of Leadership and Management in Engineering", ASCE, 2002
9) 土木学会海外活動委員会「建設プロジェクトの進め方」，土木学会，1984年
10) 社団法人日本土木工業協会「公共土木工事における大手総合建設会社の役割と課題」，2000年
11) 中村秀樹「建設業現場代理人読本」，日本コンサルタント・グループ，第6刷，2003年
12) 馬場敬三「建設マネジメント」，コロナ社，1996年

13) Kavanagh, T.C. "Personal Attributes of a CPM", USR/Madigan-Panger Inc., USA, 1978
14) Odusami, K.T. "Perceptions of Construction Professionals Concerning Important Skills of Effective Project Leaders", *Journal of Management in Engineering*, ASCE, 2002
15) Bennis, W.G. *et al.* "Geeks & Geezers", Harvard Business School Publishing, 2002
16) 塩野七生「ローマ人の物語Ⅳ」, 新潮社, 2003 年
17) 齋藤 隆「建設プロジェクトマネジャーの資質と能力に関する基礎的研究」, 土木学会建設マネジメント論文集投稿論文, 2005 年

4. マネジメントの組織

4.1 組織の基本概念

　きわめて小規模の仕事は，個人が1人で完成させることができるが，それが不可能な場合には，複数の人々の協働が必要になる．人々を協働させるために必要な手段が，マネジメントと組織化である．組織には，集団を構成する人々が分担する役割，権限，責任などによる秩序が存在する．この秩序のもとで人々を動かす行為が，マネジメントである．つまり，組織とはマネジメントが機能する集団である．
　いくつかの定義を紹介する．
　高木など[1]は，組織の基本的な定義として，意思決定モデル，知識創造の場，人間関係の場の3つを挙げ，組織は，仕事のシステム，仕事の分業の体系，分業に割り当てられる人，組織の機能を発揮させる連結性，集団を形成する社会的関係などで構成されるとした．
　桑田ほか[2]は，組織は「2人以上の人々の，意識的に調整された諸活動，諸力の体系」とするBarnardの定義[3]を採用する．この定義が1. 比較的少数の変数しか含まないので高い操作性をもち，2. 広範な具体的状況に該当する本質的な概念であり，3. その概念的枠組と他の体系との関係が有効かつ有意義に定式化できるから，である．
　稲葉[4]は，企業的な側面を意識しながら，組織とは「目標を共有し，その目標を達成するために必要な仕事を分担し，一定のシステムとルールによって運営されている人間の集まり」であり「目標・機能・分担・システム・ルール・組織構成員（ヒト）という要素によって成り立つ目的的機構」である，と定義している．
　奥村[5]は「企業や組織体の目的達成のために，従業員が能率的に協働できるように，従業員の相互関係を規定するもの」を公的な組織と定義し，従業員間の相互の関係を明確にして，具体化するものはBartolほか[6]を引用して，1. 企業活動

の専門化としての分業と部門化，2. 統制できる部下の数としての統制範囲，3. 職務に対する権限・責任の付与と明確化，4. 権限の本質・種類と委譲，の4要素として展開される，としている．

　広義な概念としては，全体を構成する各部分がそれぞれ一定の機能を分担し，かつ全体の結合を保っているものを組織[7]と呼んでいる．狭義で厳密に組織の概念を用いるときには，複数の人々が一定の目的に向かって協働している活動の体系，と定義[7]される．この意味での組織の例には，企業，軍隊，宗教団体，学校，労働組合などが挙げられる．

4.2　組織論の展開[8]

　現代社会に様々な組織が存在する理由は，社会環境が複雑化し処理すべき問題や利用する技術が高度化して，個人では達成できない仕事を多く生み出しているからである[2]．

　その組織を，経験を通じて研究する余地が生じる．企業の組織に関する経営組織論は，伝統的組織論から始まり人間関係論，行動科学的組織論，意思決定的組織論と発展して現代組織論につながっている．

4.2.1　組織論研究の系譜[8]

　現代の組織論や経営組織の基礎となる研究は，アメリカを中心に19世紀後半から20世紀初頭に現れた．様々な立場の理論が組織を解明し，マネジメントを規定しようと試みた．経営学，心理学，社会，数理，システム論を基軸に，そのいくつかにまたがった立場で議論されている．現代の組織論に大きな影響を与えていると考えられている研究を概観する[8]．

（1）テイラーの科学的管理論[9]

　マネジメント理論の父といわれるフレデリック・テイラー（1856-1915）は，科学的管理論を発想する動機として，当時の企業や工場などで一般的にみられた軍隊組織のような一元的縦割り組織に代わる，もっと適切な組織に変革する必要があるとの問題意識をもった．

　その結果，1. 計画や事務などの仕事を計画部門に集中させ，工場などの現場は計画部門が計画・指揮する作業の執行に集中する．2. 管理者の仕事を限定するために職能的職長制度（functional foremanship）を導入して，管理が行き届くようにする．具体的には，工場の1人の従業員は計画部門の4人（仕事の順序と手順・指導表・時間と原価・作業訓練）の職長と，別の執行部門の4人（準備・操業・

検査・修繕)の職長の合計8人の職能的上司(functional bosses)から,作業の指示から検査に至る8つの面での指示を受ける.工場全体の標準的条件が満たされれば,未熟練労働者でも十分に遂行が可能であり,組織全体として能率を上げ生産の増大を図ることができる,と主張した.だが,実際には,問題の中核はミクロ的な現場作業に移行し,そこで問題意識が止まってしまってマクロ的な障害を克服できなかった.具体的には,末端の従業員は複数の職長から命令を受けるために,命令系統が混乱して,十分な効果が得られなかった.後に,このテイラーの構想に修正が加えられ,ラインスタッフ組織に発展している.

テイラーの組織改革の意識は,計画と執行の分離,および管理の専門化を狙ったが,時間研究による課業の設定とその管理を特質とする科学的管理法の効果的な運用を目的とする範囲に限定される結果に終わった.しかし,テイラーの研究は,きわめて教示的な内容を含んでおり,今日では工学的手法として組織論の萌芽に位置づけられている.

(2) ファヨールの管理過程論[10]

経営理論の父といわれるアンリ・ファヨール(1841-1925)は,すべての組織にはマネジメント機能が存在するとして,マネジメントのための教育の必要性を説いた.彼はフランスの大鉱山会社の社長の立場から,企業活動における管理活動の重要性を認識し,管理の知識を広く一般に伝授するための理論化が必要であるとの信条を抱いていた.ファヨールの経営管理原則のテーマは,経営的資源の効率的運用である.企業の経営を,技術,商業,保全,会計,管理の5つの活動に分類した.その中で最も重要な活動を管理活動とし,その管理活動を,計画,組織,命令,調整,統制の5つの要素からなるとした.このテーマに制約されたが故に,ファヨールにとって経営活動における組織や組織化は,管理活動に従属する機能に位置づけられて,中心的な課題になりえなかった.管理機能を遂行する際の管理原則として,1. 分業,2. 権限と責任,3. 規律,4. 命令の統一,5. 指揮の統一,6. 個人的利益より一般的利益の優先,7. 従業員への報酬,8. 集権,9. 階層,10. 秩序,11. 公正,12. 従業員の安定,13. 創意,14. 従業員の団結の14原則を列挙している.

ファヨールにとって,組織とは,経営上の諸機能を円滑かつ秩序的に運営するには,各企業において組織図として明確に図式化されるべきものであった.ファヨールの関心は,どうすれば円滑で秩序ある運営が達成できるのか,実務家としてのファヨール自身の経験則に照らし合わせたノウハウを整理して,後進に伝承することに向けられていた.

(3) ウェーバーの官僚制組織[11]

マックス・ウェーバー(1864-1920)の官僚制論とは,組織運営に関する普遍的原理を追求した組織理論である.官僚制とはBureaucraticの訳で,国家行政組織だけでなく企業などを含む近代的組織のあり方として表現した概念である.

組織体に共通することは,非人間性,没個性的,禁欲的な職業人で構成され,権限の原則,規則主義,階層性の原則,命令の一元化,文書主義の原則,専門主義の原則などの外部的特徴を備える.組織体の集団内における支配関係を正当化する意識の根源は,合法的支配,伝統的支配,カリスマ的支配,と類型化される原理にあることを明らかにした.

官僚制の基本原理は形式的合理性にあり,結果の予測性や機械的な計算の可能性を備える技術的な利点をもちながらも,一方では前例踏襲主義,マンネリズム,大企業病などの危険性や逆機能性の側面も合わせもつということで,組織のリーダーが果たすべき責任問題を提起している.

(4) メイヨーの人間関係論的組織論[12]

人間関係論の父といわれるエルトン・メイヨー(1880-1949)の人間関係論を要約すると,科学的管理法の一面性や限界を指摘して,反論を行った管理法である.

そのテーマの基本は,生産に従事する人間の条件であり,焦点は疲労と単調にある.疲労させる原因は,肉体的な負荷以外に心理的,社会的な検討を要することを挙げた.単調感の打破には,作業行動の変化,出来高払い,連続作業よりも節目やけじめのつく作業,個人作業よりグループ作業,休憩時間の存在の5点を提起した.

メイヨーは,人間の正常な生産活動はその人間が所属する社会の人間関係のあり方に決定的に影響されるとして,社会規範の存在を強調した.これは心理学というより社会学の発想に近い.メイヨーのモラルや人間関係の概念は裾野が広く,社会学と心理学をミックスしたような人間関係である.その後の人間関係論は,職場の上司や同僚との関係を対象とするもので,メイヨー流の行動科学の一分野にしか過ぎない矮小化されたものである.メイヨーの問題意識は,アベグレンやオオウチが展開した日本的経営論や,野中郁次郎が展開する「日本的な知識創造のあり方」の中に転移しているとみられる.メイヨーが産業文明の致命的な問題とした共同体の喪失や崩壊は,アベグレン,オオウチ,野中郁次郎などが指摘するように,日本的経営論の中に見出されている[13,14].

(5) バーナードの行動科学の意思決定論[3]

バーナード(1886-1961)は伝統的な管理論と人間関係論をもとに,独自に組

織の観念的な本質を把握しようと試みた．組織とは何か，組織が成立するのは何故か，という問題意識の体系的な分析は，バーナードをもって嚆矢としている．

バーナードはこれらの問題意識を考察する前提として，組織を構成する個人と人間の特性を分析し，その結論を積み重ねることによって組織の概念を定義づけようと試みた．バーナードの理論における組織とは，複数の人々によって意識的に調整された活動のシステムと定義される．

組織がシステムとして機能するには，協働に対する積極的な意思，共通の目的，伝達の3要素が必要である，とする．システムとしての組織は，システムとそれを取り巻く外側の全体の状況との間の均衡によって存続する．全体の状況の中で，組織が設定する目的の達成度を有効性とし，組織へ帰属しようとする個人の動機の度合を合わせたものを能率性とすると，有効性と能率性の均衡がとれていることが組織の存続を可能にする，というのである．

(6) バーナード-サイモンの近代的組織論[15]

組織の動的なメカニズムの分析に主眼を置いたのがサイモン（1961-）である．サイモンは，バーナードの組織論を踏襲しつつ，これを行動科学的な深化につとめた．あらゆる活動は，決定と行動から成り立っており，組織の中で組織を構成する人々の日常的な決定と行動の関係を分析することによって，組織の構造と機能が把握できる，という前提に立った．

通常，個人は制約された合理性のもとで意思決定を行う．その制約とは，人間は部分的な知識しかもっていない，結果に対する予測は困難である，行動の限界は生物学的な可能性の範囲にとどまる，というものである．このように制限された合理性のもとでは，経営層に属する人々が意思決定の主体となる．だから，組織には経営層に属する人々を同一目的に統合する機能が必要になる．そこで，サイモンは，バーナードの組織的均衡の考え方を発展させた．

サイモンによると，組織とは，金銭や労力の形で貢献を受け，貢献の代わりに組織の目的，組織の保存と成長，これらと無縁の誘因を提供するという均衡の体系である．そして，誘因が貢献を上回れば組織は存続し成長する，というのである．サイモンは，経営行動，とりわけ，組織における意思決定過程の研究で，1978年にノーベル経済学賞を受賞した．

4.2.2　現代組織論[16]

(1) コンティンジェンシー理論

コンティンジェンシー(contingency)とは，偶然性，不測の事態，緊急時，または緊急時への対応，などを意味する語である．マネジメントのコンティンジェ

ンシーとは，行動を変える決断をする際に，相手が反応する出来事を操作して望ましい行動に強化すること，またはその手法をいう．組織をオープンシステムと捉え，変化する状況や特定の環境に最も適合する組織デザインと管理者行動を求めるのがコンティンジェンシー理論である．この理論によって，組織と環境の間，サブシステムの内部，サブシステムの間の相互作用，諸変数の関係や構成のパターンを分析を試みる．

1) コンティンジェンシーモデルの提示　フィドラーは，集団を統率する優れたリーダーの特性は状況特性によって異なることを証明した[17]．すなわち，状況特性を，リーダーが得ている地位そのものが他のメンバーに周知徹底させるに足るほどに十分なパワーをもったもの（地位パワー），メンバーの仕事がルーチンである（仕事の構造），リーダーと他のメンバーが互いに信頼し合い巧くいっている（リーダー・メンバー間の関係）の3つの要因の組合せによって，状況を説明できると考えた．さらに，リーダーが対人関係に示す寛容さの程度を測定して，高い得点には人間関係つまり配慮に関心を示すリーダー，低い得点には体制づくりに強い関心を示すリーダー，という傾向の相関関係を明らかにすることにより，好ましい状況下では良い成果が得られることを明らかにした．

バーンズとストーカーは，組織構造を無機的システムと有機的システムに区分して，前者は安定な環境に適応し，後者は不安定な環境に適応するとした[18]．

ウッドワードは，技術と組織構造との関係を研究して，技術が組織構造を規定するという命題を導き出した[19]．

ローレンスとローシュは，組織の分化と統合のパターンと環境特性との関係を研究して，不確実性の高い環境に適合する組織は，その組織の分化と統合の相反する構造状態の両方にも適合力が高いことを示した[20]．

チャンドラーは，組織は企業の志向する経営戦略によって決定されていることを見出した[21]．たとえば，一業種に特化する企業戦略をとっている企業は機能別組織を多用しており，多くの業種にまたがって多角化戦略をとっている企業は事業部制組織を採用している例が多かった．

2) 情報処理的アプローチ　ガルブレイス，タッシュマン，ネイドラーは，理論体系の中に，情報処理的システムの概念を取り入れた．

ガルブレイスは，組織を情報処理システムとみなして，組織の有効性は組織の情報処理能力が環境の不確実性の課す情報負荷にいかに対処するかにかかっているとした[22]．

タッシュマンとネイドラーも同様に，組織を情報処理システムとみなして，組

織の有効性は情報処理能力と情報処理要請の関数であるとする情報処理モデルを展開した[23]．

この理論は，個人や集団の動機づけを中心としたミクロ組織論に代わって，組織全体を分析単位とするマクロ組織論を誕生させた．そして，それまでの人間の欲求や充足などを中心とする組織設計から，環境適合を中心とする組織設計を提起した．

3) ネオコンティンジェンシー理論　これまでの理論では，組織を環境に受動的に対応するとみなして環境と組織の関係を一方向的に考え，環境決定的な見方をしている．しかし，現実には組織は環境に対して，主体的に対応している．また，環境と組織の関係は1対1の対応ではない．組織を構成する各要素の間に整合性があれば，異なる組織特性が同じ環境のもとでも同じ程度の有効性を発揮できる．

タッシュマンとネイドラーは，このように組織が主体的・積極的に環境に対応する戦略を重視した戦略的アプローチについて，組織は環境に対応するための独自の戦略をもち，技術，機構，過程でその戦略と整合する特定の体制を備えているとして，組織のタイプを防衛型，探索型，分析型，受身型に分類して分析を展開した[24]．

(2) パワーポリティカル理論

組織の中で，ある目標の達成に向かって，人と人，部門と部門が一致団結しているとみることは，一面的であり皮相な見方である．もしかすると，人と人，部門と部門，場合によっては組織と組織でさえ，立場が相違すれば，それぞれの立場から利得を争うことになる．現実に，組織の成り立ちとは，多くの相対立する人や部門の集合であり，組織の置かれた環境とは，やはり多くの相対立する組織の集合体である．

その中で，人や部門，あるいは個々の組織は，優位な立場に立とうとし，その優位な立場を維持しようとし，優位な立場を得られなかった人や部門や組織は，優位な立場を奪おうと画策する．優位な立場を得たものは，自らの立場の優位性を維持するために，そうでないものを従わせようとする．しかし，そこには反発もある．支配と応諾や反発の関係は程度の差があってもなくなることはない[25]．組織の中の人や部門，そして組織はたえず目標の達成に向かって，たとえば組織資源を巡って互いに競争しており，組織における意思決定のコンフリクトは日常茶飯事のこととされる．このコンフリクト状態を解決したり環境の不確実性に対処するために，個人や部門や組織が用いる手段が，パワーやポリティカルな活動

である，とする．

パワーとは，人が組織を通じて他人にやらせたいと思っていることをやらせることができる潜在的な強制力で[26]，組織ポリティクスとは，不確実性やコンフリクトが存在する状態のもとで，組織を構成するメンバーや組織を構成する部門が求める結果を獲得するために，パワーや資源を獲得したり開発したり使ったりするような組織内活動である．研究対象をパワーに重点を置いてパワーの静態的な側面の分析を試みるのがパワー組織論，ポリティクスに重点を置いて動態的な側面の分析を試みるのがポリティカル組織論と考える．

こうした考えは，組織の意思決定が目標達成のために最も合理的な選択をする，とみなす従来の組織論とは異なっており，意思決定の非合理性に注目したものである．

フェッファーは，パワーは，他者が存在することによって初めて存在すること，そして，組織の権利を主張する傾向に走り組織の目標とは関係なく行われること，このことは，組織決定や組織行動がけっして合理的に行われているわけではないことを，強調している[27]．この状況のもとでは，パワーは階層構造に関係なく発せられる．従来の組織論では権限と同一視されてきたが，ここでは違うとしている．

アレンなどは，組織ポリティクスは個人や集団が自己利益をつくったり守ったりするための影響力のない美活動であると定義し，パワーはポリティカルな活動の中で展開し使われる[28]．ポリティクスはパワーの行動的な側面なのである．

こうしたパワーやポリティクスは従来の組織研究では，組織目標の合理的達成に反する機能すなわち逆機能をもつものとされてネガティブな評価を与えられていたが，シンボリックなパワーの効果による組織変革などが組織の有効性にプラスの評価を受けたり，コーエン，マーチン，オルセン達によって，ポリティカルな意思決定状況が理論的に解明される[29]に伴って注目されるようになり，今後の発展が期待される研究領域とみなされている．

(3) 組織文化論

従来の組織論に対して，批判的・懐疑的な立場をとる組織論がある．批判や懐疑が起こってきた背景には，組織を構成するメンバーの行動や組織の行動に影響を与える要因は，組織構造のように目に見えるものではなくて，目に見えないものが影響しているからではないか，という議論が出てきたためである．とくに曖昧性が支配する意思決定の基準では組織文化の影響が強調されている．このことが，組織文化論がシンボリックな組織論を生み出す動機になっている．

4.2 組織論の展開

バーナードによれば，組織文化とは組織を構成するメンバーに支持される信念・憶測・忖度・期待などのパターンを基本的な前提とする組織の環境・規範・役割・価値などに対する個々の組織固有の知覚的な存在とされる[3]．このような考え方のもとでは，組織を構成するメンバーが支持する組織文化によって，組織行動や組織の意思決定が決まると仮定される．組織文化が強力になると，組織を構成するメンバーの意思や志向は，公的なルールや権限などに関わることなく組織内の基本的な前提に影響される，というのである．

このような認識を概念化したのは，1950年代後半のジェイクスである[15]．だが，その当時はまだ，組織の内容や本質を文化として解明したものではなかった．

1960年代から1970年代にかけて，文化と個人との適合性が論じられるようになった．

シェインは，組織文化への社会化の問題，組織を構成するメンバーへのインパクトに関する一連の研究を行っている[30]．

1970年代後半に入って，ボールマンとディールは，曖昧性や不確実性の高い現代的な組織においては，シンボリックな行動やマネジメントがきわめて重要な意味をもっていることを指摘している[31]．

クラークは，英雄伝説や神話的な物語がシンボリズムを通して，形成される経緯を検討している[32]．

スミルシッチは，共有化されたシステムがシンボリックなコミュニケーションシステムを通して展開・維持される仕組みを調査している[33]．

このような組織文化やシンボリックなアプローチによる組織論は，組織活動の合理性よりも人間の感性などの非合理的な要因に関心を向けていること，解釈主義的なアプローチによって組織の本質を理解しようと努めること，など評価に値する点が多い．ただし，組織シンボリズムの特徴は理論的か観念的であって，実証研究に裏付けられたものではない．さらに，組織文化や組織シンボリズムは組織特性の一側面であって，従来からの組織の合理的モデルにとって代わる理論ではない[34]．最近の組織論は，研究者の間の理論的なコンセンサスに乏しく，理論は収斂するより多様化に向かっている，とみなされている．

4.3 マネジメントと組織

4.3.1 組織の要件
(1) 集団
組織は，複数の人々で構成される集団である．集団をなして組織となる．
(2) 目的
集団を構成する人々が目的を共有することで組織となる．目的をもたない集団は群衆である．集団の中の個々の人間がそれぞれの目的をもっていても，独自の判断で勝手に動いているものは組織ではなく群衆である．たとえば，広場で三々五々彷徨や逍遥する人々などがそれに当てはまる．全員が同じ目的をもつ群衆もある．たとえば，特定の寺社に向かう初詣客や，特定の試合を観戦する観衆などである．集団を構成する人々が共通の目的をもっていても，集団全体が一定の秩序で統制されない状態では，組織ではなくてやはり群衆である．このような状態は，組織的ではない，組織立っていない，と表現される．これは，組織として扱う対象ではない．つまり組織における目的のあり方が，組織と群衆とは異なるのである．
(3) 協働
特定の仕事が，単独では達成できなくても，複数の者が協働または分業すれば達成できるとみなされることが動機になって編成される集団が組織である．協働を活性化する誘因は，構成員が積極的にやる気を出すように動機づけすることである．
(4) 統制力
組織を構成する人々に役割を分担させ，その役割を効果的に発揮させるには，一定の秩序に基づくルールが必要である．ルールは，秩序を乱す構成員や組織内の部門の間で生じる摩擦や葛藤を防ぐのである．
この摩擦や葛藤は，目的を達成しようとする積極的な意欲が原因で起きる．この意欲によって生まれる見解や立場の違い，利害関係の対立や競合によって起きる摩擦や葛藤であるから，組織の目標に向かって達成しようとする熱意が高いほど，発生する必然性は高くなる．その一方で，組織の円滑な運営を阻害する．この摩擦や葛藤を解消することが必要なのだが，解消しようとして強引に強権を発動すると，組織内部の意欲を削いで組織活動を不活性化させる恐れがある．
組織の秩序を保つために，摩擦や葛藤を解消する適切な調整や抑制として，こ

の秩序に基づくルールを運用するのが統制力である．集団に統制力が働くことで，組織が機能するようになる．

統制力とは，経営，制御，管理，マネジメント，コントロール，コミュニケーションなどの手法によって，組織の秩序を維持し組織を運営する概念である．その統制力には，命令，指示，威圧，説得，慰撫，激励，伝達，連絡，報告などの行為，そして，それらには権限，義務，責任，服従，同調圧力などが付随する．

4.3.2 組織の原理

(1) 専門化

組織体の中で行われる分業の細分化の程度をいう．細分化の程度として，たとえば，統括管理，施工管理，資材管理などがある．施工管理の細分化をさらに進めると，作業監督，労務管理，賃金出納などがある．この場合，前者の専門化の程度は低く，後者の専門化の程度は高い，という．

(2) 標準化

組織内で行われる活動に対する手続きの規定の程度をいう．標準化の程度として，たとえば，施工する構造物が決定したと同時に，構造形式，使用材料，採用工法などが自動的に決定され，設計や施工の手順が規定されているような程度がある．あるいは，構造物が決定した時点で白紙の状態から構造形式，仕様材料，採用工法などを検討の末に決定し，さらに先入観念なしに設計や施工の手順を考えるような程度がある．この場合，前者の標準化は高く，後者の標準化の程度は低い，という．

(3) 公式化

組織体の中で行われる活動が，現実に即しているか否かの判断に準拠するのではなくて，あらかじめ文書などで厳格に規定してある手続きや理論に準拠するような公式的になる程度をいう．公式化の程度として，たとえば，現場の各工程の施工法が，あらかじめマニュアルや文書で規定されていて，この規定を厳格に守って完成まで施工を行うような程度がある．あるいは，工程ごとに現実の状況を考慮しながら施工法を決定して施工を開始し，施工途中も状況の変化に対応して方法を手直ししながら完成に至る程度がある．この場合，前者の公式化は高く，後者の公式化は低い，という．

(4) 集権化

組織体の意思決定や指示命令を下す権限の集中している程度をいう．集権化の程度として，たとえば，その権限が唯一人に集中しているような程度がある．あるいは，その権限が複数の者や組織体の全員に分散しているような程度がある．

その場合，前者の集権化は高く，後者の集権化は低い，という．

4.3.3 組織形態の基本形
(1) 機能別組織

機能別組織 (functional organization) とは，組織全体の活動に必要な基本的な機能の単位ごとに編成される最も単純な組織形態 (organizational forms) である．建設会社の例をとれば，建設工事の受注を担当する営業，技術を担当する技術開発や設計，建設現場を担当する工事，資金の調達や会計出納を担当する経理・財務，人材の雇用・調達や教育・育成を担当する人事，労働関係や安全対策を担当する労務というように，全体の目的に対して果たす機能に応じて分けられた仕事上の役割を，たえず意識しながら活動する組織である．職能別組織とか部門別組織 (department organization) ともいう．

同じ役割にある人々は，それぞれの長が率いる部門に所属する．この組織形態では，構成員が仲間と機能上の専門を共有しながら，自分達の専門を通じて会社に貢献することに努めて仕事を進める．組織は機能別に分けられているので，個々の組織単位が単独では成果を出せない．官庁の本庁や企業の本社のような，中枢機能をつかさどる集権的な機能統合型の組織に適する．

水平的な職能分担によって業務を遂行するので専門化の利点を発揮できるが，専門間の調整や整合が困難で組織運営が硬直しやすい欠点がある．機能を集約することでコストダウンや付加価値が向上する効果が期待できる場合や，個々の機能をその内部で統合することから得られるメリットが大きく，製品や地域への適応がそれほど期待されない重要ではない場合に，この組織を採用するメリットがある．

建設産業では，規模が小さく，事業品目が少なく，市場が固定的で変動が少なく確実性が高い企業に適している．そうでない場合には，分権型組織 (decentralizational organization) の採用が望ましい．

(2) 分権型組織

個々の組織単位を自律的に分割した組織形態をいう．機能別組織が巨大化した結果，製品別や地域別に分解した縦割り分権型の組織である．通常，事業部制組織 (multi-divisional organization) と称する．

構成員は，機能別組織のように個々の専門性に向ける関心よりも，構成員自身が所属する組織が担当する生産品や地域での競争に関心を向けることに，この組織の狙いがある．所属する組織が担当する生産品や地域への適応が優先されるので，個々の生産品や地域への迅速かつ柔軟な適応によって得られる効果が大きけ

れば採用に値する組織形態である．

　この組織形態では，本社機構が中長期の経営戦略を策定し，個々の事業部が日常の業務運営を担当する，という明確な役割の分担が期待できる．事業部内では，個々の仕事を担当する構成員がすべての業務面で意思決定に関わる機会があるので，経営者の育成に向いている利点もある．

　事業部は英語の division の邦訳だが，この division には別に師団という軍事用語もある．師団とは，独自で戦争行為を遂行できる機能を備えている単位組織である．事業部も師団と同様に，ある程度の期間にわたって自立的に存続活動が可能な機能を備える組織である．わが国の建設会社では，以前から分権型の組織を構築していた．それは，たとえば，土木，建築などの生産品別に分権化した生産品別事業部制の組織，あるいは地域別事業部制の支店網の構築である．

　1）生産品別事業部制　　全国的または世界的規模で，生産品別に事業部を組織化する組織構造である．建設産業では，土木事業と建築事業の別に組織化される．したがって，担当する土木と建築の部門の事業と利益に対して責任を負う形態である．この組織は，土木，建築，その他の部門が多角化している企業，高度な技術能力が要求される企業，事業の市場が多様である企業に適している．

　情報連絡や指示伝達が，部門ごとに一元的に流れるので技術の支援や移転が円滑に進むこと，事業部のトップが世界的または全国的な視野で経営戦略の展開に目を向けやすいこと，などが利点である．

　その一方，土木と建築の事業部間での情報の疎通や調整が難しいこと，地域別の経営ノウハウが地域ごとのサブセクションに分散して蓄積されるために経営ノウハウや経験が有効に活用されないこと，などが欠点である．

　2）地域別事業部制　　全国的または世界的な視点から，地域や国ごとに分割して，特定の地域や国における事業活動について責任を負う形態である．建設産業では，全国を8ないし10程度の地域に分けて，地域ごとに事業部の拠点である支店を配置する組織である．

　地域別に責任が委譲されているので，地域に密着した経営戦略を行使することができること，とくに地域によって市場戦略が異なる場合に有利なこと，などが利点である．

　その一方，効率的な地域間の調整や経営資源の移動や移転が難しいこと，地域ごとに経験が必要なスタッフや経営者の配属が求められること，などが欠点である．

(3) マトリクス型組織とネットワーク型組織

　生産品別，地域別，機能別といった単一の軸だけを基軸にして組織化するのではなく，複数の軸を基軸に置いて，グリッド（格点）型に組織化した組織構造である．機能別組織による機能統合のメリットや分権型組織による製品・地域への適応のメリットに明確な優先度が認められない場合や，その両方を重視する場合に採用される組織形態である．

　欧米系先進諸国の巨大企業で，伝統的な組織では解決できない問題があったこと，経営環境の不確実さと複雑性が増大したこと，などの組織上の諸問題を解決するために，個々の企業の長期間にわたる独自の経験から開発された組織形態であるといわれている．

　この組織形態では，個々の組織構成員が同時に2人の上級者によってその行動を調整され，2本の調整軸の交点上に位置する構造になる．このような構造は，組織の構造原理の転換であり，ワンマン・ワンボスの原則や一元的な命令系統の原則を放棄してツーボスあるいは多元的な命令系統に切り替えた点で，組織運営上の革新といえる．この多元的な命令系統を組み入れた組織はどんな組織でもマトリクス型組織である，との意見もある．

　この組織構造の特性には，単に多元的な命令構造に加えて，この組織構造を支える制度と関連する組織風土や人々の行動様式を含んでいる，との見方もある[35]．

　日本国内の，生産品別と地域別の2つの軸を基軸に組織化している建設会社が，組織を分割する際には，機能統合と生産品・地域別の適応など，複数の軸で構成することになる．すなわち，会社の最高意思決定者である社長のもとに製品別事業部である土木本部と建築本部などを置くと同時に，併行して地域別事業部である各支店を配置する組織形態である．結ぶグリッド（格）が，企業内の組織の部門間で完結する形態をマトリクス型組織（matrix organization），企業や国境を越えて結ぶグリッドで構成される形態をネットワーク型組織（network organization）と呼ぶことがある．

　いずれも，組織の系統は二次元で平面的に展開する．それぞれの支店長の配下の土木部と建築部は，支店長に帰属すると同時に，本社の部門長である土木本部長と建築本部長の管轄下にも置かれる．構成員達は，必要に応じて二重の指示を受けることになる．2つの上司に仕える形態をツーボスシステム（two bosses system）ということもある[36]．

　この形態は役割関係が複雑になり，混乱をもたらすことがあるので，上位の管理者である本部長や支店長は，2つの管理系統が混乱しないように，組織運営の

均衡維持に努め，同時に，指示命令の権限を限定的に調整する必要がある．組織の運営上も，組織を構成する全構成員にも，柔軟性が求められる．したがって，この組織形態には，二元的指示命令系統による混乱や衝突，利害関係の発生，責任の曖昧さ，報告の煩雑さの欠点がある[37]．とくに，職務の曖昧性，集団経営，利益管理責任意識の希薄性などの日本的な経営の特質をもつわが国の企業では，マトリクス型組織を採用することで，その特質をますます助長する，とも懸念されている[38]．

その一方で，仕事の必要に応じて迅速に対処できる，ピラミッド型に構築された組織に比べて柔軟に運営ができる，自発的で積極的な活動が期待できる，などの利点がある[39]とみなされている．

支店長の配下に置かれる営業部や設計部を本社側で管轄する営業本部長や設計本部長は，土木本部長や建築本部長と同列に置かれて，同等の権限をもっている．このほかに，技術開発，経理財務，人事労務などの機能を有する部門長も，やはり土木本部長や建築本部長と同格に置かれて，同等の権限をもっている．このように，日常の組織運営に必要な機能をすべて保有するはずの事業部組織本来の理想形から外れている形態は，純粋な事業部制と機能別組織の折衷型の組織とみなされる．事業部本来の機能のすべてを備えないので，一部事業部制といわれる[40]．わが国の企業に多い組織形態である．

(4) カンパニー制

個々の事業部の事業規模が大きくなると，事業部制よりもはるかに自立性，独立性，分離性を高める方向に進むようになる．組織単位ごとに経営資源（自己資本，固定資産，人材・労働力，資機材など）を資本勘定まで分けて，トップが全幅の責任をもって事業を行っていく．その結果として成立するのがカンパニー制である．

あたかも1つの独立した会社であるような方向を目指した事業部制の活動の徹底化が進んで，文字どおりまさに1つの独立した会社のように，いつでも切り離して独立させたり売却してもよいようなところまで，組織を分割してでき上がった組織形態である．組織形態の原理原則にまでさかのぼると，カンパニー制という組織形態は基本的には事業部制の派生形態として理解される[41]．

わが国の建設会社では，道路，住宅，開発などの事業部門を会社に独立させたうえで，系列下に置いた例がある．

4.3.4 組織におけるマネジメント階層の構造

企業組織を運営する階層には，経営階層，管理職階層，マネジメント階層，な

どがある．通常は，社長や取締役などを経営階層，経営階層の下に属する管理職階層を支店長，部長，課長などの上級管理職の階層，底辺の組織集団のトップをマネジメント階層と称する．

建設会社を例にとると，経営階層の機能が本社，管理職階層の機能が事業本部や支店本部，マネジメント階層の機能が作業所などのプロジェクトチームに該当する．

(1) ピラミッド型組織

唯一人のトップを階層の頂点に置き，底辺の階層まで，たとえば，5層か6層からなるような多重な階層を構成する組織構造をいう．多重階層構造ともいう．

組織が備える機能や能力を最大限に活用して組織の目的・目標を達成するには，その遂行上の諸所の活動が離散しないように，遂行に伴う責任，権限，情報などを一点化してトップに集中させる．トップが行うべき仕事が多種多様になると，組織のトップの権限を分割し，それぞれの権限代行者を次位に置くようになる．組織が拡大して仕事の量や種類が増加するにつれて，次位者の権限もさらに分割されて，その代行者が生まれるようになる．このような経過を踏んで，組織階層が増えていく．その結果，形成される組織構造が，最上階層の組織のトップを頂点とするトップダウンの多重階層構造であり，ピラミッド状を形成する組織構造である．

組織が肥大化すると，どこの国の官庁や企業でも，ピラミッド型構造になる傾向がある．欧米人からは，とくに，日本の組織の特徴として強く認識されている．日本を代表するような総合建設会社では，社長と土木工事現場の所長の間には，工事規模を問わず，たとえば，副社長（土木担当）・土木本部長・土木副本部長・支店長・副支店長（土木担当）・土木部長・土木工事担当部長・土木課長・統合所長（または工事長）と，9つのマネジメント階層が介在することがある．

(2) フラット型組織[42]

唯一人のトップを階層の頂点に置き，底辺の階層までたとえば2層か3層からなるような寡少な階層で構成される組織構造をいう．シンプルビーム構造ともいう．通常では，きわめて小規模の組織でみられる組織である．

欧米諸国の官庁や企業を，日本の同程度の規模の官庁や企業と比較すると，マネジメント階層の数が少なく，組織の構造がシンプルなフラット型の傾向が多い．アメリカを代表するような総合エンジニアリング会社では，President（社長）と工事現場の Project Manager（所長）の間には，たとえば，Vice President and Manager of Operation（工事管理部長）という唯一つのマネジメント階層が介在

する例が多い．Presidentには多くの次位者が存在するはずだが，ルーチンワーク（定常業務）の実質的な指揮命令者は唯一人，ということである．Head Office の下に Branch Office（支店）が設けられることがあっても，その工事現場に対する operation（指揮命令）の権限が付与されなければ，Manager of Branch Office（支店長）は介入しない．彼に権限が付与されると，Vice President and Manager of Operation の介入はなくなる．

欧米諸国で組織がフラット型を保ち，ピラミッド型への肥大化を阻止している原因は，組織の中の責任の在り方と組織間の権限の委譲にあると考えられる．すなわち，会社の中の責任を分散させない，本社が備える傘下の組織に対する指揮命令の権限は個人を特定して委譲する，ということである．

4.3.5 組織の存続期間

(1) 恒久的な組織

官庁や会社が存続を続ける限り，固定して恒久的に存在を続ける組織である．本社や支店の経営組織は，恒久的な組織の典型である．通常は，秘書部，総務部，経理部，財務部，人事部，広報部，企画部，営業部，工事部，設計部，調達部，開発部というような機能別組織が採用される．

(2) 短期的な組織

流動的で短期的な組織である．時限的な目的を達成するために組織化され，目的を達成したら組織は解体される．特定の期限を切って建設工事を完成させる建設プロジェクトの遂行組織は，短期的な組織の代表的な例である．プロジェクト組織，またはプロジェクトチームという．

建設プロジェクトは，遂行途上で環境や条件がたえず変動するので，活動の離散を防ぐために，プロジェクトの遂行に伴う責任・権限・情報を一点化・集中化して，組織機能の求心力と適正な委譲システムを必要とする．そのために，プロジェクトチームはプロジェクトマネジャを頂点とするトップダウンのマネジメント階層とピラミッド型構造を形成する．

工事現場のプロジェクトチームを構成するメンバーは，本社や支店などの母体組織の縦割りされた機能別の各部門から派遣される要員で有機的に編成される．組織編成の至上課題は，目的に最適な人材の獲得である．メンバーの組織帰属意識は，縦割り型の組織（出身元）と横割り型組織（出向先のプロジェクトチーム）を重ね合わせた二重籍管理の影響下にあるが，メンバー個人は，出向先のプロジェクトチームの仕事に専従する．

プロジェクトの課題が解決（建設工事の完成が果た）されて，プロジェクトチ

ームが解散されると，メンバーは二重籍管理の原則に基づいて，本籍地である出身元のポストに戻る．

4.3.6 組織の行動様式
(1) 意思決定の形態

1) トップダウン　　中央集権化した情報網のもとで，組織のトップが意思決定を行い，命令として下達される．意思決定に先立つ部下からの意見聴取は，意思決定の参考のための情報収集として扱われ，意見具申とはみなされない．小規模組織が突発的に遭遇して，既往サンプルがない場合の対応に適する．欧米の組織では，意思決定の基調として採用されている．

2) ボトムアップ　　タテ型組織の中で，組織構成員全体の意向を下層の実務者レベルから吸い上げて，組織の中央で集約する実務階層主導型の意思決定の形態である．諮問答申型と稟議型がある．日本の組織の意思決定の基調になっている．

トップダウンをマネジメント基調とする欧米企業でも，事業部制を採用して分権化に努め，構成員の努力や意見を集約するボトムアップ型の経営を目指す動きがある[43]．

a. 諮問答申型：中間管理職が実務担当者に諮問して，その答申に基づいて組織の意思が決定され問題の処理を行う．大規模な組織が非定常的に遭遇して，既往サンプルが存在する場合の対応に適する．トップの意向によっては，諮問がトップから発せられることもある．

b. 稟議型：組織の下層から発議提案が行われ，順次に上層に向かって伺いを立てて，トップで最終の裁可を得て組織の意思となる．定常的に遭遇して，既往サンプルが存在する場合に適する．

(2) 職務分担の形態

1) 分業　　組織構成員の職務を，個々に明確な責任範囲に単位化して固定し，組織全体として過不足なく達成できるように構成される職務分担の形態である．このように運営される組織は，様々な部品によって組み立てられた機械のようなものであるから，組織構成員は互換性の部品の存在であり，欠員が出るとただちに補充され，働きが十分でない部品はただちに取り換えられることになる．

これを個人責任制の職務分担，または限定性の職務分担の形態という．

個人の責任観念が明確な欧米社会では，個人の責任範囲を極力明確にすることが，人々の不安感を取り除き，同時に，自分の職務に対する責任感を高める効果をもたらす．したがって，欧米の組織では，個人責任制の形態による運営が採用される．欧米の組織が構築している能力は，分業型組織能力である．

2) 協業　　タテ型の機能が強く働いている序列偏重の組織で，個人の責任を明確にせず，集団責任を重視する職務分担の形態である．このように運営される組織は，職務の無限定性が基調となっており，1つの場所に複数の人間が同居しているから，欠員や動きが十分でない組織構成員の発生に対しては，機能低下の組織内吸収や特定の構成員に対する救援や管理強化を意味する配置転換，組織改組，職務分担の調整などの対応が，好んで採用される．この形態を，集団責任制の職務分担，または無限定性の職務分担という．

日本社会では，個人の責任を明確にすると不安になる傾向があり，集団の責任を重視する．したがって，日本の組織では集団責任制の形態による運営が好まれる．日本の組織が構築している能力は，統合型もしくは協業型の組織能力である．欧米で採用されるような，欠格構成員を排除して別の交換要員を充てる方法は，日本では採用されにくい．

組織構成員の集団責任制（協業）と個人責任制（分業）の職務分担の比較例を図 4.1 に示す．

(3) 権限委譲の形態

権限の委譲は，最も重要なマネジメント機能である．委譲の形態は2つに大別される．

1) 業務別　　上司が委譲する権限を，契約や業務分掌（job description）で規定して，それを受ける部下が委譲された権限のすべてを，自分の責任で処理する形態である．権限の内容は業務ごとに区分されるので，部下は，その業務については上司の介入なしに一切を取り仕切る権限をもつ．上司の介入は権限を侵す行為とみなされ，干渉した上司は部下の結果責任を負うことになる．分権的な権限

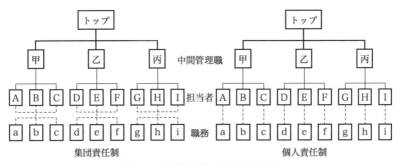

図 4.1　組織構成員の職務分担の形

委譲とみなされ，欧米諸国の組織運営の基調となっている．

2) 機能別　委譲する権限を仕事別に区分せずに，上司の仕事の機能の一部を委任する形態である．上司は，部下が行うすべての仕事の照査や承認という形で権限を保持する．典型的な例が，主任以下の者が実務を担当し，中間管理層の係長がその実務の照査，その上の管理階層の課長が承認を行う，という形態である．集権的な権限委譲とみなされ，日本の組織運営の基調になっている．

(4) 構成員の機能と役割

組織運営の効率を向上させるために，マネジメント機能の分化に迫られることがある．その際，マネジメントの手足に相当する部分と頭に相当する部分に，組織の機能を分化させる．分化される組織構成員の頭の機能がスタッフで，手足の機能がラインである．ラインとスタッフの間には，志向や利害に相反関係が発生することがある．対立するラインとスタッフの間を調整し，対立によって生じる葛藤の抑制と解消がコンフリクトマネジメントであり，トップマネジメントが果たす役割である．

1) ライン　組織を構成するマネジメント階層のヒエラルキーに沿って，目標達成することに努めることを目的とする機能である．プロジェクト組織を，人体の頭と手足に分けることに譬えると，手足の部分がラインである．仕事は定常的であり，役割は固定的である．意思決定，権限，責任のすべては，本人に帰属する．建設プロジェクトのマネジメント組織では，現場で施工を実際に管理実行する技術者，職長，世話役，作業員達が，これに相当する．

2) スタッフ　組織が大きくなってトップマネジメントを1人で処理することが困難になった場合に，トップマネジメントの補佐またはその一部を代行して，組織運営の効率を向上させるために，実行部隊であるラインの部分に対する支援機能の役目を有する．組織活動を判断と実行と区分し，これを人体の頭と手足に分けることに譬えると，頭の部分がスタッフである．トップマネジメント機能の分化が，スタッフ機能の採用の動機である．

仕事や役割は，トップマネジメントの一存で決定されるので，短期的で流動的なことが多い．意思決定，権限，責任のすべてはトップマネジメントに帰属する．

4.3.7　組織上の権限と責任

企業が経営能力を高めて，多くのプロジェクトを同時に運営する必要に迫られると，採算の管理責任の独立性が高まる．その結果，社内組織の機能の分化が進む．

(1) Revenue Center

原価の発生に権限責任がなく，収益の発生だけに権限責任がとどまる組織をいう．プロジェクトごとの独立採算制が徹底している建設会社の場合には，本社がそれに該当する．最終的に権限行使が伴う責任の所在は，企業のトップである社長に集約される．

(2) Profit Center

原価の発生と収益の発生の両方にまたがる権限責任を有する組織をいう．プロジェクトごとの独立採算制が徹底している建設会社の場合には，建設工事の現場組織がそれに該当する．最終的な権限行使に伴う責任の所在は，現場組織のトップである所長に集約される．独立採算制が，複数のプロジェクトを抱えた群管理組織によって運営される場合には，その群管理組織である支店や出張所などが該当する．実態は，個々の企業の経営方針によって融通無碍に採用されている．

(3) Cost Center

収益の発生に権限責任がなく，原価の発生だけに権限責任がとどまる組織をいう．権限行使に伴う責任の所在の具体的な例としては，現場組織の従業員，プロジェクトを支援する本社や支店の調達部門の従業員達が，これに該当する．

4.4 定常的マネジメントの組織

定常的な組織の典型的な例は，役所の本庁や会社の本社の組織である．役所や会社が存続し続ける限り，組織自体は必ず存在し続ける．その定常的な組織を，建設会社の本社を例にして，変遷の過程を概観する．

4.4.1 建設企業の初期的な組織の編成

(1) 一現場一組織の編成

単一のプロジェクト組織と企業組織が等身大を意味する組織形態（図4.2）である[44]．わが国を代表するような建設会社も，明治初期の創立期に採用していた組織だった．当時，組または店と呼ばれた建設会社は，組長または店長と呼ばれる企業のトップが現場のトップを兼ねて，脇を固める世話役などの幹部達で構成された．

各社の社史によると，たとえば，後の東北本線の建設を当時の日本鉄道から受注した建設会社の各社が，社長をトップに戴いた現場組織を，敷設する軌道の最先端に設けて工事を行い，敷設の進捗につれて現場組織を移動したという．同じ例は，アメリカの大陸横断鉄道の建設にもあった．ベクテル社は，建設の最先端

の軌道上に留めた客車を現場事務所に使って，社長が現場で陣頭指揮を行ったという．同社の構内に当時の客車（図4.3）が展示されている．

(2) プロジェクト組織の編成

建設会社が営業基盤を拡大させて複数のプロジェクトを擁する段階で，採用される組織形態（図4.4）である[44]．個々のプロジェクトを円滑に運営するためには，それぞれのプロジェクトに責任者と専従者を充てる必要が出てくる．すなわち，企業組織は，プロジェクト組織の連合体という形態をとる．

この段階で，独立採算の思想が芽生える．独立採算制の初期は，現場組織のトップの所長が，社長に対して利益を約束する社内請負である．この

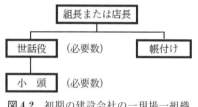

図4.2 初期の建設会社の一現場一組織の例

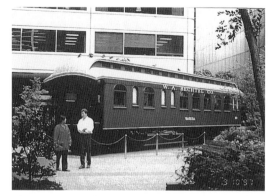

図4.3 ベクテル社が大陸横断鉄道建設時の事務所に使用した客車（小林康昭，1997年10月9日撮影）

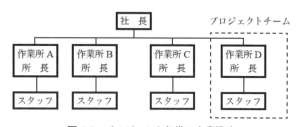

図4.4 プロジェクト組織の企業構造

段階では，とくに本社機能を必要としない．

4.4.2 機能別組織の編成

プロジェクト規模が大型化，技術が高度化，工期が長期化，内容が複雑化し，利用する工事資源（人材，労働力，材料，機械，情報など）が多量化，多種化，高速化し，抱えるプロジェクトの数が膨大になると，現場環境が変化して，会社のトップと現場組織のトップの間では，単純な社内請負制では管理に限界が生じ

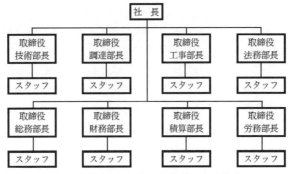

図 4.5 機能別（職能別）組織の企業構造

る．

そこで，本社と現場の機能と役割の分化が起きる．すなわち，経営と，生産や工事の分離であり，企業戦略の確立に伴う本社の機能と組織機構の誕生である[44]．この時点で，本社の組織機構は，現場のプロジェクト組織を原点として，経営環境の変化に適応できるように，プロジェクト組織には欠けている機能，たとえば，財務，法務，営業，技術開発，広告宣伝などの機能が加わる．あるいは，個々のプロジェクト組織が保有する機能を集約する機能，たとえば，調達，人事，労務，安全などの機能が置かれる．この組織形態が機能別組織（図4.5）である．この機能別組織の本社を頂点として，個々のプロジェクト組織が，傘下に同心円的に配置される．

建設会社の経営規模がさらに拡大すると本社機能も拡大し，本社と現場の間に運営の二元化が生じる．本社を集権的組織に変化させると，本社の責任と権限は，工事の入手から工事資源の調達に至る収益の発生と原価の発生にまたがる業務となる．この場合の本社の機能はProfit Centerに位置づけられる．一方，現場のプロジェクト組織が負う責任と備える権限は，与えられる工事資源の活用という原価の発生に関わる業務に限られる．この場合の現場組織の機能はCost Centerに位置づけられる．つまり，この段階では，本社側に大きな責任と権限が移っていることになる．

4.4.3 分権型組織の編成 [44]

集権的な性格を有する組織では，企業活動の規模が拡大すると，上意下達や部門間の調整が困難になる結果，企業体質の官僚化，責任意識の低下，本社と出先の軋轢，従業員の士気の低下などのマイナス面が露呈するようになる．その結果，

登場する組織が分権型組織である．一般に，事業部制と呼ばれる[35]．

分権型組織は，経営の機能と権限を本社のトップ階層から下位の組織階層に委譲する組織である．そして，上位の組織や他の組織に頼らずに，できるだけ自己責任で行おうとする．この組織の最大の特徴は，責任と義務の負担に見合うだけの権限を手中におさめることによる自己完結型の組織運営にある．建設企業における経営機能の分権の形態には，地域拠点型な分化と，生産品目に従った分化が挙げられる．

(1) 生産品目を分化した組織の構築

わが国の建設会社では，事業部門を専ら土木と建築に生産品目を分化している．この部門の分化は長期的に固定している．

それぞれの事業を推進するために本社に土木本部と建築本部を置き，支店に土木部と建築部を置く．さらに，営業や設計の機能も，それぞれの事業部門に従属させる．その上で，経理，財務，広報，安全などの機能を，本社が統括して管理運営を行う．

欧米諸国では土木と建築の区別ではなく，たとえば，住宅，公共事業，工場プラント（エネルギーを含む），国家プロジェクト（軍需や宇宙開発）など，顧客や発注側の業種別対応で組織化（図4.6）する例が多い．その結果，市場の盛衰に合わせた部門の改廃はめまぐるしい．

(2) 地域に分化して権限を委譲した組織の構築

わが国の建設会社が採用する地域拠点型の分権は，地方支店への権限委譲であ

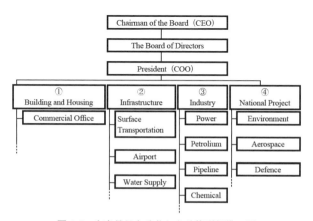

図4.6 生産品目を分化した分権型組織の例

る．個々の支店を Profit Center に位置づけた機能を発揮している．すべてのプロジェクトがいずれかの支店の配下に所属して，支店長以下の采配によって運営管理される．基本的に，プロジェクト単位の独立採算制の上に，支店単位の独立採算制が機能する．その結果，大手，中堅の建設会社のほとんどが，日本全域を網羅した支店網を構成（図4.7）している．

4.4.4 多重組織（分社組織）機構の構築

進めた分社制は，分権型よりも独立色が強く，制約も少なく，委譲される権限も大きい組織構造である[44]．評価の透明度も高い．分社とは，特定の企業構成部門を，別企業に独立させた形態である．独立採算制の徹底や合理性を追求する経営を目的として採用される．事業種別，地域別，独立型の3通りの形態がみられる．

(1) 事業種別分社

プロジェクトの種類ごとに分化した分社組織（図4.8）である．わが国の建設会社では，道路，橋梁上部工，住宅などの事業に分社化した例がみられる．

(2) 地域別分社

地域的な活動範囲に分化した分社組織である．わが国の建設会社では，精緻な地域拠点の支店網が図4.7のように，全国を網羅しているので，あえてこの形態を採用する例はない．連邦制を敷いているアメリカなどで，採用している建設会社

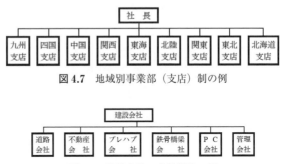

図 4.7 地域別事業部（支店）制の例

図 4.8 建設会社の分社機能の例

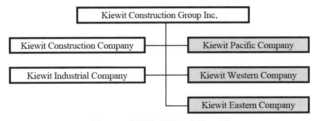

図 4.9 地域拠点型の分社の例

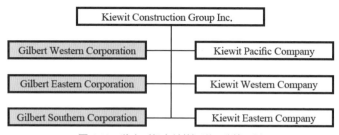

図 4.10 独立（組合対策）型の分社の例

（図 4.9）がある．

(3) 独立型分社

親会社と独立した企業活動を目的とした分社組織である．表面的には，親会社との関係を断絶するための組織である．アメリカには，親会社が組織労働者を使用する義務を負うので，別に非組織労働者を使用するために子会社を設立する例（図 4.10）がある．

4.5　プロジェクトマネジメントの組織

企業や官庁は，建設プロジェクトのマネジメントを効率的に運営させるべく，経験的に最善と思われる組織の構築編成に努めてきた．アメリカの建築家協会（AIA）が建設プロジェクトのマネジメントに採用された組織構造を体系化[45]した．

4.5.1　部門別構造（departmentalized structure）

建設プロジェクトの仕事上の権能や役割の相違をたえず意識しながらプロジェクトに取り組む組織（図 4.11）で，職能別組織構造ともいう．同じ役割（たとえば，設計，工事，調達，経理など）にある人々は，それぞれ部門長が率いる 1 つの部門に所属する．

部門長は，部門の中の所属員の配置，訓練，顧客対応，品質管理，収益の責任をもち，顧客や発注者の要請に基づいて，必要な人員を要請された期間中，要請者側に派遣する．顧客や発注者が，派遣された人員を使ってプロジェクトの履行を進める．建設プロジェクトの履行に関わる顧客や発注者にかかる負担が，非常に大きいことが欠点である．

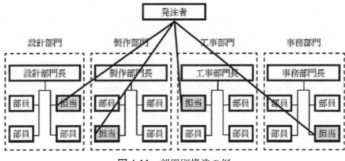

図 4.11　部門別構造の例

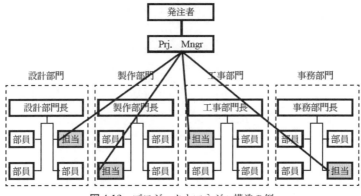

図 4.12　プロジェクトマネジャ構造の例

4.5.2　プロジェクトマネジャ構造（project-manager structure）

部門別構造を横断する機能として，プロジェクトの履行責任をもつ個人をプロジェクトマネジャに充てる組織構造（図 4.12）である．プロジェクトマネジャは，開始から完成までの全期間にわたってプロジェクトに専従する．

この構造では，プロジェクトマネジャと部門長との間に軋轢や衝突が起きる可能性があること，プロジェクトの仕事を担当する所属員が部門長とプロジェクトマネジャの複数の上司の双方の間に挟まって苦労すること，などが欠点である．

4.5.3　プロジェクトチーム構造（project-team structure）

特定のプロジェクトの履行に必要な多方面の熟練者を集めて，プロジェクトごとに組織化（図 4.13）した取組み方法である．チームのリーダーであるプロジェクトマネジャは，日常の顧客対応，工事の進捗，予算の策定と管理，採算，品質と工程の管理などの権限と責任をもつ．チームの所属員達の配置は時限的であり，

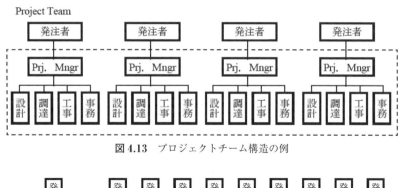

図 4.13 プロジェクトチーム構造の例

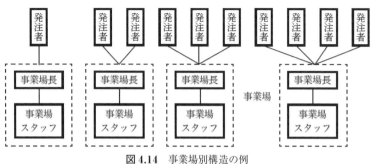

図 4.14 事業場別構造の例

チームの構造は，プロジェクトの規模，期間，種類，場所などの状況に応じて相違する．プロジェクトマネジャと所属員達の間では職務権限を厳格に規定し，専門的な仕事の役割を果たす担当者を特定する．

4.5.4 事業場別構造（studio structure）

複数のプロジェクトに対応できる固定的な組織を，あらかじめ恒久的な事業場として編成しておいて，プロジェクトが発生したら，その中から担当を決める，という手法（図 4.14）をとる．事業場は，複数のプロジェクトの担当を可能にする．事業場は，プロジェクトが終わっても解散せずに，所属員も事業場に永続的・長期的に在職し続けて，次のプロジェクトを担当する．組織も所属員も永続的・長期的である点が，時限的なプロジェクトチーム構造と異なる．

4.5.5 混成構造

この構造形態は，プロジェクトチーム，事業場別などの機能が複合した組織構造である．リーダーや所属員の能力，企業の組織，顧客の要求などに応じて，様々な形態が採用される．

4.5 プロジェクトマネジメントの組織

(1) プロジェクトチーム構造と共有補完構造の複合

プロジェクトチーム構造の中から，機能を引き離して共有する構造（図4.15）である．たとえば，調達部門を共有機能として集中購買性を採用する仕組みがある．概して，小規模なプロジェクト，個々のプロジェクトチームの所属員が少ない場合に，効果が期待できる．共有機能は，本社や支店本部などの恒久的な組織の中に置かれることが多い．

(2) 事業場別構造と共有補完構造の複合

事業場別構造から切り離した機能を共有する構造（図4.16）である．たとえば，建設会社の組織の中の，製造部門を共有機能とする構造である．共通する製品が多い場合に効果がある．建設会社で統合する対象には，プラント建設の機器類，橋梁上部工事の橋梁桁，道路舗装工事の瀝青合材などが挙げられる．共有機能は，本社や支店本部のような恒久的な組織の中に置かれることが多い．

(3) プロジェクトチーム構造と共有機能の複合

プロジェクトチーム構造から切り離した機能を有する構造（図4.17）である．共有機

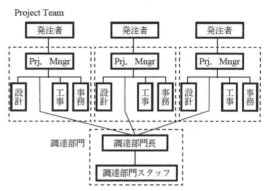

図4.15 混成構造（プロジェクト構造と共有補完構造の複合）の例

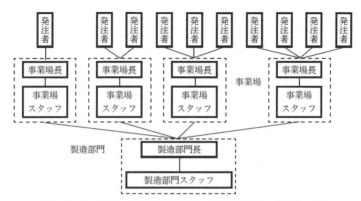

図4.16 混成構造（事業場別構造と共有補完構造の複合）の例

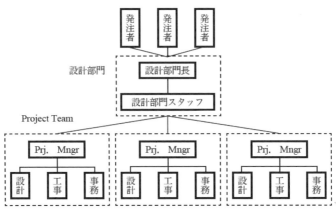

図 4.17 混成構造（プロジェクトチーム構造と共有機能の複合）の例

能が後方機能ではなく，顧客や発注者と直接接触する点に特徴があり，設計施工やエンジニアリングのプロジェクトの対応にみられる．総じて，本社組織の中に置かれるエンジニアリング部門からのトップダウン的な動きの傾向が強くなる．その共有機能もまた，本社のような恒久的な組織の中に置かれることが多い．

4.6　プロジェクトチーム制[46]

　プロジェクトをマネジメントする組織は，プロジェクトの規模や種類，プロジェクトの推進母体である企業，官庁，研究機関などの能力や戦略の影響を受けて選択されてきた．実際に運用されているプロジェクト組織の構造には，分権性と集権性の2つの特徴がある．

　分権性とは，プロジェクト組織が，官庁や企業などの全体の活動の中に含まれている特定の目的だけを遂行する存在であることを意味する．つまり組織全体からみると，特定の権限を付与された組織である．これが分権的な性格である．

　集権性とは，プロジェクト組織が，取り組むプロジェクトの遂行に必要なあらゆる機能を備えていることを意味する．独立した会社のように完結した構造になっている．すなわち，組織の中に必要なすべての権限を集めている．これが集権的な性格である．

　プロジェクト組織は，長年の経験を通じた試行錯誤によって体系化されてきた結果，このように，分権性と集権性の相反する性格を内包するような組織特性を

形成した.

プロジェクトチーム構造は，プロジェクト組織の中で，最も標準的で最も優れた適性のある特性を有している，との評価が定まっている．プロジェクトチームは，流動的かつ短期的で，プロジェクトの縦割りの課題を効率的・効果的に達成するために，母体の組織の縦割りの各部門から派遣された要員で有機的に構成される組織である．

4.6.1 プロジェクトチームの機能

プロジェクトチームの役割は，組織が備える機能や能力を最大限に活用して，プロジェクトの目的や目標を達成することにある．遂行の途上で，プロジェクトの置かれた環境はたえず変化する．そこで，諸々の活動が離散しないように，プロジェクトの遂行に伴う責任・権限・情報などを一点化・集中化した組織機能の求心力と適正な委譲システムが必要になる．そのために，プロジェクトマネジャを頂点とするトップダウンのマネジメント階層構造とピラミッド状構造を形成する．

4.6.2 プロジェクトチームの原則

プロジェクトチームには，恒久的な組織と異なる次のような原則[44]がある．

(1) 目的の与件と確定化

チームの結成前に目的が確定され，条件の多くがあらかじめ与えられる．

(2) 目標の統合化

プロジェクトの目標を達成するために，諸々の資源の統合化と最適化が必要になる．

(3) 責任と権限の集中化

唯一人の統合責任者であるプロジェクトマネジャに，チームのすべての権限を集中させる．

(4) 非定例性

非定例的（non-routine）で繰返し性のない（non-repeatable），1回限りの仕事（one-off undertaking）を対象として，特定の目標を達成する．

(5) 最適能力によるフラットな編成

チームのメンバーは，課題解決に最適な能力のある人材で構成されることが必要である．チーム内のメンバー間の関係は，既存の出身元の組織における階層的な人間関係でなく，同列の協力関係によって横断的なフラットな組織を編成する．

(6) 二重籍管理

メンバーの組織帰属意識を，縦割り型の組織（出身元）と横割り型組織（出向

先のプロジェクトチーム）を重ね合わせた二重構造として，三次元的に管理する．

(7) チームの仕事優先

出身元の縦割り型組織の仕事よりも，出向先の横割り型組織（プロジェクトチーム）の仕事を優先させる，という原則の徹底が必要である．

(8) 本籍地（出身元の組織）による評価

チームリーダーの個々のメンバーに対する評価は，チームの実績の成果（たとえば，成功報酬や功績に対する表彰など）をメンバーに配分する場合だけに有効とする．通常では，チームリーダーが行う評価は参考にとどめて，個々のメンバーの昇格，昇進，昇給などに関する最終的な評価は，そのメンバーの本籍地である出身元の上司が行う．

(9) 達成期限の設定

プロジェクトチームの課題は，基本的に繰返しがなく，必ず達成期限がある．

(10) 課題解決後にチーム解散

プロジェクトチームは，課題が解決されれば解散する．解散後，メンバーは二重籍管理の原則に従って，本籍地である出身元の所属のポストに戻る．

4.6.3 プロジェクトチームの形成過程

建設プロジェクトの現場組織を例にして，プロジェクトチームの形成過程を概観する．

(1) 単一ラインの構造

チームがトップから末端まで，ただ1本のラインで構成されている組織構造（図4.18）である．ラインが直接行う仕事以外の庶務的・雑務的な仕事は，チームリーダーである所長が処理する．プロジェクトチームに要求される機能が唯一つだけか，きわめて少ない場合に適応できる組織構造である．

(2) 同一機能の複線ラインの構造

単一ラインが複線化したプロジェクトチームである．プロジェクトチームに要求される複数の機能に適応する組織構造（図4.19）である．それぞれの機能に対応する各ラインを，チームリーダーである所長の代行者（副所長，次長，課長，係長，班長などの中間管理職名を名乗ることもある）が統括する．ライン間の調整は所長が行う．

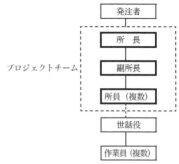

図 4.18 単一ライン構造のプロジェクトチームの例

4.6 プロジェクトチーム制

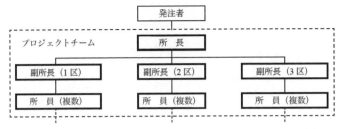

図 4.19 同一機能の複線ライン構造のプロジェクトチームの例

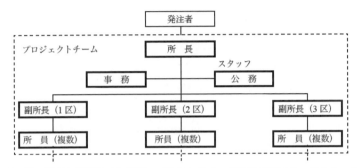

図 4.20 同一機能の複線ライン構造・プラス・スタッフ機能のプロジェクトチームの例

ラインの数が増えるほど調整行為が増えて，調整業務は複雑になる．所長の調整能力と執行能力によって，ラインの数に限界がある．

(3) 同一機能の複線ライン・プラス・スタッフの構造

同一機能をもった複線のラインに，スタッフ機能を加えた組織構造（図4.20）である．仕事の発生が定常的でなく，その仕事の量がラインを設けて処理するほど多くもなく，その仕事が多くのラインに共通する影響を及ぼし，チームリーダーの所長による判断処理が望ましく，しかも，所長1人では直接処理するには過重負担がある場合に，その仕事のために，所長に直結するスタッフを付け加える組織構造が生まれる．スタッフ機能は，4.3.6項の(2)に既述する．

(4) 相違する機能の複線ラインの構造

たとえば土木と建築のように異なる機能からなるプロジェクトチーム（図4.21）である．大分類された機能別ラインの中に，さらに，技術指導と現場管理などからなる複数の機能を下部ラインとして設ける場合がある．

(5) 職能別組織の構造

職能の専門化や職業上の分化によって誕生した組織構造（図4.22）である．た

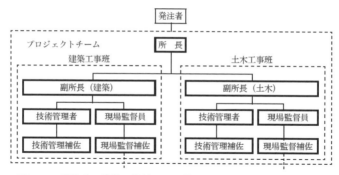

図 4.21 相違する機能の複線ライン構造のプロジェクトチームの例

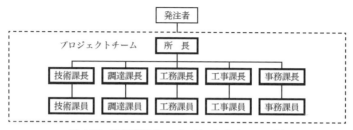

図 4.22 職能別組織のプロジェクトチームの例

とえば，統括管理の任にある所長の配下に，仕様および情報保証，品質および技術管理，積算および原価管理，施工および工程管理，調達および契約管理，出納および資金管理などの機能を配備する．規模が大きく，かつ求められる機能が多いプロジェクトで採用され，国際的にも汎用性が高い．

わが国の建設プロジェクトの組織編成では，社内の適性のある人材を選択して充てる．したがって，以前のプロジェクトでは積算および原価管理を担当させられたが，次のプロジェクトでは調達および契約管理をさせられる，ということは当たり前のこととされる．当人にも違和感はないはずである．

ところが，たとえばアメリカでは，それぞれの機能に特化した人材をメンバーとして採用する．彼らは，自分の専門性を守り，会社に縛られない．会社やプロジェクトチームでその機能が不要になれば，不要になった時点で解雇される．彼らは転職して，新たな場で自分の職能を維持し続ける．この相違は，両国の雇用慣行の違いによるものである．

4.6 プロジェクトチーム制

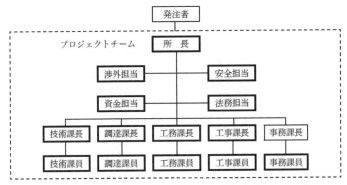

図 4.23 ラインスタッフ組織構造のプロジェクトチームの例

表 4.1 ラインとスタッフの業務上の立場の相違

	ライン部門の原則	スタッフ部門の原則
業務の内容	生産・出来高につながる直接業務	調査・企画・分析などの間接業務
部門の機能	直系の指揮系統による指示・命令	ラインに対する助言・支援
業務の範囲	他のライン業務と区別ができる	ライン業務に属さないか組織全体を網羅
業務の特徴	定常的・日常的で繰返し	非定常的で臨時的で非繰返しが多い
組織の構成	直系の部下で構成される組織	基本的に部下が存在せず個人の存在
活動の形態	組織的な活動	個人的な活動
評価の根拠	ライン自身の主体業務遂行の成果	ラインの職能に与える効果

(6) ラインスタッフ組織の構造[47]

職能別組織にスタッフ機能を付け加えた組織構造（図4.23）である．ラインとスタッフに求められる機能は，プロジェクトの置かれた環境により，また，歴史的にも変動しており必ずしも明確ではないが，基本的には，表4.1のような相違点を認めることができる．

(7) マトリクス型組織の構造

プロジェクトがさらに大型化し，プロジェクトチームの組織がいっそう大規模化し複雑になると，所属員の数はますます増加して，運営上で肥大化の弊害が起きる．この弊害を解決するために考案された組織構造（図4.24）である．マトリクス型とは，縦と横の二次元で構成される形態をいう．

大型のプロジェクトでは，本社や支店本部と現場の二元性のマネジメントが宿命的に避けられないと考えた場合に，二次元的な組織構造を導入する動機になる．そこで，現場のプロジェクトチーム組織を横軸，本社または支店本部の組織を縦軸として，縦と横の軸を二次元的に組み合わせた組織構造が採用される．具体的

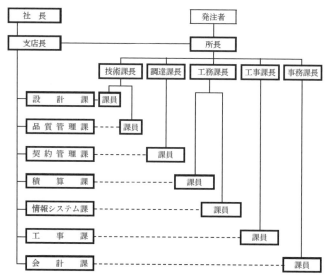

図4.24 プロジェクトチームを中心とするマトリクス型組織構造の例

には，プロジェクトチームに所属するメンバーに必要な機能のうち，補助的な機能を本社や支店本部に求めている．工程の変化に対応できる弾力性，人材の有効活用，費用効果などの点で優れている，と評価されている．

形式的にマトリクス型の組織構造を提示する建設会社は多いが，総じて縦軸の組織が実質的に機能せず，横型の組織の活動を傍観している例が多い．この場合には，縦型の組織が受けもつ機能は，原価の発生に権限責任がない Revenue Center にとどまる．両軸が対等でない状態は，理想的なマトリクス組織とみなすことはできない．

実質的にマトリクス型の方式を機能させている企業には，国際的に展開している多国籍企業や複雑な内部構造をもつ世界的な巨大企業，たとえば，IBM，GE，ボルボ，ダウ・ケミカル，フィリップス，ユニレバーなど，建設関係ではベクテルが挙げられる．

4.6.4 組織のデザイン

(1) 仕事の分析

工程的に存在感が大きい工種を抽出して，積算と施工計画から個々の工事の規模を把握し作業内容を分析する．そして，管理要員や作業要員などの要員数を算定する．具体的には，たとえば間接工事では，準備工事，仮設建て方，仮囲い工

事，据付けなど．直接工事では，伐採・表土剥ぎ工事，土工事，型枠工事，鉄筋工事，コンクリート工事，鋼材架構工事，機器据付工事，外構工事，植生工事，左官・表面仕上げ工事などである．

抽出した個々の工種ごとに算出した全工事量と工程表と照合して，日単位の工事量を算定する．次いで，これに対応する日単位の要員数を算定して，全工期にわたる要員数の山積み表を作成する．この日単位の要員数が，組織を構築する際の基本要素となる．

(2) 組織の構築

以下の原則に従って，組織案を構築する．

1) ピーク時対応　ついで工事量のピーク時点に対応できる組織案を構築する．個々の工種のピーク時に配置する管理要員の組織体系化を行う．この組織案を基準にして，工事量の変化に応じて要員の調整を行い，着工時から竣工時まで時系列的に複数の組織案を構築する．

2) ラインの構築　ついで，ライン対応の組織案を構築する．ラインだけでは対応できない機能が生じた場合に限ってスタッフ機能を設ける．

3) ライン単位の機能　複線ラインの機能を，工種単位別か地域（工区）単位別にするかを決定する．

工種単位別ラインとは，たとえば，土工事，型枠工事，鉄筋工事のように工種に分けてラインを構築する形態である．工事場所が拡散せず，限られた狭い場所に集中している場合に適している．

地域（工区）単位別ラインとは，第一，第二，第三とか，東部，中部，西部というように，工事を行う地域を工区に分けてラインを構築する形態である．この形態を採用する場合には，個々の単位ラインは，必要な工種の作業機能をすべて含む必要がある．工事場所が広域に拡がる場合に適する．道路工事や堤防工事などの長物工事に採用されることが多い．

(3) 指示命令系統の構築

プロジェクトチームのトップであるチームリーダー（現場所長）の最上位のマネジメント階層，チームを構成するラインのチーフ（個々の工事課長や工事主任など）の次位または中間マネジメント階層，ラインを構成する下部組織のグループのチーフ（個々の作業の責任者や現場監督員など）の最下位マネジメント階層によって，組織のマネジメント階層を構築し，階層間の指示命令系統と委譲する権限と責任義務を明確にする．

(4) グループの規模と分割

ラインやラインを構成する下位のグループの所属員が多すぎると，指示や命令が行き渡らず品質の悪化や工程の混乱を招く原因になる．少なすぎると，管理者の緊張度が低下し管理費が割高になる．ラインやグループに所属する人数を適正に構成するべきである．

現代の官庁や企業の組織には，軍隊と多くの共通点が存在する．それは，官庁や企業の組織化や官僚化が軍隊に範をとったからである．したがって，集団行動の組織化や統制の仕方には，軍隊との共通点がある[48]ので，参考になることが多い．

経験的に，プロジェクトチームの中間マネジメント階層の管理者が任務の指揮だけに専念する場合は対象となる作業員の人数の上限は180名から200名，最下位マネジメント階層の管理者が個人を指揮しながら自身も作業を行う場合は40名から50名が上限とする考えがある．これは，陸軍の中隊長が180名から200名を統率し，小隊長が40名から50名を指揮する範にならった考えである．

この例に従えば，型枠工事や鉄筋工事の職長や世話役は40名から50名を1つの単位として統括する．人数がこれを超える場合は，統括するグループを増やす．職長や世話役を通して作業管理を行う現場技術者などの工事監督員は，配下の全作業員の人数の上限は180名から200名を1つの単位として管理を行う．人数がこれを超える場合は，ラインを増やすことを考える．

4.6.5 組織のマネジメント[49]

(1) 組織編成の計画

1) プロセスの推移　プロジェクトチームのプロセスは，立上げ（組織の業務の開始）→計画（実行計画の立案）→遂行（人材・資機材・用地・情報などを用いて計画の実行）→管理（プロジェクトの全体と個々の工程の進捗管理・統制）→終結（完成の確認と検収）の経過をたどる．この経過に応じて，組織の構築に必要な修正を加える．

2) 人材マネジメント　とくに人材に関わる組織計画の立案，要員の確保，プロジェクトチームの育成などが重要である．また，プロジェクトチームに関わる情報を適切に処理するマネジメントが必要になる．PMBOK[50]では，これをコミュニケーションマネジメントとして扱っている．コミュニケーションマネジメントは，具体的にはコミュニケーション計画作成，情報の受発信・管理，進捗情報の共有，プロジェクト終結後の情報分析・整理・記録化・蓄積などから構成される．

3) 組織の成長と収束　　通常の建設プロジェクト組織は，着工時には小規模で，工事が進捗するに伴って規模が大きくなる．着工に先立って，進捗時期に応じた組織を構成するメンバーの時系列的な配員計画表を作成する．この計画表をもとに，ピーク時に向かって組織が成長して大きくなるときは，工程の進展に合わせて補充すべき要員を，前倒しして組み入れるように努める．そのためには，候補の要員の手当てを，早めに行う必要がある．

ピーク時を過ぎて縮小に転じる組織からは，所属員を遅滞なく放出して削減に努める．とくに，人材を出し惜しみせずに次の機会に活かす配慮が望ましい．

(2) 要員の確保

確保する要員の適性，人数，時期の考慮が重要である．すなわち，プロジェクトチームに具体的に与えられた目的と課題の遂行に，適性のある人材であること，その人数は必要最小限とし余剰を置かないこと，そして，着任・離任の時期を厳格に励行してチーム内に余剰や遊休期間を置かないことに努める．

プロジェクトチームに配属される要員は，基本的に本社，支店本部，または別のプロジェクトチームの所属員が充てられる．プロジェクトチームとチームリーダーに課せられる責任と権限を発揮するうえで，チームリーダーが主導的に要員を人選することが望ましい．主導性の発揮に制約を受ける場合でも，チームリーダーはプロジェクトチームが求める人材の要件（たとえば，経験や実績，年齢や職階，専門性や公的資格など）を明確に伝えて，人事権者の判断材料に供することに努める．

最適な人材の確保に努めても，必ずしもプロジェクトチームが求める最適な人材を得られない場合は，チームリーダーの所長は，当人にOJT（日常の勤務を通して能力向上を図る訓練）によって適性を図り，能力の向上に努めさせるように指導することが望ましい．

(3) マネジメント階層の疎通

プロジェクトチームのトップマネジメント階層にあるチームリーダーの所長と次位のマネジメント階層にあるラインのチーフやスタッフ要員との意思疎通について，所長が考慮するべきことは，まず，ラインが行う仕事やその課題はあらかじめ周知徹底しておいて，所長が日常的に細かく確認したり指示や助言を与える必要がないこと，委譲したことはすべてを任せる，という原則を確立することである．

一方，スタッフ要員に対しては，特定の仕事を与えて指示を行い，たえず報告と連絡を要求して仕事の進捗を把握し求められた相談に応じ，必要と判断した助

言を与え，完成時点では必ず仕上がりを確かめて成果を受け取る．そして，スタッフを遊休状態で放置しない，仕事が終わったら次の仕事を与えるか，配置転換を行う．つまり，遺漏なく介入する原則を徹底する．この原則を疎かにすると，スタッフの機能は形骸化し，そのポストは窓際的な閑職に陥る恐れがある．

(4) 知識と経験の蓄積

プロジェクトの遂行を通じて得られた知識と経験を，システム化して蓄積する．

その目的は，チームのメンバーが知識や経験の情報を共有することによって，プロジェクトの遂行に効果的に活用できること，そして，プロジェクトが終了してチームが解散する際には，その情報を本社または支店本部などに移管して会社の知的資産として，その後のプロジェクトや本支店業務に再活用すること，の2点である．

対象となる主な情報には，
① 受注関係（入札，契約，および受発注者間の交渉の経緯など）
② 現場状況関係（現場の地理，地形，環境，土質，気候，ライフラインなど）
③ 技術関係（設計図面，設計や工事の各種仕様や基準など）
④ 施工計画関係（施工・工程・安全などの計画，工事・材料・労務・機械の計画数量など）
⑤ 施工実施関係（実施出来高の推移，労務・機械の使用実績，記録写真，打合せ・会議の議事録など）
⑥ 原価関係（積算，入札金額内訳，実費調書など），設計変更関係（設計変更理由，交渉議事録，要求・決定金額内訳など）
⑦ 仮設関係（事務所・倉庫などの仮建物および進入路・土採場・土捨場・置場などの仮設用地，事務所および現場で使用したインフラ・ライフラインおよびITシステムの概要など）

などが，挙げられる．

これらの成果が有効活用されるには，全社的にナレッジマネジメント思想が徹底されている必要がある．ナレッジマネジメントとは，データ，情報，知識，知恵などのソフトな経営資源を対象としてマネジメントすることである．ナレッジマネジメントが全社的に普及していない場合には，一プロジェクトが情報の蓄積管理に努めても，プロジェクトチームの外では，その成果は顧みられず，塵芥に帰することになる．

参 考 文 献

1) 慶応義塾大学ビジネス・スクール編・高木晴夫監修「組織マネジメント戦略」，有斐閣，2005 年
2) 桑田耕太郎・田尾雅夫「組織論」有斐閣アルマ，p.20，1998 年
3) Barnard, C.I. "The Functions of the Executive", Harvard University Press, 1938（山本安次郎・田杉 競・飯野春樹訳「新訳 経営者の役割」，ダイヤモンド社，1968 年）
4) 稲葉雅邦「企業組織開発の実務」，ダイヤモンド社，p.2，1998 年
5) 奥村悳一「経営管理論」，有斐閣ブックス，p.73，1997 年
6) Bartol, K.M. ほか「Management, 2nd」, McGraw-Hill, pp.291-301, 1994
7) 世界大百科事典 13（平凡社），p.775，1966 年
8) 高柳 暁「現代経営組織論」，中央経済社，pp.7-21，1997 年
9) Taylor, Frederick W. "Principles of Scientific Management", 1911（上野陽一訳「科学管理法 Ⅲ 科学的管理法の原理」，産業能率短期大学出版部，1969 年）
10) Fayol, Henri "Administration Industrielle et Generale", Bordas S.A., 1979（山本安次郎訳「産業ならびに一般の管理」，ダイヤモンド社，1985 年）
11) Weber, Max "Die Protestantische Ethik und Der Geist Des Kapitalismus", 1920（大塚久雄訳「プロテスタンティズムの倫理と資本主義の精神」，岩波書店，1989 年）
12) Mayo, Elton "The Human Problems of An Industrial Civilization", Macmillan Company, 1933（村本栄一訳「新約 産業文明における人間問題」，日本能率協会，1967 年）
13) 宮田矢八郎「経営学 100 年の思想」，ダイヤモンド社，p.134，2001 年
14) 野中郁次郎「知識創造の経営：日本企業のエピステモロジー」，日本経済新聞社，1990 年
15) Simon, H.A. "Administractive Behavior", Macmillan, 1947（松田武彦・高柳 暁・二村敏子訳「経営行動」，ダイヤモンド社，1965 年）
16) 上述 8），pp.21-27
17) Fiedler, F.E. "A Theory of Leadership Effectiveness", New York, McGrawhill, 1957（山田雄一監訳「新しい管理者像の探求」，産業能率短期大学出版部，1970 年）
18) Burns, T. & Stalker, G.M. "The Management Innovation", Tavistock, London, 1961
19) Woodward, J. "Industrial Organization：Theory and Practice", London, Oxford University Press, 1965（矢島欽次・中村壽雄共訳「新しい企業組織」，日本能率協会，1970 年）
Woodward, J. "Industrial Organization：Behavior and Control", London, Oxford University Press, 1970（都築 栄・風間禎三郎・宮城浩祐共訳「技術と組織行動」，日本能率協会，1971 年）
20) Lowrence, P. & Lorsch. J.W. "Organization and Environment：Management Diffrence and Integration", Boston, Harvard Business School, Division of Reserch, 1967（吉田 博訳「組織の条件の適応理論」，産業能率短期大学出版部，1977 年）
21) Chandler, A.D.Jr. "Strategy and Structure", Cambridge, MIT Press, 1962（三菱経済研究所訳「経営戦略と経営組織」，実業の日本社，1967 年）
22) Galbraith, J. "Design Complex Organizations", Addison Wesley, 1977

23) Tushman, M.L. & Nadler, D.A. "Information Processing as an Interfacting Concept in Organizational Design", *Academy of Management Review*, **3**, pp.613-624, 1978
24) Miles, R.E. & Snow, C.C. "Organizational Strategy, Structure and Process", McGrawhill, 1978
25) 上述2), pp.249-250
26) Salancik, G.R. & Pfeffer, J. "Who Gets Power—and How They Hold on to it：A Strategic-Contingency Model of Power", *Organizational Dynamics* **5**, pp.3-21, 1977
27) Pfeffer, J. "Power in Organizations", Boston, Pitman, 1981
28) Allen, R.W., Madison, D.L., Porter, L.W., Renwick, P.A., & Mayes, B.T. "Organizational Politics：Tactics and Characteristics of its Actors", *California Management Review*, **22**, pp.77-83, 1979
29) Cohen, M.D., March, J.G., & Olsen, J.P. "A Garbage Can Model of Organizational Choice", *Administrative Science Quarterly*, **17**, pp.1-15, 1972
30) Shein, E.H. "How to Break in the College Graduate", *Harvard Business Review*, pp.42, 68-76, 1964
31) Bolman, E. & Deal, T.E. "Business Week", May 14, 1984
32) Clark, B.R. "The Distinctive College：Antioc, Reed & Swarthmore", Chicago, Aldine, 1970
33) Smircich, L. "Organizations as Shared Meanings", in Pondy, L.R., Frost, P.J., Morgan, G. & Dandridge, T.C. eds. "Organizational Symbolism", Greenwich, CT：JAI Press, pp.55-65, 1983
34) 髙橋正泰「組織シンボリズム―組織論の新しい視覚―」『経営学の組織論的研究』, 白桃書房, 第3章, p.184, 1992年
35) 今西伸二「事業部制の解明」, マネジメント社, pp.252-254, 1988年
36) 沼上 幹「組織デザイン」, 日経文庫, p.34, 2004年
37) 上述の8), p.133
38) 上述の35), p.265
39) 上述の8), p.144
40) 上述の36), p.35
41) 上述の36), pp.38-41
42) 奥林康司ほか「フラット型組織の人事制度」, 中央経済社, 2004年
43) 上述の35), p.134
44) 江川 朗「プロジェクト・チーム」, 日本能率協会, p.74, 1970年
45) AIA(The American Institute of Architects) "The Architect's Handbook of Professional Practice", AIA, 1992
46) 江川 朗「プロジェクト・チーム」, 日本能率協会, 1970年
47) 郷原 弘「ラインとスタッフ」, 日経文庫, 1970年
48) ダン・キャサリンほか「アメリカ海兵隊式最強の組織」, 日経BP社, 1999年 リーダー・トゥ・リーダー研究所「アメリカ陸軍リーダーシップ」, 生産性出版, 2010年
49) 沼上 幹「組織戦略の考え方」, ちくま新書, 2003年
50) エンジニアリング振興協会「PMBOK Guide 和訳版プロジェクトマネジメントの基礎知識体系」, エンジニアリング振興協会, 1997年

5. タイムマネジメント

5.1 タイムマネジメントの基本概念[1]

5.1.1 タイムマネジメントとは

タイムマネジメントとは，プロジェクトを時間軸でマネジメントすることである．いい換えると「約束された工期内に，定められた品質のものを，適正なコストで，事故や災害を起こさず安全に，かつ環境に悪影響を及ぼさず，効率的に作り上げるための具体的時間管理の手法」といえる．つまり，マネジメントするべき様々な対象を，タイム（時間と時刻）を中心に据えて，マネジメントすることを意味する．したがって，タイムマネジメントは，現場の戦略の中枢に位置づけられる．

建設工事は輻輳する多くの作業から構成されており，現場全体を空間的かつ時間的に整然とマネジメントする必要がある．それ故に，単に工事を工期内に収まるように工程表の上に各工種や作業を配列することだけがタイムマネジメントではないのである．タイムマネジメントは，具体的かつ実現可能な作業を計画（Plan）して現場全員に情報を共有させ，日々の作業を手配・実施（Do）し，現場を全体から俯瞰し，組織を構成する全員の意見や提言を吸い上げ，適宜，必要な検討（Check）を繰り返して，最終的には最善の結果に導くように是正処置（Action）をとっていく作業で構成されている．

タイムマネジメントは，完成までを見通した周到な計画と準備・手配が不可欠である．

5.1.2 タイムマネジメントの概念の形成

建設工事のステークホルダー（利害関係者）すなわち，発注者，設計者，施工者，協力会社，隣接工区施工者および建設現場周辺の地域住民にとって大きな関心事は「何がいつまでにどのように出来上がるか？」である．建設のプロジェクトマネジメントでは，「何をいつまでにどのように作り上げるか？」を計画し実現

することが，関係者全員の行動の基本である．「どのように作り上げるか」は，時間軸の中でマネジメントされるからである．

したがって，現場のプロジェクトマネジャは，「時間（タイム）を基軸とする組織運営」すなわち「タイムマネジメント」をプロジェクトの計画段階から完成に至るまで，常に自身の責務の中心に据えて取り組む姿勢が求められる．

最初にまず，タイムマネジメントとは何かを述べる．次に「何をいつまでにどのように作り上げるか？」を計画し実践するための計画の立て方，P（Plan），D（Do），C（Check），A（Action）の施工サイクル，そして，工程見直しのタイミングと方法を述べる．

5.2 計 画 立 案[2)]

5.2.1 当初計画の立て方

プロジェクトの第一段階において，計画の策定立案と着工前に必要な確認事項を以下に列記する．

(1) 現場へ乗り込む際の確認事項

1) 契約に関する事柄　　契約工期，契約範囲，発注者側と受注者側の契約上の責任・権限・権利と義務，他工事の制約，適用する法規制，他の官庁や企業からの制約，適用する仕様・基準・規則，特記仕様書の内容，発注者が要求する条件，公共交通機関の便益，工事用地の収用状況，支払条件と支払時期，VE提案の是非，ボーナスと罰則，補償と保証，価格の変更，紛争処理の方法と手順など

2) 現場に関する全体的な事柄　　現場の地理と地形，工事用地の境界，道路・鉄道などのアクセス条件，警察・消防・自治体などの公共機関，病院・保健所・診療所・薬局などの医療機関，都市計画や用途地域規制などの公的な制約，発破や廃棄物処理などの作業上の制約，落石防護や出水対策の必要性，埋設管・架空線・近接する鉄道，地盤条件の情報・資料，工事用地に接する建築物の近接度，仮設ヤードとして借地可能な土地と条件，仮設事務所の立地に適した場所など

3) 資機材調達に関する事柄　　電話・水道・下水，ガス・電力などのライフラインの整備状況，主要材料（土石材料，セメント，生コンクリート，コンクリート二次製品，鉄筋・鉄骨，型枠材料，足場・支保工などの仮設材料）の供給源と品質および供給能力，主要機械（クレーン，シールドマシン，プラント類）の供給可能性，掘削残土の搬出先と受入れ可能数量など

4) 労務調達に関する事柄　　労務供給源の場所と供給可能量および供給可能

時期,労働者の熟練度,賃金の相場,宿舎の必要性と立地条件など

5) 地元の事情に関する事柄　資機材納入・労務供給に際しての地元の要望,保育園・幼稚園・学校などの文教施設と施工上の制約,通学路の確保・維持,運搬車両の通行制限,作業時間の制約,電波障害の可能性,環境規制,漁業権,入会権,水利権,諸々の団体の要求など

本来はこれらのすべてを見積時に見極めるべきであるが,現実には短期間に全貌を見通すことは難しい.しかし,入札前にできる限り多くの条件を把握し,必要な文書を取り交わして確認しておくことが必要である.

とくに地元の要望は全体工程に大きな影響を及ぼすので,できるだけ早く地元に対する説明会を行って理解を求め,施工上の情報の共有化をはかる必要がある.

(2) 全体工程の立案手順

1) 主要な工種の工程の把握　現場に乗り込み,事務所を設置して全体の工程計画を立案する段階では,まず主要工種に着目して大きな流れをつかむことが大切である.

主要工種の概略工程表を作るには,過去の類似の工事を参考にすることが望ましい.技術・技能の進歩,現場の与条件の影響によって,歩掛りが短期間に飛躍的に変化することは少ない.類似工種の単位作業当りにかかる時間は大きく変わらない.新しい工種が採用される場合には,試験工事や工法研究会などの実績を参考に工程を算出する.

この際,数量計算ミスや不正確な土質データなどは致命的となる.設計前の調査と現状が異なると設計自体が問題になり,数量が変わることもある.発注者,設計者,施工者は着工前に,設計と施工の条件確認を行うことが望ましい.

2) 仮設工事の工程の把握　工事が順調に進むか,利益をあげられるかは,仮設工事の巧拙にかかっている.指定仮設の場合には安全性を,任意仮設の場合には安全性に加えて経済性を検討する必要がある.

仮設は,事務所設置,工事用道路,桟橋,路面覆工,埋設管・架空線防護,山留,作業ヤード設置,プラント設置,艤装など様々な種類がある.その設置・撤去や撤収時の原型復旧まで考慮しておく必要がある.安全かつ円滑に仕事のできる仮設が経済的な仮設である.

3) 全体工程の立案　主要工種や仮設工事の施工計画を作成した上で全体工事工程を立案する（図5.1 参照）.

全体工程作成上の注意点を以下に述べる.

① 全体の工程で大きな問題は,用地問題の未解決,埋設管切回しの遅延,関連工

事の遅延，関連諸官庁協議などである．そのために，着手時に必要な情報を可能な限り集めて活用に努める．
② 季節ごとの河川の流量と水位や潮位，施工可能な時間帯などを調査して，作業可能な時間帯を確保する．
③ 天候不良（降雨，風雪，凍結，波浪など），地元・各種団体の要望による作業不可能日や休日・祝日を見込んでおく．楽観的な条件を前提にする工程表は絶対に作成してはならない．
④ 主要工種と仮設工事の関連を重視する．ネットワーク工程を使って工種間相互の関連を確認しながら工程表を作成する．工程上の問題がわかるし，施工管理上の重要点も把握できる．
⑤ 個々の作業能率を落とさないように，安全で無理のない同時作業を行って工程を短縮すると，共通仮設費や現場管理費の縮減につながる．
⑥ 仮設の変更を少なく抑え，連続的作業を多用して能率向上に努める．
⑦ 不確定要素の多い新工種は早く着手する．不測の事態の発生に対応できる余裕を設けることが必要である．

(3) 着工前検討会の実施

全体工程を作成した後，シミュレーションの目的で着工前に検討会を行うことが望ましい．社内の関連部署に出席を求めて様々な視点から検討を加えて問題点の洗い出しに努める．

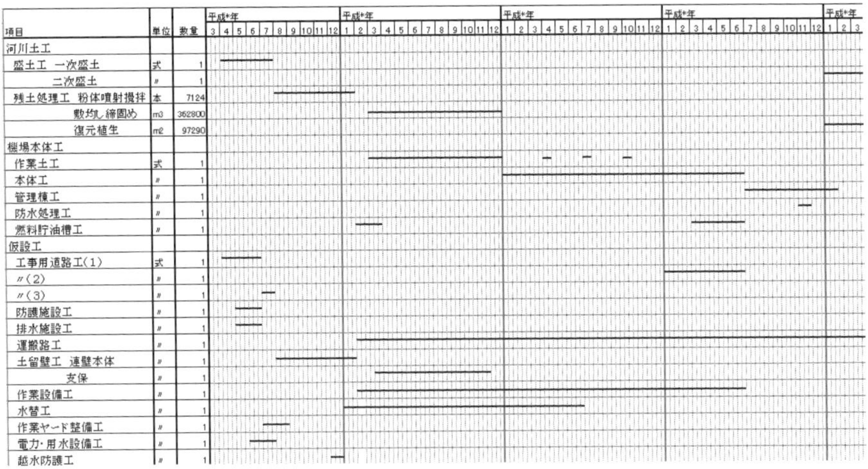

図5.1 全体工程表

過去の事例から反省点を調べ上げる．見落とし，錯誤，誤解，錯覚，情報不足などの把握が必要である．これらの問題点を検討した上で全体工程を確定する．

工事期間中の検討会や安全パトロールの頻度を決定しておく．着工してから支援や助言を得やすく，現場だけでは対応困難な処置が可能になる．

5.3 着手後の工程見直し

着手後は全体工程表をもとに，工程の進捗に合わせて安全や環境上の管理に必要な注意点や各種行事などの注意点を付記した月間工程表（図5.2参照）や週間工程表（図5.3参照）を作成する．この工程表に基づいて毎日の材料，労務，機械の手配を行い，準備工事，仮設工事，本工事，撤去工事，片付工事を進めていく．毎日の施工に関わるPlan（計画），Do（実施），Check（検討），Action（処置）のサイクルを回すうえの注意事項，工程見直しの時期や方法を以下に述べる．

5.3.1 Plan（計画）

最初のPlanを適正に行うことで初めて次のDoへのステップを踏み出せる．適性を欠くと余分なCheck，Actionのステップを踏むことになって，時間のロスにつながる．現場所長は計画の立案作成に十分な精力を傾注すべきである．

計画は具体的かつ現実的であるべきで，下請会社や納入会社の意見を反映させなければならない．現場外の制約や要望が影響するので，発注者や地元，関係諸官庁との綿密な協議を行うなどの目配りも重要である．現場は視野が狭くなりすぎる欠陥があるので，必要に応じて社内外の専門家の助言を求めることも意義がある．総じて現場所長は常に広い視野をもち，柔軟な思考を心がけることが大切である．

5.3.2 Do（実施）

現場の所長と幹部は，作業員が能力を発揮すること，順調に出来高をあげるように必要な手配を確実に行うこと，施工上のポイントを「現場で現実の現物を見て」的確に指示すること，が重要である．書類で判断しないで，現場を見て判断すべきである．

現場の清掃・片付けは作業効率に与える影響が大きい．1つの作業が終わるごとに現場の片付けと復旧を徹底する．週に一度の現場一斉清掃を規則化する．清掃・片付けが不十分な現場は，能率は悪いし，安全性も低い．

こうした日々の行動によって，最終的には利益もあがるのである．

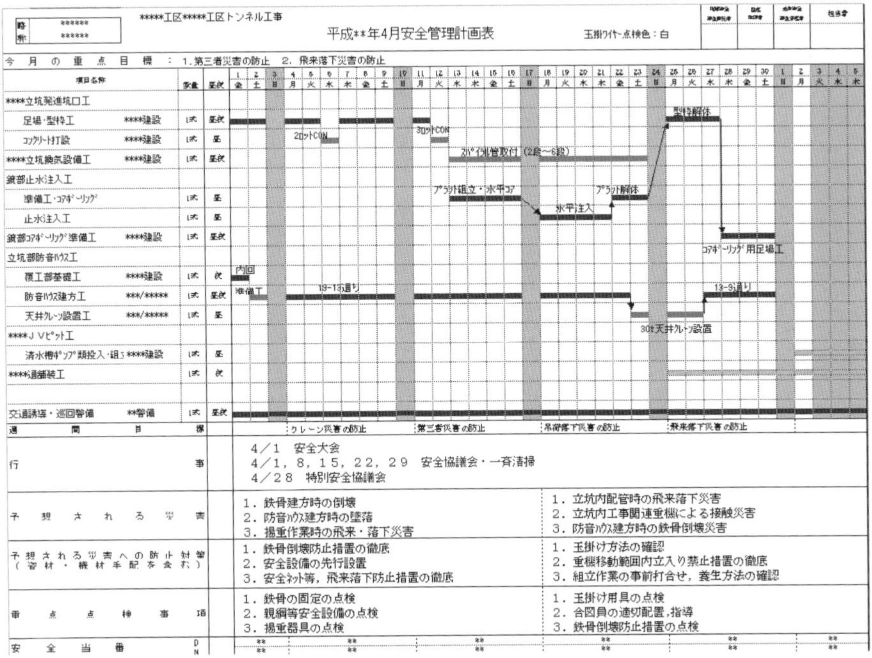

図 5.2　月間工程表

5.3.3　Check（検討）

作業が天候以外の理由でストップするのは最悪と考えるべきである．工程を遅らせる原因を調べて，原因を突きとめたら早急に対策を立てて工程の進捗と回復に努めるべきである．工程を阻害する原因は，全体工事の着工時期や各工種の着手時期に，障害や問題が存在していることが多い．そして，部分的なところで全体に影響していることが多い．これらに対応するには，常日頃，たえず現場の状態を，自らが動いて把握して確認して判断することである．けっして，原則論，建前論，部下や下請会社の情報の鵜呑みに陥らないことである．

5.3.4　Action（処置：工程見直しのタイミングと方法）

(1) 定期的な見直し

当然ながら週間工程表の見直しは毎週，月間工程表の見直しは毎月行うべきである．工程や作業が予定どおりにならないことが多いからである．

① 材料，労務，機械の調達が予定よりも遅れた．
② 想定よりも悪天候が続いた．

5.3 着手後の工程見直し

図 5.3 週間工程表

③ 予想以上に許可の取得や手続きに時間がかかった．
④ 掘削したら想定外の障害物や岩盤，あるいは地下水が出てきた．
⑤ 事故を起こした．

など不測の事態は必ず発生する．的確で迅速な対応がきわめて重要である．

その対応は，

① 現場組織だけでできること（たとえば，作業手順の改善，手配の調整など）
② 社内各部署の力を借りて行うこと（たとえば，調達の変更，人事異動など）
③ 発注者との協議や指示，許可が必要なこと（たとえば，自然条件の変更，契約条件の変更など）

など，発生する問題の大きさや内容によって，対応の方法が変わってくる．

したがって，常に週間・月間工程ばかりではなく，数か月先までの工程を考慮しながら工程遅延要因を察知し，すばやく対応を決定する必要がある．目の前の問題解決にのみ気を取られないで舵取りをするべきである．

(2) 臨時の見直し

週間・月間工程表の定期的な見直しに加えて，現場を歩きながら「後工程に障害になることはないか」を常に考えつつ，躊躇なく臨機応変に工程見直しを行うべきである．

工程の見直しに際しては，関係者全員の認識を共有するために，下請会社を含めて臨時の工程会議を招集することが必要である．各工種着手前および着手後の節目節目に現場を下請会社と一緒に見てまわり，施工条件を話し合い，段取りを決めることが重要である．

日常的に，バーチャートの工程表を使うことが多い．ただし，工種相互の関連を理解するにはネットワーク工程表を使用する．この際，歩掛りや施工の着手完成の時期，調達品の納入時期を明示し，下請会社や納入会社のノルマをきちんと理解させておくことが大切である．

5.3.5 施工中の定期的な検討会の実施

施工段階で検討会の開催を定期的に開催することが望ましい．着工前は工事全般に関する指摘が多く，具体的な個別事例には状況を読みきれないところがあるので，問題の具体性が増した施工中の検討会は効果がある．開催にあたっては社内の各部署の出席を求めて，様々な観点から意見を出してもらうように努める．現場は，これらの意見を受けて，進捗する施工に反映させる．

現場の問題点が顕在化する前に検討会を開催すると，事前に問題点を察知できて，早期に対応が可能になるので，現場を順調に運営するためには非常に効果がある．

5.3.6 反省会の実施

施工を完了した時点で，やはり社内の各部署の出席を求めて，反省会を行うことが望ましい．

工程に関連して，その結果の是非，可否，善悪，適否などを問わず，実際の推移や経緯を客観的に分析し，対策を検討して将来の参考のための資料にまとめておくことが望ましい．

5.4　工程表の作成[3]

タイムマネジメントの根幹をなすツールは，スケジュール（工程表）である．スケジュール作成の手法には，バーチャート，グラフ式，ネットワークなどがある．いずれの手法も作成の根底には現場の条件や事前調査結果の把握，工種の重

要性の判定，不確定要素の多い工種の取扱い，新技術採用の検討，労務・材料・機械の需要供給バランスの調整などがある．

まずこれらの初期条件の取扱い，工程作成のベースとなる施工速度・作業可能な日数に基づく所要日数の把握について説明し，さらにバーチャート，グラフ式，ネットワークの各々について，スケジュールの作成方法を記す．

5.4.1 スケジュール作成の概略手順

全体工期から各工種工程へのスケジュール作成の一般的な手順を以下に示す．
① 全体工程を各工種に分類し，工種ごとに施工期間を決定する．
② 全体工期内に工事が完了するよう工種相互の施工時期を調整する．
③ 全工期内の労務・資機材の必要数を算出し，使用予定表を工程に沿って作成し（資源の山積み），極力平均化するよう施工順序等を調整する（資源の山崩し）．
④ 最終的な全体工程表に基づき，各工種の工程表を作成する．

全体工期が現場条件をすべて包含したものであればこの方法で問題はない．しかし，通常スケジュールが実現可能かどうかは，各工種の初期条件や施工速度，作業可能日数などを考慮した工程を組んでみて初めて認識される．

5.4.2 現実的な工程表作成ステップ

現実的な工程表作成は，以下の手順によるのが一般的である．

(1) 初期条件の把握

工程表作成の初期条件は多方面から与えられる．スケジュール作成の前にこれらを思いつく限り箇条書きにすることが望ましい．たとえば
① 地元の要望（農閑期の施工，船舶交通上の制限，登下校時を避けるなど）
② 得意先の支払条件（年度末達成目標出来高など；図5.4参照）
③ 現場を取り巻く環境からの制約事項（環境団体の要望，渇水期施工など）
④ 工種の前提条件（完了が条件とされる前工程，隣接工区との連携など）
などが挙げられる．

(2) 施工状況の想定

初期条件を把握した上で，現場内の重機，仮設等の概略配置想定図を描き，空間的に無理がないか，同時作業として可能な作業の有無を検討する．無理にいろいろな作業を同時に行おうとすると現場が混乱するが，できる限り同時作業を行って工程短縮を図ることは重要である．

(3) 施工速度の算出

施工必要日数を算出する基礎となるのが，施工速度である．施工速度には標準施工速度 (q_r)，最大施工速度 (q_p)，正常施工速度 (q_n)，平均施工速度 (q_a) な

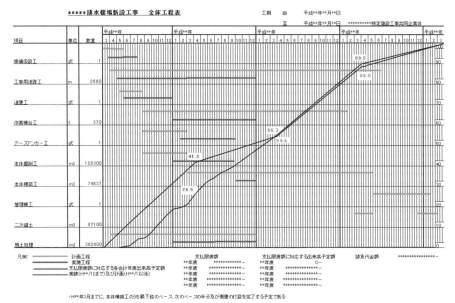

図5.4 年度末達成目標検討図

どがあるが，現実的な工程計画作成時には平均施工速度 (q_a) を採用する．ここでは各単位時間施工速度を概説する．

1) 標準施工速度 (q_r)　標準施工速度 (q_r) は，一般的に最良の施工状況を想定した単位時間施工速度であり，いわゆるカタログに載っている施工速度である．

2) 最大施工速度 (q_p)　最大施工速度 (q_p) は，作業時間効率 (E_t：実作業時間/実稼働時間) を1とした損失時間のない場合の単位時間施工速度であり，作業能率 (E_q：実施工量/標準施工量) に左右される．

$q_p = E_q q_r$

3) 正常施工速度 (q_n)　正常施工速度 (q_n) は，機械の燃料補給や日常整備など毎日の作業に必要な正常損失時間を考慮した単位時間施工速度である．作業時間効率となる正常作業時間効率 E_w (= 実作業時間 t_n/(正常損失時間 t_r + 実作業時間 t_n)) は，50/60 または 0.8 となる．

$q_n = E_w q_p = E_w E_q q_r = (50/60 \text{ または } 0.8) E_q q_r$

4) 平均施工速度 (q_a)　平均施工速度 (q_a) は，正常施工速度 (q_n) に偶発的な機械の故障，悪天候などによる待機，地質不良などが重なる状態を想定した単位時間速度である．

作業時間効率となる平均作業時間効率 E_a ($=$ 実作業時間 t_n/(正常損失時間 t_r ＋偶発損失時間 t_c ＋実作業時間 t_n)) は 0.6〜0.8 となる．

$$q_a = E_a q_p = E_a E_q q_r = (0.6〜0.8) E_q q_r$$

(4) 所要日数の算出

一日1単位施工量 Q_u は平均施工速度 q_a，1日作業時間 t の積で表される．

$$Q_u = q_a t$$

各工種の所要日数 T は各工種の施工数量 Q_t を Q_u で除した商となる．

$$T = Q_t / Q_u$$

施工速度に関する係数や作業時間は，現場の工事条件による．基本的に過去の工事実績や試験工事の実績から判断する．現場周辺の交通状況の影響を考慮に入れる必要がある．

(5) 作業可能日数の算出

作業可能日数は，施工期間延日数から休日や作業不可能な日数を差し引いて求める．降雨，風雪，凍結，昼間の時間，水位，波浪などの気象データをもとに作業可能日数を算出する．

土工事の場合，雨が止んでも土が乾かないと着手できない．海工事の場合，台風が接近するとうねりが高くなって最低2〜3日は作業ができない．寒冷地で雪が降ると，養生しても凍結後に溶かすのに時間がかかる．現場の立地条件と工事の種類によって作業可能日数は変化するので，現場周辺の気象条件の調査を行うと同時に地元でヒアリングすることが必要である．自然的な要因以外に人的要因による作業不可能日を見積もって稼働日数率 E_n ($=$ 稼働日数/使用日数) を考える必要がある．この予測された稼働日数率は工程計画上，きわめて重要である．

(6) 工程最終調整

初期条件の制約の下で施工状況を想定し，所要日数と作業可能日数を考慮しながら契約工期内に収まるかどうかについて試行錯誤を繰り返して，検討・調整するのが基本的な手順である．材料・労務・機械などの山積みや山崩しを臨機応変に行いながら，無理のない工程を立てる．

施工速度や作業可能日数に無理があると，必ず工程見直しに迫られる．工程が厳しいときは，随時検討会を開いて多数の意見を聴取し，突貫工事を避ける方向で検討する．

5.4.3 工程表作成手法

工程表にはバーチャート (bar-chart または，gantt chart)，グラフ式，ネットワーク (PERT/CPM：Program Evaluation and Review Technique/Critical Path

Method) などがある．その作成方法を述べる．

(1) バーチャート

よく使われているのはバーチャートである．横軸は時間軸（暦日，通算日数，週，月など），縦軸は工種とするのが一般的である（図5.5参照）．時々の安全注意事項などを書き入れることがある（図5.2, 5.3参照）．出来高と請求金額計算を連動させ，コスト管理に使う例もある（図5.6参照）．

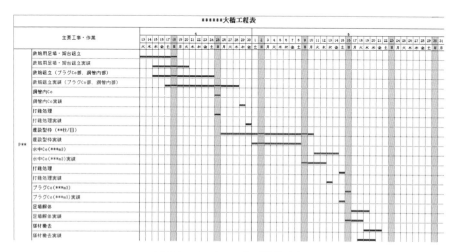

図5.5 バーチャート工程表（1）

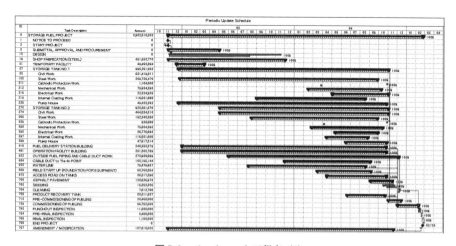

図5.6 バーチャート工程表（2）

バーチャートの長所は，
① 工種期間（開始・終了時期，施工時間）が直観的にわかるので説明しやすい．
② 簡単に作成，改定できる．話し合いをしながらでも作成できるので，臨機の対応がとりやすい．合意形成も容易である．
などが挙げられる．
欠点は
① 期間内の施工速度の変化がつかめない．
② 工種間の連関性がつかみにくいので，工程上で支障となる工程が把握しにくい．
③ 細かい部分の工程検討を見落とす場合がある．
などが挙げられる．

(2) 工程曲線（Sカーブ）

バーチャートの欠点を補い，工事出来高状況を随時把握するためには工程曲線（Sカーブ）が効果的である．工程曲線（Sカーブ）は横軸に時間，縦軸に全体の工事出来高あるいは出来高百分率をとってグラフ化する．一般的に，工事の初期は準備工事などのために時間がかかり，工事末期は片付工事などのために時間がかかるために工事の進捗が遅くなる．そして，工事の中間期に進捗が大きくなって出来高が大きく伸びる．したがって工程曲線は，初期には下に凸，中間期に直線に近い形になり，末期には上に凸の形となる．その形状をSカーブと称する（図5.7参照）．

作成したバーチャートをもとに，各工種の出来高や出来高百分率を一定期間（月，工期の何%など）ごとに集計して，縦軸にプロットする．

工程曲線（Sカーブ）は，工種が多くなると出来高計算が煩雑になるが，工程の進捗状況がよくわかるので，定期的に作成して工事進捗をチェックすることが必要である．

(3) 斜線式工程表

横軸に時間（暦日，通算日数，週，月など），縦軸に工種の施工数量や出来高百分率をとるか，あるいはこの縦軸と横軸を逆にするものがある．各工種の進捗度をグラフにして記入する（図5.8参照）．トンネル工事，鉄道工事などの直線的な工事など，工種が少ない工事に適している．施工場所が多い工事や，工種が多い工事の場合は，斜線が煩雑になるので適さない．

(4) ネットワーク工程表

単位作業を矢印（Arrow）で表し，矢印と矢印を結合点（Event）で接続して，

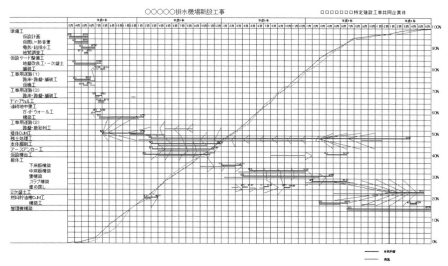

図 5.7 工程曲線（S カーブ）

作業相互の関係を表示する．
① 最も有利な作業手順と時間割付（PERT/TIME）
② 資源の山積みと山崩しを経た最も効率的な配分計画（PERT/MANPOWER）
③ 日程計算と配員計算に基づく予算と支出の比較（PERT/COST）
④ 総工事費が最小となるような最適工期の決定（CPM）
などを行ううえに有効な手法である（図 5.9 参照）．
　ネットワーク工程表の長所は，
① 作業手順や因果関係が明快であり，工事全体の手順検討が可能であり，手順に従って工事担当者間で細部の情報伝達ができる．
② クリティカルパスが明快になるので，重点的な管理ができる．
③ 作業員・資機材などの必要資源の最適使用/調達計画が立てやすい．
④ 工事途中，当初計画の変更も速やかにできる．
⑤ コンピュータを使用して複雑な工事でも短時間に工程計画できる．
などが挙げられる．
　短所は，
① 各作業の歩掛りが正しくないと全体の工程計画精度が悪くなる．
② バーチャートに比べて，多くのデータが必要となるので，費用・労力がかかる．

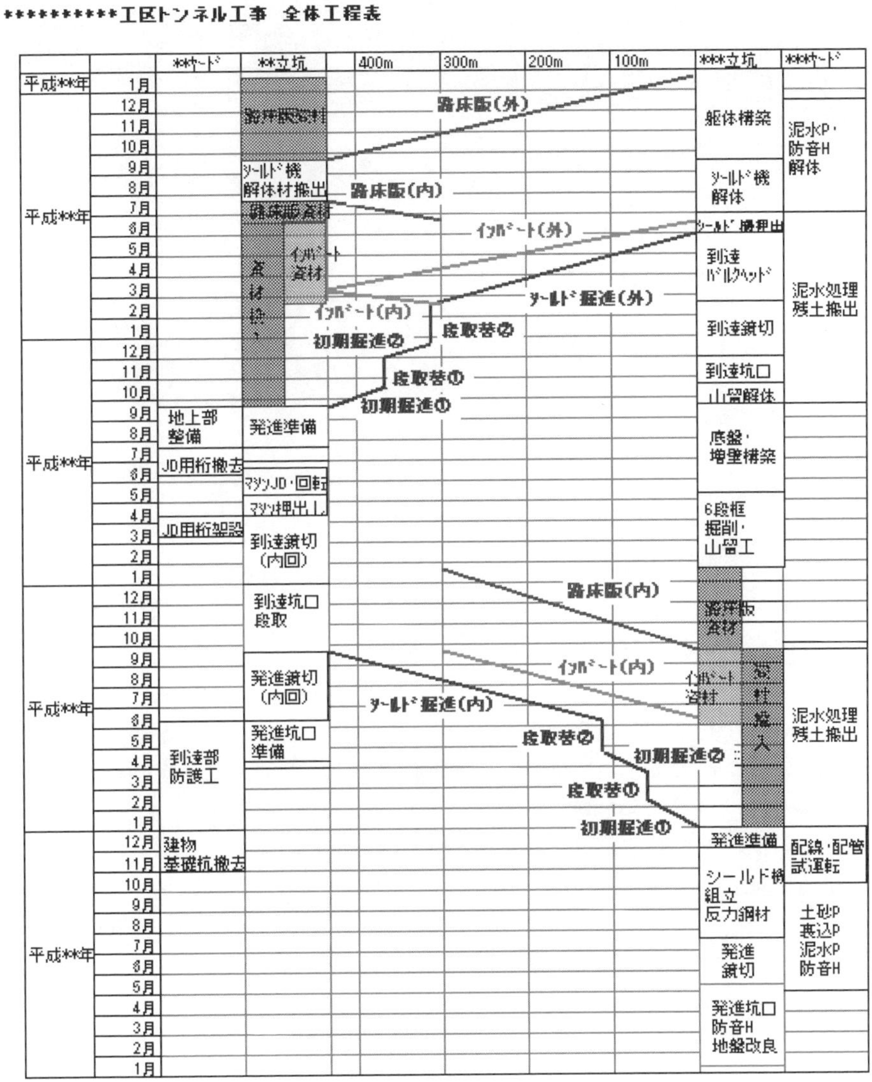

図 5.8 斜線式工程表

などが挙げられる．

5.4.4 ネットワーク工程表作成の基本

基本的なルールに基づいて，ネットワーク工程表作成の方法を，以下に述べる．

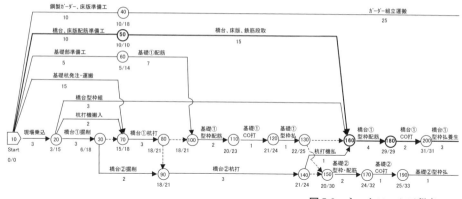

図 5.9 ネットワーク工程表

(1) ネットワーク工程表作成のルール

① 単位作業（Activity または Job）を矢印（Arrow）で表示する．Arrow は作業の進む方向のみを示し，長さは作業に要する時間とは無関係である．

② 矢線と矢線は○印（Event）で接続する．Event の○には正の整数を書き込み，これを Event 番号とする．Event 番号は同じ番号があってはならない（図5.10）．

③ 1つの Event に入るすべての作業が終了しなければ後続作業は開始できない．

④ 1つの Event にいくつ Arrow が入ってきても，いくつ Arrow が出ていってもよい．2つの Event を結ぶ Arrow が複数の場合は，順序だけを制約して作業時間をもたないダミー（Dummy）を点線の矢印で入れる（図5.11）．

(2) ネットワーク工程表作成の基本

簡単な例として，次のようなネットワーク工程を考える（図5.12）．

作業 A，B，C は着工日に開始できる．D は 4 日後，E は 5 日後に開始できる．このように，各作業の最も早く開始できる時刻を，最早開始時刻（E.S.T：Earliest Start Time）という．

作業の最早開始時刻（E.S.T）に所要時間を加えたものを最早終了時刻（E.F.T：Earliest Finish Time）という．

作業 F は，作業 A と E，B と D が終わってから始めることができる．したがって作業 F の E.S.T は，作業 E の E.F.T（= 9 日）および作業 D の E.F.T（= 8 日）の遅い方の 9 日後である．最終的に作業 F が終わる時刻は 13 日後となる．

図 5.10 Event と Activity

5.4 工程表の作成

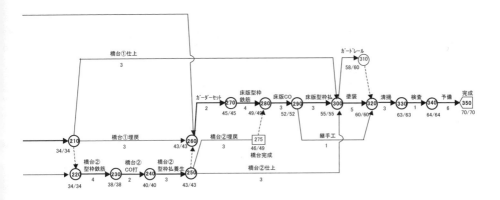

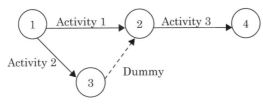

図 5.11 Dummy

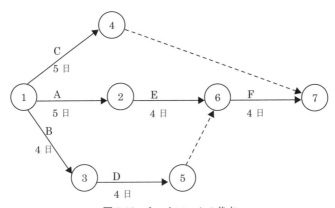

図 5.12 ネットワークの基本

この工程で工期が決定されるのは A → E → F の作業経路となり，この作業経路をクリティカルパス（C.P：Critical Path）という．これに対して，B → D の作業経路は 9−8＝1 日の余裕（Float），C の作業経路は 13−5＝8 日の余裕がある．

表5.1　作業日程計算

作業	所要時間	E.S.T	E.F.T	L.S.T	L.F.T	T.F	F.F	D.F	C.P
A	5	0	5	0	5	0	0	0	◎
B	4	0	4	1	5	1	0	1	
C	5	0	5	8	13	8	8	0	
D	4	4	8	5	9	1	1	0	
E	4	5	9	5	9	0	0	0	◎
F	4	9	13	9	13	0	0	0	◎

工期を遅らさない範囲で最も遅い作業開始時刻を最遅開始時刻（L.S.T：Latest Start Time），作業の最遅開始時刻（L.S.T）に所要時間を加えたものを最遅終了時刻（L.F.T：Latest Finish Time）という．

これ以上の時間をかけると工期が伸びてしまう余裕を全余裕（T.F：Total Float），後続作業のE.S.Tに影響を及ぼすことなく時間をかけることができる余裕を自由余裕（F.F：Free Float），後続作業に影響を与えるものの，全体工程には影響を与えない余裕を従属余裕（D.F：Dependent Float）という．すなわち，

① E.F.T ＝E.S.T＋当該作業に必要な時間
② L.S.T ＝L.F.T－当該作業に必要な時間
③ T.F　 ＝当該作業で消費できる時間－当該作業に必要な時間
　　　　 ＝（L.F.T－E.S.T）－当該作業に必要な時間
　　　　 ＝L.F.T－E.F.T
④ F.F　 ＝後続作業のE.S.T－当該作業のE.F.T
⑤ D.F　 ＝T.F－F.F

である．この定義に従って，例に示したネットワークの作業日程を計算すると，表5.1のようになる．

ネットワーク工程表は，上記のように簡単なものであれば手計算でもできる．現実の工程を考えると，コンピュータの使用が効果的である．ネットワーク工程表を作成するソフトウェアは多数市販されている．これらを活用することが望ましい．

5.5　スケジュールコントロール[4]

まず，スケジュールコントロール（工程管理）の第一歩として，日単位・週単位・月単位で工程進捗の把握，実績の実態を把握する．そのうえで，新たな条件によって必要となる工程の見直しを行う．見直すにあたっては，工法・技術的側

面の検討，現場管理要員の配置，労務・資材・機械の手配などの面から検討や調整を加えることが必要になる．

5.5.1 データ収集

スケジュールコントロールの最初の仕事は，日，週，月など定期的なデータの収集にある．毎日，現場の進捗状況を把握し，実態と工程表との相違を確認する．出来高，出面を正確に把握し，逐一リアルタイムで記録しておく．この日常の「ふりかえり」は，現場管理の重要な仕事なので，先送りしてはならない．

工事日誌は重要な資料である．刻々変化する現場の状況を人間の記憶に頼ることは不可能なので，毎日の出面，特筆すべき事項を確実に記録しておく．作業員の経験，実績，能力，技能，体力などと歩掛りや出来高との相関性を見極める必要がある．新しい工種・工法を採用する場合，工事日誌は緻密を要する．一般的な型枠・鉄筋工などでも記録をおろそかにしてはならない．同一工種との比較を行う必要があるからである．工事日誌を記録する担当者は，工事日誌の重要性を認識して，遺漏なく，正確に，虚偽なく，リアルタイムに記録する心構えが求められる．

5.5.2 データ分析

収集されたデータに基づいて分析を行う．必要に応じて，実際に現場の最先端で行われている作業の実態を熟知している下請会社の監督員や職長クラスから状況や意見を聴取することが望ましい．元請会社の所長や社員は常に現場に出ているわけではない．海中の作業などのように直接目視できない作業もある．現場の最前線で働く人達の話や意見に耳を傾けて，工程進捗に影響する要因を探ることは当然の行為である．元請の工事日誌だけで判断すると，現場の実態を見誤る恐れがある．

工程進捗を分析する上で目を付けるところは，クリティカルパス上の作業である．加えて，クリティカルパス上の作業に影響を及ぼす作業が順調に進んでいるか，目配り，気配りを行うことも必要である．天候など偶然に支配された進捗もあるので，多くの視点から工程表を眺めて客観的に分析を行う必要がある．

(1) バーチャート・Sカーブ

バーチャートは作業の開始・終了時間はわかるが，進捗度合がわかりにくい欠点がある．したがって，定期的に計画に対する進捗度の実態を確認して，計画と実績の対比を行うことによって，逐一見直す必要がある（図5.13参照）．

(2) 工程管理曲線

工程曲線（Sカーブ）は横軸に時間，縦軸に全体の工事出来高あるいは出来高

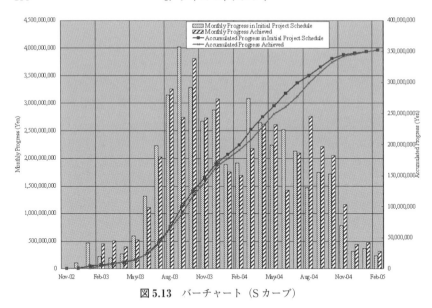

図 5.13 バーチャート（S カーブ）

百分率をとってグラフ化する．労働力や平均施工速度を想定して，予定工程曲線を作成する．現実には現場が必ずしも平均的なペースで進むとは考えられない．そこで，天候他の不確定な要素を考慮に入れて想定した最善と最悪の状況から最早・最遅予定工程曲線を作成する．これが，上・下限曲線から成る2本の管理曲線となる．

アメリカでは，道路工事の統計的実績から上・下限の管理曲線を描く手法がとられた例があり，これを類似工事に転用されることがある．この2つの曲線に囲まれた形はバナナに似ているのでバナナ曲線ともいわれる（図5.14 参照）．

バーチャート工程表に記載される各工種の出来高や出来高百分率を一定期間ごとに集計して縦軸にプロットし，バナナ曲線の中にあるかどうかを確かめて進捗の度合を判断しながら工事を進める．実際の進捗状況がこの管理曲線内に入っていれば予定どおりの進捗状況にある．下限曲線より下になっているときには，予定よりも進捗は遅れていると判断される．その場合には，工程の見直しを行って進捗を早める対応策が必要になる．上限曲線より上になっているときは，予定よりも進捗が早すぎることになる．コスト増大を招いたり，調達計画が狂う事態に陥る恐れがある．その場合には，正常の工程に戻るような対応策が必要になる．バナナ曲線を描いた計画上の施工条件と現在の施工条件に相違を確認した上で，

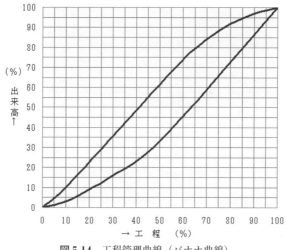

図 5.14　工程管理曲線（バナナ曲線）

速やかに施工計画（工程，施工方法，労務・資機材の配分など）を見直し，対応策を講じることが必要である．工程が逼迫しているほど頻繁に検討を行う必要がある．

(3) ネットワーク工程表

ネットワーク上の各作業の遅れを余裕日数と比較しながら全体工程に及ぼす影響を判断する．クリティカルパス上の重点管理作業が明確なので，集中して資源配分調整や施工方法の改善を行い，当該作業の効率向上を図ることが可能である．

あらかじめ各工種の出来高金額を集計して全体の原価がわかるようにしておくと，全体工程の見直しを行った際に，原価の再検討もあわせて行うことが可能になる．その際，突貫工事に要する費用を見落としてはならない．

工程遅延が著しい場合には，次善策を採用するように現時点からのネットワーク計算をあらためて行い，新たなクリティカルパスに基づいて施工計画を見直して，工法検討や配員・資材の山積み・山崩しを行う．この際，計画段階で想定し採用した歩掛りが適正であるかを必ずチェックするべきである．チェックの結果，適正ではない工種は，その歩掛りを差し替えて，その時点以後の計画を修正する必要がある．当然，工程の進捗に影響が出る．その影響を考慮に入れて，新たな工程計画を立案するべきである．

配員・資材の山積み・山崩しの作業のためには，図 5.12 のネットワーク工程表を再び使用する．たとえば，各単位作業に，図 5.15 のような人数の作業員が必要

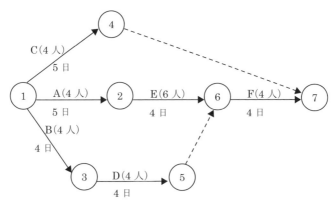

図 5.15 ネットワークにおける作業員数の前提

と想定する.

最早工程の場合の作業員必要人数は，図 5.16 のようになる．この場合，工程の初期に 12 人が，末期に 4 人が必要となって，人員配置上，波が大きくなるので再調整が必要になる．そこで，クリティカルパス上の作業を最優先して，それ以外の作業では，トータルフロート（T.F）の小さい作業を優先し，T.F の大きい作業に皺寄せするように調整をする．こうして配員・資材の山崩し図を作成する．この例では，図 5.17 で示すように，8 人から 10 人の作業員による作業となるよう平滑化されることになった．

これは工程表の上での調整である．現場で実際に行われる作業は，重機配置，材料搬入や職人手配などの様々な事情を抱えている．単に工程表の上での調整がうまくいっても，実際にうまくいくとは限らない．調整には，現場の実際の状態と制約を考慮することが必要になる．

5.5.3 スケジュールコントロール上の注意点[5]

タイムマネジメントの主眼であるスケジュールコントロールについて，主として現場でタイムマネジメントに関わる当事者としての，所長や幹部達に期待する認識について述べる．

(1) 全体を見ること

常に「周囲と全体を鳥瞰」して，工程を考える．

コンピュータで工程表を描いていると判断が画面に現れる映像に集中した結果，現実感が欠乏して，将来的に大きな誤りにつながるような兆候を見落とす恐れがある．工程表を作成する前に，あらためて現場を自らが歩いてみて，自らの

5.5 スケジュールコントロール

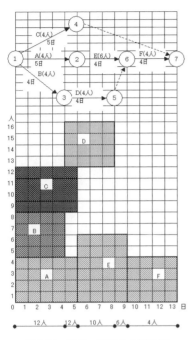

図 5.16 配員・資材の山積み図

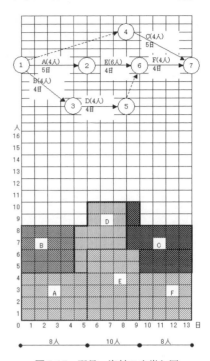

図 5.17 配員・資材の山崩し図

眼で現場とその周辺地域の状態を熟視し，自らの判断で現場の将来形を考える．そして，工程作成に必要な事項や要件などを想定することが望ましい．

必要に応じて，予定されている現場外の材料生産工場，採石場，土採場，土捨て場，運搬経路，廃棄物処理場などの視察を行い，生産・処理能力や品質・工程などを確認することも必要である．

現場には発注者・元請会社・下請会社・納入業者・地元住民・隣接工区の業者など様々な関係者が関わっている．出される要望や要求も多種多様である．これらを調整し，総合的に現場を運営管理するためにも常に全体を俯瞰する姿勢が求められるのである．

(2) 詳細を考えること

大きなトラブルの原因は，小さな配慮の欠如であることが多い．進行中のやり方や仕組みが，唯一無二の絶対であるとは限らないのである．だから，やっていることに懐疑的な目を向けて，大きな間違いがないか，忘れていることがないか，改善の余地がないか，考える態度が欠かせない．考えるべき対象は多種多彩であ

る．現場の中に閉じこもって終日勤務していると，思考の範囲が狭くなってしまうことが多い．そのためには，常に柔軟な考えをもち，将来像を描きながらシミュレーションに努めることが望ましいのである．

(3) 冷静に考えること

現場が置かれた状態を冷静に見つめて考える姿勢が必要である．見た目は整っているが実現性に乏しい工程表よりも，詳細な観察に裏付けられた客観的で現実的な情報に基づいて作成した工程表のほうが，はるかに意義があり利用価値が高いのである．

工程が厳しくなると，目の前のことに気がとられて，具体的にどのように進むべきか途方に暮れてしまうことがある．できない理由を並べ挙げるよりも，目標達成のためにするべき責務を考えることが求められる態度なのである．

(4) 属人的な判断をしないこと

ものごとの善し悪し，是非，可否などを客観的に判断しないで，意見や提言をする相手の肩書や上下関係に関わって判断することを属人的な判断という．上役や年長者の考えが絶対という認識は正しくない．部下や若年者の考えを蔑視したり排斥する態度も正しくない．

属人的な判断は，ものごとの本質を見誤るのである．そのうえ，現場の中の若年層や作業員達に閉塞感をもたらし，士気を殺ぐのである．彼らは人数の上で，現場の多数を占める存在なので，彼らがやる気を喪失すると，現場の空気は沈滞して不活性につながる．こうした状態に陥ることを避けるには，関係者全員が等しく当事者意識をもち，それぞれが責任感をもち，職階層の上下関係のへだてなく，自由に討論に参加し，他人の意見を謙虚に聞き，積極的かつ自発的に提案をするように奨励し，その提案が改善や向上に反映されるような，開放的な環境作りを心がけることが必要である．

(5) 総合的・包括的な視点をもつこと

タイムマネジメントは，建設プロジェクトにおけるあらゆるマネジメント要素と一体的に進められるべきものである．すなわち，総合的・包括的なプロジェクトマネジメントの視点に立つことが要請される．米国のPMBOK（1996年版）[6]で提唱されているように，各分野マネジメント（たとえば，アーンドバリューマネジメント：EVM）と連携し，様々な技法を駆使することによって，「タイム」のマネジメントが円滑かつ効率的に遂行できることを,「建設プロジェクトをマネジメント」する者は認識すべきなのである．

参 考 文 献

1) Clough, R.H. & Sears, G.A. "Construction Project Management, Third Edition", John Wiley & Sons, pp.180-183, 1991
2) Cooke, B. & Williams, P. "Construction Planning, Programming and Control, Third Edition", John Wiley & Sons, pp.130-142, 2009
3) Hendrickson, C. & Au, T. "Project Management for Construction", Prentice-Hall, pp.297-338, 1989
4) Deatherage, G.E. "Construction Scheduling and Control", McGraw-Hill, pp.1-52, 1965
5) Clough, R.H. & Sears, G.A. "Construction Project Management, Sixth Edition", John Wiley & Sons. pp.309-310, 1994
6) 米国 Project Management 協会(PMI) PMBOK (Project Management 知識体系ガイド), 1996年

6. コストマネジメント

6.1 コストの基本概念

6.1.1 コストの語義

コストは会計学的には「製品を生産するのに消費された財や用役を貨幣価値であらわしたもの」と定義[1]される．建設プロジェクトのコストは「プロジェクトの実施計画段階において算出されるプロジェクト実現のための費用」と定義[2]され，建設事業コスト，工事コスト，工事原価と同義である．

6.1.2 コストの特徴

建設業は受注・単品・即地生産（現地の地面にくっついた（接地）動かせない構造物を現地のその場所で作るということ）を宿命づけられているので，請負契約の締結時点では，コストも利益も確定できない．工事中は，コスト増加や利益減少のリスクを抱える．

6.1.3 コストとプライス

コスト（原価）に，本支店の経費（overhead）と利益（profit）を加えた金額が，価格（プライス）である[3]．この経費と利益を合わせた金額を粗利益という．発注者のコストは，発注（請負契約）金額である．この金額は受注した元請の建設会社には，自身のコストに粗利益を加えたプライスである．元請会社からの外注費は，元請会社にはコストだが，注文を受けた下請業者には，自身のコストに粗利益を加えたプライスである．コストの位置づけは，その立場で異なる[4]．

6.1.4 コストの種類

（1）発生源による種類

1）直接コスト（direct cost）　工事の対象物を完成させるために直接費やされる費用である．直接工事費ともいう．材料費，労務費，機械費などから構成される．

2）間接コスト（indirect cost）　直接コストに含まれない費用である．間接

工事費ともいう．現場事務所などの仮設備とその運営の費用や人件費などが計上される．

(2) 時期による種類

1) 推定コスト　コストが発生する前に推定した金額で，「事前コスト」または「推定コスト」と名づける．見積りに計上する見積コストや実行予算書に計上する予算コストは推定コストである．

2) 発生コスト　実際にコストが発生した時点で確定する金額が発生コストである．「事後コスト」または「発生コスト」と名づける．

6.1.5　コストの算定

(1) 見積コストと見積金額

見積コストは，見積時直近の既往プロジェクトの見積コストや発生コスト，業者からの見積金額や市場価格を総合的に判断して決める．この見積コストに粗利益を加えて見積金額とする．

(2) 決裁と入札金額

見積金額を決裁した金額が発注先に対する提示金額や入札金額となる．決裁とは，決裁者が見積金額の採否や是非を決定することをいう．決裁者の判断で見積金額が修正されることもある．

(3) 予算コストと予算金額

契約締結後に，受注者は予算を策定する．この予算コストを計上する書類が実行予算書である．入札後の契約交渉で加えられる新たな条件や見積り後に得た新たな情報は予算コストに反映する．予算コストに粗利益を加えた予算金額は契約金額と同額である．

(4) 粗利益

粗利益はプロジェクト終了時点で，入金総額と出金（終了時点の発生コスト）総額の差額として確定する．粗利益は本支店の経費と利益をまかなう．

6.2　コストマネジメント

6.2.1　コストマネジメントの基本概念

コストマネジメントは「利益管理の一環として，企業の安定的発展に必要なコスト引下げの目標を明らかにするとともに，その実施のための計画を設定し，これが実現を図る一切の管理活動」と定義[5]される．

具体的には，コストの推定額を設定し，実際のコスト発生額を記録し，推定と

発生の差額の原因を分析検討し，管理者や経営者と情報を共有化し，コストを低減抑制するように，能率や生産性の向上措置を講ずることを指示し遵守させて，利益の確保につなげることである．

6.2.2 コストマネジメントの志向

(1) 発注者の志向

発注者のコストマネジメントの目的は，コストを抑えることにある．発注者のコストとは請負契約金額を指す．発注者はいったん契約を締結したら契約金額が増えないように努めるが，建設プロジェクトには，契約締結後に契約や設計の変更が発生し，契約金額の追加が起きる可能性が高い．発注者のコストマネジメントの志向は，契約金額に対する増加圧力のリスク回避に努め，受注者の要求を抑えることにある．

(2) 受注者の志向

受注者のコストマネジメントの目的は，利益を出すことにある．つまり，受注者のコストマネジメントの志向は，入金を図り出金を抑えることにある．受注者が発注者から入金を図ることで，コスト抑制を図る発注者の志向との間に軋轢が生じる．この軋轢の回避克服が利益につながる．

6.2.3 受注者のコストマネジメント手法

(1) コストの推定

コストを推定して見積りを行い，入札に参加して落札した後，受注者はあらためてコストを推定して，予算コストを策定する．

(2) 対価の算定

定期的に実際の進捗を測定した出来高を金額換算する．出来高は契約上の対価となる．

(3) 請求と受領：出来高と取下げ

発注者に出来高請求を行う．請求に対して，発注者から支払いを受ける．支払いを受けることを，取下げを受ける，または取下金を受けるという．

(4) 発生コストの支払い

取下金から，下請業者や納入業者などに，発生したコストの対価を支払う．支払いに際して金額の妥当性を確認し，過失や冗費の排除に努める．

(5) コスト発生後の検証

工事の進捗に伴ってコストが発生し，その発生コストが実行予算書に計上されている該当部分の予算コストである推定コストに入れ替わる．この発生したコストを逐一，対応する予算コストと比較検証する．予算コストを超える発生コスト

は，その原因を究明して対策を講じ，その後のコストの縮減に反映させる．
　(6) 対応策の選択
　予算コストより大きなコストが発生する原因の，第一の原因は見積コストや予算コストが実態と違っていること，第二の原因はコストの発生環境や条件が予算策定時と異なっていること，である．
　第一の原因は，見積りが間違った場合と，見積りどおりの施工でなかった場合である．受注者が自己責任で解決する．対応が早いと解決の可能性が高い．対応が遅れると解決が不可能になる．
　第二の原因では，発注者の積算と受注者の見積りの条件の相違を検証し，条件を統一して契約金額の訂正を行う．
　(7) 収支の記録
　入出金を即時に記帳して本部に報告し，本部と情報の共有化を図る．
　(8) 見込みの推定
　見込みとは，広義には最終時点の推定金額をいう．特定時点の発生コストと未発生部分の推定コストを合わせた総コストが，その時点の見込コストである．見込みは，発生コストの総額によって確定する．最終時点の推定損益を，狭義の見込み，ということもある．この狭義の見込み（推定の損益額）とは，予算コストの総額に対する，工事途中の特定時点までに実際に発生した発生コストと残りの期間に予想されるコスト（推定コスト）を合わせた合計金額の差額のことである．合計金額が予算コストの総額を上回ると，見込みは赤字（損失）に陥ることを意味する．

6.3　積　　　算

6.3.1　積算体系

　積算とは「一般に必要な金額または数量を次々に加え合わせることで，その総額または数量を算出する[2)]」ことをいう．わが国の公共工事で発注者が行う積算は，標準的な建設会社が一般的な方法で施工する請負金額を算定することを前提としている．土木工事標準積算基準による一般土木の工事費の構成を図6.1に示す[6)]．

6.3.2　積算基準

　公共工事の積算は，国土交通省土木工事標準積算基準に準拠する積算基準[7)]に基づいて行う．積算基準は，発注金額の予定価格を積算することを目的にしてい

図 6.1 発注者が作成する工事費の構成例

る.

6.3.3 予定価格

公共工事の「予定価格は,競争入札に付する事項の価格の総額について定めなければならない[8]」とある.また「予定価格は,契約の目的となる物件または役務について,取引の実例価格,需給の状況,履行の難易,数量の多寡,履行期間の長短などを考慮して適正に定めなければならない」とある.地方自治体が行う公共工事は,地方自治法施行令[9]の規定に従う.

6.4 見 積 り

見積りには2つの概念がある[2].1つの概念は「広義には積算と同義であるが,狭義には積算を数量の算出までとし,この積算結果をもとに価格を算出することを見積り」という.もう1つの概念は「公共工事では,発注者が予定価格を算出することを積算,工事請負業者が入札のために工事費を算出することを見積り」と区別する.別に「コスト(工事原価)の算出までを積算,プライス(発注者に提出する価格)の算出までを見積り」と区別する考えもある.業者用語には,コストの算出を元積り,という表現もある.その場合,元積金額に粗利益を加えて見積金額となる.

英語では,コストの算出を cost estimation,発注先に提出する見積書を quotation という.

6.4.1 見積りの目的

見積りには,入札金額の算出,予算策定の根拠,工事中のコストマネジメントの指標,の目的がある.見積金額を低くして入札金額を低くすれば受注の可能性は高くなるが,赤字に陥る恐れがある.高くすれば競争相手に負けて受注の機会

を失う恐れがある．受注の可能性が高く，かつ利益を出せる極値の金額を算出することが，競争力のある価格を見積る努力目標となる．

6.4.2 見積りの構成

直接工事費，仮設工事費，作業所経費，本支店経費などから構成される．

(1) 直接工事費

工事目的物を作るために直接投入され，目的物ごとに投入量が明確に把握できる労務，材料，機械などの費用，燃料・水道・電力などの使用料などで構成される．

1) 構成　　直接工事費を構成する本体工事は，部分工事の集合体であり，項目，分類，大費目，費目，細費目と区分される．見積りの作業は，材料，労務，機械の単価をもとに，細費目，費目，大費目，分類，の順に合算を重ねて集計する．図6.2に，浄水場の構成例[10]を示す．

2) 見積作業の手順　　下請に発注を企図する場合でも，下請から取り寄せた見積りを直接工事費に計上せずに，直傭直営で工事を行うことを前提に見積ることを原則とする．直傭とは直接雇用して労務管理を行うこと，直営とは下請業者を使わず直接プロジェクトを運営し管理をすることである．

見積りは，施工計画の方針をもとに，材料の算出，機械計画，労務計画から始める．

① 材料算出：仕様の決定，数量の算出，単価の決定など
② 機械計画：機種の決定，台数の決定，稼働時間の算定，損料の決定など

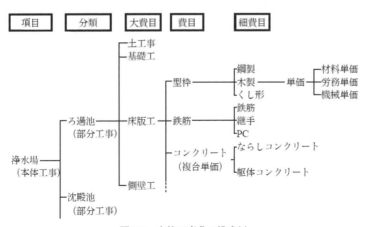

図 **6.2**　直接工事費の構成例

③ 労務計画：職種の決定，人数の算定，時間の算定，単価の決定など

次に，各工事の細費目について歩掛りを使って単価を算出し，代価を用いて費目または大費目の複合単価を算出する．この複合単価にそれぞれの数量を掛算して金額を算出する．大費目を構成する分類ごとに集計し，項目ごとに集計して本体工事の金額を算出する．つまり，歩掛り→細費目の単価→代価→費目の複合単価→大費目の工事費→分類（部分工事）の工事費→項目（本体工事）の工事費の順序で作業を進める．見積りは，歩掛り，単価，割掛けの組合せ作業である．

3) 歩掛り　　歩掛りとは，各工種の施工や作業に必要な労務，材料，機械などの単位生産量の単価の算出に用いる指数である．生産能率の逆数，すなわち，個々の工事や作業ごとの単位量（たとえば，鉄筋1ton当り，コンクリート1m^3当り）の施工に使用する労働力，材料，機械力の必要量を表す．

単価とは，施工または作業の単位量当りの金額である．

歩掛りに単価を掛けると単位量当りの金額になる．すなわち，施工単価＝歩掛り×労務単価．たとえば，普通作業員の人力掘削の作業能率を5m^3/人とすると，人力掘削の歩掛り：0.2人/m^3となる．

次いで，普通作業員の労務単価：8,000円/人とすれば，人力掘削作業の施工（労務）単価＝0.2×8,000＝1,600円/m^3と算定される．

型枠工の型枠製作の作業能率を6m^2/人とすると，型枠製作の歩掛り：0.164人/m^2となる．

次いで，型枠工の労務単価：10,000円とすれば，型枠製作作業の施工（労務）単価＝0.164×10,000＝1,640円/m^2と算定される．

鉄筋工の鉄筋組立ての作業能率を0.67ton/人とすると，鉄筋組立ての歩掛り：1.5人/tonとなる．

次いで，鉄筋工の労務単価：15,000円とすれば，鉄筋組立作業の施工（労務）単価＝1.5×15,000＝22,500円/tonと算定される．

この施工単価を使って，工事費＝施工単価×割掛け率（ただし，割掛け率＝実際の施工数量÷単位量）と算定される．

割掛けとは，単位量当りの金額に，実際に施工または作業の数量に対する単位数量の倍数を掛けて金額を算出することをいう．この倍数を割掛け率という．

着工後，工事の進捗状況を検証する際に，実際の工事や作業の能率が，この標準値による能率に対して高い場合には生産性がよく，低い場合には生産性が悪い，と評価できる．実際の工事の進捗を検証して，歩掛りが標準値より低く生産性が悪いままで推移し続けると，進捗は遅れ，利益は悪化する．歩掛りは，見積りの

基準値であると同時に，進捗や採算の判断基準になる．

歩掛りは信頼性が高いが，環境や条件に応じて調整する必要がある．歩掛りと実態をたえず比較検証する．乖離が起きればただちに手直しする．

4) 代価　　各工種の工事費の算出には，代価表を用いる．代価表は特定した工種の単位量（たとえば，1工程や1日単位などの作業量）について，材料，労務，機械の歩掛りや単価を用いて算出した費用や複合単価を構成する内訳を記述した集計表である．

作業または工事の単位当りの金額を，作業または工事の単位数量当りの単価に換算したうえで，見積書に計上された各工種の数量に代価表の金額すなわち代価を掛けて金額を算定する．標準的な代価表の例を表6.1に示す．

この例によれば，作業1工程（$100 m^2$）当りの型枠加工の代価（880,000円）を，型枠加工の1工程単位作業数量（$100 m^3$）で割って，単位数量（$1 m^3$）当りの単価（8,800円）を算出する．次に表6.2に示すように，この単価に数量（$20,000 m^3$）を掛けて，型枠加工の工事費（176,000,000円）を算出する．この代価表を，発注機関の積算で，単価表または歩掛りということがある．

5) 単価と価格の算出　　コストは，単価×数量で算出される．すなわち，材料費＝材料単価×使用材料の数量，労務費＝労務単価×動員延べ人数，機械費＝機械経費×稼働時間である．

① 材料単価と材料費：材料の販売・製造業者が提出する見積価格や定期公刊の物価情報誌[11]などに掲載される市場価格に輸送・保管・検査などの費用を反映させる．

輸送中，保管中，現場の作業中に，紛失，盗難，破損，作業のミスなどが発生するので，調達数量には，割増数量を考慮する．割増率は既往の実績をもとに決める．

② 労務単価と労務費：定時1人当りの単価を採用する．定時とは，原則として午前9時から午後5時までの8時間（1時間の休憩を含む）の労働時間をいう．定時を超える労働には，超過勤務手当が必要である．

動員延べ人数とは，その労働に必要な総動員数をいう．たとえば，必要な動員数が1日に10人，完成までに5日必要な作業の動員延べ人数は10×5＝50人である．

③ 機械単価と機械経費：自社所有の機械を採用する場合には社内規定の損料に，社外の機械を採用する場合にはレンタルまたはリースの賃貸料に，運転，維持，消耗品などの費用を加える．これらの費用は機械ごとに決まっているので，機種

表 6.1 代価表(型枠加工)の例

	(規格・仕様等)	(呼称)	(数量)	(単価)	(原価)	(適用)
材料費						
型枠材料	木製合板(1.2×0.9×1.8)	平方米	110	500	55,000	補正係数10%
雑材：	桟木、釘、消耗品など	式	1		15,000	
材料費小計				760	70,000	
労務費						
世話役：		人	3	35,000	105,000	
型枠工：	加工、設置	人	15	24,000	360,000	
普通作業員	運搬、雑作業、撤去	人	10	16,000	160,000	
労務費小計				6,250	625,000	
機械費						
機械損料	トラック・クレーン	式	1	120,000	120,000	
機械運転費	トラック・クレーン運転	式	1	60,000	60,000	
雑消耗品：		式	1		5,000	
機械費小計				1,850	185,000	
合計				8,800	880,000	型枠100平米当り

1平米当りの複合単価＝代価÷生産単位＝880,000÷100＝8,800 円と算出される。

表 6.2 直接工事費(型枠工事)の算出例

工種名	単位呼称	数量	単価	金額
型枠工事費	m^2	20,000	8,800	176,000,000
内訳				
材料費	m^2	20,000	700	14,000,000
労務費	m^2	20,000	6,250	125,000,000
機械費	m^2	20,000	1,850	37,000,000

と台数を決めると計上金額も確定する．大型機種を少数か小型機種を多数かの編成上の判断は，機種の規模と台数の相反性を考えて，複数の案から最適な案を選ぶ．

6) 書式　　労務，材料，機械の3要素別と，工事費ごとの2種類の計上方法がある．実行予算の策定や着工後のコスト管理には，縦方向に各工事費の項目，横

方向に労務費，材料費，機械費の3項目，の二次元表示の書式が望ましい（表6.3）．

(2) 仮設工事費

直接工事費のように工事目的物として残るものの費用ではなく，工事終了後に撤去されるものに費やされる費用である．たとえば，表6.4に示すような費目から構成される[10]．

これらの費用は積上げ方式で算出するので，施工や仮設の計画の精粗が，見積金額に影響を及ぼす．施工経験者が計画を立案し，立案者自身が見積ることが望ましい．精緻過ぎる計画は，仮設工事費の見積りが高くなる傾向がある．

(3) 作業所経費

工事現場の運営管理に必要な費用である．たとえば，表6.5に示すような費目から構成される[10]．

見積りは積上げ方式で算出する．組織運営の経験者が計画を立案し，計画立案者自身が見積ることが望ましい．高収益の経験者が見積る作業所経費は，高くなる傾向がある．

6.4.3 見積金額

(1) 粗利益：本支店経費と利益（本支店経費など）

粗利益（本支店経費など）は，本支店経費と利益から成る．本支店経費とは，建設会社の役員報酬，本支店従業員給与，固定資産の維持費と減価償却費，広告宣伝費，保険料，斡旋手数料，利息などに充てられる費用[12]である．粗利益（本支店経費など）の金額は，見積コスト総額（直接工事費＋仮設工事費＋作業所経費）に，社内規定の率を割掛けて決定する．

(2) 割掛け

割掛けとは，特定の数値に一定の比率を掛けて算定する演算作業をいう．この比率を割掛け率という．粗利益を算定する割掛けには，内掛け方式と外掛け方式がある．

表6.3 直接工事費の集計例

工事費費目	材料費	労務費	機械費	外注費	合計金額
準備工事費					
土工事費					
基礎工事費					
型枠工事費					
鉄筋工事費					
コンクリート工事費					
機器据付工事費					
舗装工事費					
配管敷設工事費					
雑工事費					
合計金額					

表6.4 仮設工事費の構成例

費目	内容
準備管理費	着工前の準備調査や測量，施工中の試験，資料作成，工事写真などの費用
仮設備費	施工に必要な工事用道路，通路，敷地造成，囲いなどの造作維持撤去の費用 (ただし，用途が特定の工事に限られる仮設備，たとえばコンクリート工事の型枠の費用は，直接工事費のコンクリート工事費に計上される)
機電設備費	現場構内の機械や電気の設備の設置維持撤去の費用 (ただし，燃料，電気，水道などの料金は別途，動力用水光熱費に計上される)
運搬荷役設備費	工事に汎用的に使用される運搬荷役設備の設置維持撤去の費用 (ただし，燃料，電気，水道などの料金は別途，動力用水光熱費に計上される)
汎用機械工具費	直接工事費の個々の工事費に仕訳しにくい汎用性のある機械工具類の使用料，修理費，運搬費など
環境公害対策費	工事を発生源とする公害を未然に防止する施設の設置維持撤去費用
仮建物費	工事に必要なすべての仮建物と付属設備の材料，建て方，維持，撤去の費用
動力用水光熱費	工事に必要な電力，上下水道，ガス，灯油などの購入費や使用料
借地借家費	工事に必要な借地や借家の費用や料金
補償費	工事の施工に伴う各種の補償や補修などの費用
安全衛生管理費	作業所全般の安全衛生の維持に必要な費用

表6.5 作業所経費の構成例

費目	内容
人件費	従業員や直雇用者の給与・手当・賞与・退職金負担金・社会保険料，福利厚生費などの費用
労災保険料	労災保険料，事業主負担補償額など
損害保険料	火災・運送・自動車・建設工事・賠償責任・そのほかの損害などの保険料
事務用品費	事務用の文房具・消耗品・什器備品などの購入費・損料，新聞，雑誌・図書などの購入費
通信交通費	郵便・電話などの料金，出張・赴任などの旅費，赴任の手当・家財具移転費
交際費	接待費，贈答費，慶弔見舞金など
雑費	租税公課，会議費，乗込み・引上げ経費，諸会費，手数料，広告費など

1) 内掛け方式　内掛け方式の割掛け率は，見積金額に占める粗利益（本支店経費など）率の構成比率を指しており，見積金額に占める粗利益率が定められている場合の見積金額を算定する場合に採用される．たとえば，表6.6に示すように，内掛け方式の粗利益率が9%と規定されている場合は，40÷(1−

表6.6 内掛け方式の算出例

費目	金額（円）	構成比（%）
見積コスト	4,000,000,000	91
粗利益（本支店経費など）	396,000,000	9
見積金額	4,396,000,000	100

表6.7 外掛け方式の算出例

費目	金額（円）	構成比（%）
見積コスト	4,000,000,000	100
粗利益（本支店経費など）	360,000,000	9
見積金額	4,360,000,000	109

6.5 契約

図 6.3 受注者側が作成する請負工事費の構成例

0.09) = 43.96, 見積金額は 43 億 9,600 万円, 粗利益は 3 億 9,600 万円となる.

2) 外掛け方式　外掛け方式の割掛け率は, 見積コストに対する粗利益（本支店経費など）の比率を指しており, 見積コストに対する粗利益の比率が定められている場合の見積金額を算定する場合に採用される. たとえば, 表 6.7 に示すように, 外掛け方式の粗利益が 9% と規定されている場合は, 40×1.09 = 43.6, すなわち, 見積金額は 43 億 6,000 万円, 粗利益は 3 億 6,000 万円となる.

(3) 見積金額の計上
見積金額の構成例を図 6.3 に示す.

6.4.4 見積りの決裁

決裁とは, 決裁者が決裁金額を決めることである. 決裁金額は, 会社が対外的に正式に提示する金額で, 基本的には見積金額をもとに決められる. しかし, 決裁者が, 落札の可能性や入手後の採算の見通しなどから, 見積金額を修正して決裁することもある. 決済者には, 決裁権限を有する所管の最高責任者（たとえば, 代表取締役, 社長, 事業本部長, 支店長など）が, その任に当たる.

6.5 契約

建設業法と下請代金支払遅延等防止法は, 契約の締結に際して書面の作成を要求している[13]. すべての公共工事は, 建設業法に基づく標準契約約款[14]を適用しているので, 工事請負契約を締結したにもかかわらず契約書を作成しない場合には, 建設業法違反になる恐れがある.

6.5.1 入　札
わが国の公共工事は，原則として会計法および関連の法規によって運用されている．会計法[15]によれば，「(前略)，入札の方法をもってこれを行わなければならない」とある．

6.5.2 落　札
入札者が契約締結の権利を得ることを落札という．原則として，予定価格以下で最低価格を提示した者が落札者となる．予定価格を超えた金額提示者は失格となる．発注者によっては，過剰な低価格の入札者を排除する規則を設けることがある．過剰な低価格の受注が，工事の品質劣化や瑕疵，採算の悪化による契約不履行に陥る原因につながることを防ぐことが目的である．

6.5.3 契約管理
受注者は，受注者の権利が侵害されないように，また，発注者が義務遂行をなおざりにしないように，契約管理の徹底に努める．公共工事標準請負契約約款の適用を前提に，留意点を確認する．

(1) 約款の確認

とくに，コストに関わる規定の確認が重要である．認識不足で工事を進めると，認識の違いが原因で当事者間の主張が衝突する．一方に権利が発生するときは，他方に義務が発生する．契約上の権利や義務を明らかにするには，その責に帰する検証や確認を行う必要がある．

(2) コストに関わる標準契約約款の条項

第2条（関連工事の調整）：発注者は，施工上で密接に関連する他の工事を調整する義務がある．

第3条（請負代金内訳書及び工程表）：受注者は，内訳書と工程表を発注者に提出して，承認を得る義務がある．

第4条（契約の保証）：受注者は契約締結と同時に，定められた保証を付す義務がある．

第8条（特許権等の使用）：受注者は特許権等の使用に関する一切の責任を負わなければならないが，発注者が指定した工法や材料が特許権等の対象である旨の明記がなかった場合には，発注者は使用に必要な費用負担の義務がある．

第15条（支給材料及び貸与品）：発注者は支給材料と貸与品を引き渡す際は，発注者の負担でその支給材料と貸与品を検査する義務がある．発注者の責による変更で受注者に損害を及ぼした場合には，発注者は必要な費用負担の義務がある．

第17条（設計図書不適合の場合の改造義務及び破壊検査等）：設計図書に，発注者の責に帰するべき事由による改造を，発注者が受注者に要求した場合は，発注者は必要な工期延長や費用負担の義務がある．

第18条（条件変更等）：図面，仕様書，現場説明書，現場説明に対する回答書の不一致や設計図書の誤謬，脱漏，不明確，現場との不一致，明示されていない予期不可能な

状態の発生などの事実によって，訂正または変更が行われた場合には，発注者は必要な工期延長や費用負担の義務がある．

第19条（設計図書の変更）：受注者が，発注者が必要と判断した変更を行う場合は，発注者は必要な費用負担の義務がある．

第20条（工事の中止）：工事用地の確保ができない，又は受注者の責に帰することができない天災等によって施工ができない場合に発注者が工事中止させた場合には，必要な工期延長と費用負担の義務がある．

第22条（工期の短縮）：発注者の理由で，受注者に工期の短縮を請求する場合には，発注者は必要な費用負担の義務がある．

第24条（請負代金額の変更方法等）：数量の増減が内訳書の数量から，契約で規定した割合を超える場合，施工条件が異なる場合，無記載項目が生じた場合は，両者協議のうえ，単価を決める．この変更等で受注者が損害を受けた場合は，発注者は必要な費用負担の義務がある．

第25条（賃金又は物価の変動に基づく請負代金額の変更）：契約締結時から一年経過後の工期内で，賃金水準や物価水準の変動により，請負代金額が不適当となったと認められたときは，相手側に請負代金額の変更を請求することができる．

第26条（臨機の措置）：受注者は必要があると認めるときは，臨機の措置をとる義務がある．その措置が受注者の請負代金額の範囲内で負担することが適当でないと認められる部分は，発注者が費用負担する義務がある．

第27条（一般的損害）：発注者は，発注者の責に帰すべき事由による工事目的物や工事材料の損害については，必要な費用負担する義務がある．

第28条（第三者に及ぼした損害）：施工について，発注者の責に帰すべき事由や通常避けることができない理由により，第三者に及ぼした損害は，発注者が必要な費用負担の義務がある．

第29条（不可抗力による損害）：受発注者双方の責に帰すことができない不可抗力による工事目的物，仮設物，現場搬入済みの材料機械の損害は，発注者が必要な費用負担の義務がある．

第30条（請負代金額の変更に代える設計図書の変更）：請負代金額の増減や費用を負担すべき場合において，受発注者双方が協議のうえ，請負代金額の増減や負担すべき費用に代えて設計図書を変更することができる．

第32条（請負代金の支払）：受注者は，工事の完成を確認するための検査に合格したときは，請負代金の支払いを請求する権利があり，発注者は，その請求があったときは，請負代金を支払う義務がある．

第33条（部分使用）：発注者は，引渡し前に工事目的物を使用したことによって，受注者に損害を及ぼしたときは，必要な費用負担の義務がある．

第34条（前金払）：受注者は，保証証券を発注者に寄託して，請負代金額の契約で規定した比率以内の前払金を，発注者に請求する権利がある．

第37条（部分払）：受注者は，工事の完成前に，出来高部分並びに現場に搬入済みの材料に相応する請負代金相当額の契約で規定された比率以内の額について，部分払を請求する権利がある．ただし，契約で規定された回数を超えることができない．

第43条（前払金等の不払に対する工事中止）：受注者は，発注者が契約の規定に基づく支払を遅延し，その支払を請求したにもかかわらず，支払をしないときは，工事の全部または一部を中止する権利がある．発注者は，工事の中止に伴う増加費用や受注者

に及ぼした損害に対する費用を負担する義務がある．
第44条（瑕疵担保）：発注者は，工事目的物に瑕疵があるときは，受注者に対して，瑕疵の補修を請求し，補修に代えもしくは補修とともに損害の賠償を請求する権利がある．ただし，瑕疵が重要ではなくその補修に過分の費用を要するとき，もしくは，工事目的物の引渡しの際に瑕疵があることを直ちに受注者に通知しなければ，請求する権利を失う．
第45条（履行遅延の場合における損害金等）：発注者は，受注者の責に帰すべき事由により工期内に工事を完成することができない場合において，受注者に損害金の支払いを請求する権利がある．
第52条（あっせん又は調停）：この約款の各条項において受発注者双方の協議が整わなかったとき，一方の当事者の要求に相手側が不服があるとき，契約に関して双方の間に紛争を生じたときは，受発注者双方は，双方がそれぞれ必要な費用を負担して，調停人のあっせん又は調停により解決を図る．
第53条（仲裁）：受発注者双方は，調停人による解決の見込みがないと認めたときは，審査会の仲裁判断に服する．

(3) 契約の締結

受発注者双方が合意に達したとき，2通の建設工事請負契約書に双方の代表者が記名捺印して，各自が1通を保有する．

(4) 権利と義務

買い手市場（買い手が優位にある市場：買い手が市場を寡占し，多数の売り手の間の競争が激しい）では，買い手である発注者の権利が優先され義務がなおざりにされ，売り手である受注者の権利がなおざりにされ義務が過度に強制される傾向がある．

発注者による契約義務の不履行や受注者に対する契約権利の侵害は，受注者の利益を損ない，受注者が利益を得る機会を失う原因になる．受注者の主張に相手が対応しないときは，権利を留保し，内容を明記した文書を相手側に渡して記録に残し，重ねて主張を続ける．

6.6 予　算

契約が締結され，請負契約金額が確定した時点で，予算の策定を開始する．この予算を実行予算または実施予算という．予算を記述した書類を実行予算書または実施予算書という．

6.6.1 予算の目的

実行予算は，コスト管理の基準となる．コスト管理は，利益を確保するために行われる．発生コストの増加を抑え冗費を削減して予算コスト以下に抑えること

によって，利益が確保できる．実行予算は，確保すべき利益の指標となる．

6.6.2 予算の書式

(1) 書式の選定

実行予算書は原則として，見積書と同一の書式で作成する．表6.8に実行予算書の総括表の書式の一例を示す．

(2) 計上項目

実行予算は，基本的に見積りをもとに策定する．その際，見積時から予算策定時までに発生した変更を反映させて，必要な訂正，追加，削除を行う．その変更の内容や経緯を把握し比較ができるように，実行予算の計上項目を見積りに合わせる．

(3) 書式の構成

実行予算書の費目や工種の構成を見積書に合わせる．見積書の構成は，コストの発生状況をイメージして構築されている．社内的に共有されている場合もある．構成を統一すると，見積り・予算・発生の各コストの比較や利益の推定が容易になり，迅速で円滑な予算管理が期待できる．

6.6.3 予算金額

(1) 金額の確定

実行予算書に計上する予算総額は契約金額と同額であり，その金額や構成には，見積りから決裁，落札，契約に至る変化や経緯が含まれていることに留意する．

表6.8 実行予算書総括表の例

摘要	① 実行予算		② 見積り		差額
	構成率	金額	構成率	金額	① － ②
直接工事費	64.7	173,000,000	65.0	185,000,000	－12,000,000
仮設工事費	15.7	42,000,000	15.4	44,000,000	－2,000,000
作業所経費	5.6	15,000,000	5.6	16,000,000	－1,000,000
原価計	86.0	230,000,000	86.0	245,000,000	－15,000,000
本支店経費	8.0	21,400,000	8.0	22,791,000	－1,391,000
利息	0	0	0	0	0
利益	6.0	16,050,000	6.0	17,094,000	－1,044,000
粗利益計	14.0	37,450,000	14.0	39,885,000	－2,435,000
消費税	8.0	21,396,000	8.0	22,790,720	－1,394,720
請負金額	108.0	288,846,000	108.0	307,674,720	－18,828,720

注：粗利益(本支店経費と利益)および消費税の率は，プロジェクトに判断する権限がない．

(2) 変更の方針

見積金額を下げて決裁した金額が契約金額となった場合，下げた金額を該当しない見積コストに根拠なくしわ寄せして実行予算を策定すると，予算コストが実態から乖離して正確なコストマネジメントが不可能になる．そうならないように，下げた根拠を忠実に，実行予算に反映させる．

(3) 契約条件の反映

発注者との交渉過程で，契約条件が変更になる場合は，影響を受ける金額を把握・確認して，見積りや予算の金額と関連付けながら交渉を進める．条件の変更がなく，見積コストや予算コストに変更がないにもかかわらず一方的な値引き要求を受け入れる場合は，粗利益で調整する．

6.6.4 実行予算書の作成

策定に先立って，見積時に採用した施工法，工程，調達方法，採用単価を再検討する．

策定に当たって，複数で作業を行う場合には，個人差が発生しないように担当者間の作業結果を調整して齟齬・矛盾の発生を防ぐ．

リスクの軽視や楽観的な見通しを禁じる．楽観的な見積りは経営者や本部の判断を誤らせる．予算コストの裏付けとなる資料や情報の信憑性を確認する．施工法や調達に工夫・改善を凝らして，見積コストの縮減を試みる．採用した方法が，技術的・工程的・コスト的に無理がないことを確認する．最後に，リスク対応を考える．救済不可能なリスクは，保険付保や予備費計上で対応する．

6.7 出入金の管理

6.7.1 入金の管理

(1) 前払金：発注者から元請会社へ

前払金は，広義には工事の着手前や完成前に支払われる工事代金をいう．狭義には工事着手前に支払われる工事代金をいう．わが国の公共工事では「前払金の支払を受けることができる[16]」とある．前払金は，着工前に必要な費用に充てる．前払金の条件は，契約で規定される．

(2) 出来高

工事の進捗度を換算した金額を出来高という．本来は，終了した作業によって獲得される金額を表現する用語だったが，特定時点までに到達した作業数量に対して慣用的に使われている[2]．

1) 目的　　工程の進捗状況を確認すること，および工事途上の中間時点における対価の支払基準に利用すること，の2つの目的がある．

2) 査定　　元請会社が下請業者の請求出来高を査定することと，元請会社が発注者に提出した出来高を発注者が査定すること，の2種類の査定がある．

3) 算定の方法

① 出来形の測定：特定時点の，施工済みの形状・寸法・重量・数量などの寸法検査や計測の状態を，出来形という．本来は，工事中の形状そのものの出来上がりの度合，すなわち，進捗の指標として使う[2]．

出来形の単位表示は，原則として，実行予算書，または，契約書類の設計書に従う．

たとえば，盛土，掘削土や埋戻土は，高さ・深さと幅と長さを計測してm^3で表示する．コンクリート打設量は，厚さと幅と長さを計測してm^3で表示する．鉄骨・鉄筋は，単位長さ当りの重量と長さと本数を計測してtonで表示する．型枠は，すべての型枠の縦横の長さを計測して面積を計算し集計量をm^2で表示する．舗装は，幅と長さを計測してm^2で表示する．

② 出来高の算定：出来形を金額に換算した表示が出来高である．換算率は，あらかじめ発注者と元請会社，元請会社と下請業者で定める．特定時点（毎月の締切日）までに施工したすべての出来高を集計した金額が，各月の出来高請求金額となる．

③ 下請の出来高査定：元請会社は定期的に，すべての下請業者の出来形を測定し，確認した出来形（形状，数量など）に契約単価を乗じて金額に換算し出来高として確定する．その金額が下請業者に対する支払金額となる．この出来形測定と出来高査定は，工事の進捗状況を定期的に確認する手段になる．

④ 発注者による出来高査定：契約で毎月出来高払いを規定しているプロジェクトでは，元請会社は元請自身とすべての下請業者を集計した出来高請求書を，発注者に提出して発注者の査定を受ける．

(3) 対価の請求

1) 出来高の請求と支払い　　発注者は，元請会社が提出した出来高請求書を査定して承認したら，元請会社に対して支払いを行う．これを出来高払いという．

2) 発生コストの請求　　受注者側からの支払請求には，出来形に基づく出来高のほかに発生コストの計上が認められることがある．たとえば，価格が高く数量が多く金額が高くなる材料などを工事に使用すると，出来高請求するまでの間，受注者側が多額な費用を負担することになる．この負担を軽くするために，現場

に材料が到着した時点で出来高請求に計上して支払いを受けられるように，契約で規定する．

3）中間払いの請求　竣工まで入金がないと，受注者は手持ち資金が不足して，工事の継続に支障をきたすことがある．中間払いが得られるように，たとえば中間検査を発注者に要請するなど，必要な対応を行う．

公共工事では「出来高部分並びに工事現場に搬入済みの工事材料に相応する請負代金相当額の一部を部分払いとして，施工期間中に数回，請求することができる[17)]」とある．

(4) 取下げ

受注者が，発注者から対価を受取ることを取下げという．受取る入金を取下金という．取下金が遅れると，受注者側は手持ち資金が枯渇する．資金不足で外部資金に頼ると，金利が発生する．金利負担は利益を圧迫する．取下金を遅らせないことが，良好な収支の維持につながる．

6.7.2　出金の管理

(1) 支払い

作業員には，賃金の支払いが欠かせない．作業員を雇用する下請業者は一般に零細企業なので，支払いが遅れると作業員へ賃金支払いが滞る．下請業者への支払いは，毎月厳守する．

1）前払金：元請会社から下請業者へ　元請会社から下請業者に支払われる前払金は，下請業者が工事の着手前に必要な費用，たとえば作業員募集や仮建物の設営などに充てられる．他の用途に転用しないように気をつける．

2）締切りと支払いの時期　下請業者に対する出来高払いは，毎月締切日の下請業者からの出来高の提出，提出された出来高の元請会社による査定，元請会社から発注者への出来高請求，発注者による出来高の査定，発注者から元請会社への取下げ，元請会社から下請業者への支払いの経過をたどる．具体的には，たとえば，下請業者からの出来高請求の締切を毎月15日と設定し，元請会社による査定を毎月20日，発注者への請求を毎月25日，発注者による査定を月末30日，発注者から元請会社への取下げが翌月の5日，元請会社から下請業者への支払いは翌月の10日となる．つまり，この例では，下請業者は前月15日に出来高を請求して，次の月の10日にその対価を手にすることになる．この時間差に耐えられるように，元請会社は，傘下の下請業者の資金事情に気を配る．

3）支払方法　基本的に，現金払いを行う．しかし，すべてに現金払いは不可能なので，現金払い先を限定する．そこで，人件費や労務費の比率が高い，労務

提供，測量，調査，設計などの下請業者を優先する．支払条件は，契約で規定する．

6.7.3 現場会計

プロジェクトチーム（たとえば工事現場の事務所や作業所など）の日常の会計業務は，プロジェクトマネジャ(たとえば現場の所長など)に直属する事務職（たとえば事務長や事務主任など）の会計担当者が行う．

(1) 業務の内容

会計業務は，発注者から工事代金を取り下げる売上管理業務と，本部（本社または支店）が設定する勘定科目をもとに下請負業者・納入業者や現場運営諸経費などを支払う原価管理業務の，2つに分けられる．

(2) 取下業務

請負契約の規定に基づいて請求書を作成し，発注者に提出して取下げを受ける．請求額は，発注者の検収と承認を受けて正式に決定する．

(3) 支払業務

下請業者や納入業者からの請求を受けて行う支払いに先立って，法令や社則およびプロジェクト予算に照らして，1件ごとに費用化の適否を判定して，支払いの是非を決定する．支払いは，便宜上，小口と大口に分けて実施される．

小口とは，現場の事務所でそのつど，直接現金で支払うものである．常識的には10万円以下を現金出納帳で管理する．小口の諸経費は，本部から預かった資金を使って，現場の事務所において現金払いで出納する．

大口とは，買掛勘定で扱うもので，支払いを本部に依頼するものである．買掛けとは，即金ではなく掛けで支払うことを意味する．買掛勘定とは，支払先に対して現金払いでなくて掛けで支払うことを明らかにした勘定である．日常的に購入する用度品，事務用品，消耗品など個々の金額が少額でも，集計すると月に100万円以上になることがある．買掛けにできるものは買掛金にまとめて支払う．買掛金とは，買掛けとして扱う代金や料金をいう．大口のものは，現場で工事担当者のチェックや納品書との照合，契約書との整合性の審査を経て，本部に送付された請求書に基づいて，本部から業者へ支払われる．

(4) 原価管理

さらに，集計した支出額を予算と対比した収支予測の資料を作成する．予算と対比して収入と支出の経過を予測することにより原価管理を行う．

会計担当者は常に本部と綿密な連携をとり，所長とともに原価管理を行う．

(5) 帳簿および書類

現場の事務所で日常的に管理・作成される主な帳簿・書類を，下記に列挙する．支払伝票，元帳，出納帳の帳簿・書類には，1件ごとに記帳する必要がある．

1) 支払伝票　　個別の支払いに必要な，時期，支払う相手，目的（摘要），金額を明示した伝票に，下請業者や納入業者などからの請求書や領収書などの証憑（証拠となるもの）を添付する．この伝票を，担当者，事務責任者，現場所長に回覧して，内容の確認と支払いの承認を得る．この際，法令や社則に従って，労務，材料，外注，経費などに区分した費目コードに仕訳してデータ化する．

2) 元帳　　関係者達による確認と承認を経て行われた支払いの結果を，予算管理単位である費目別に分類・記帳・集計し，網羅的に一覧表として記録（支出はプラス表示）する．費目分類は，工種ごとに，材料費・労務費・外注費・作業所経費などに大別する．また，工事費の内訳を月ごとや費目別などの形に整理して，プロジェクト予算の進捗管理などに利用する．

3) 現金出納帳　　取下金や本部からの送金を原資として現金で行う日常の支払いを，複式簿記の原則に則って，逐一，記帳（支出はマイナス表示）して，残額を確認する．

4) 予算実施対照表　　実施予算書と実際の支出額を費目別に対照し，予算超過・余剰額を把握することにより原価管理を行う．

5) 既未決管理表　　契約の締結を基準にして管理を行っている現場では，費目別に，下請・購入・賃借などの契約締結金額と契約未決定金額の合計金額と実施予算金額とを比較することで原価管理を行う．

6) 既未払管理表　　支払基準によって管理を行っている現場では，費目別に既払金額と未払金額の合計金額と，実施予算金額を比較することにより，原価管理を行う．合計金額≦予算金額であれば，その差額が利益として計上される．

7) 工事状況月報　　定期的（原則として月ごと）に収支状況を報告書の形式にまとめて，本部に提出する．

(6) 本支店との連携

工事を受注すると，本部では個々のプロジェクトごとに勘定科目を設定する．

工事に掛かる費用には，本部で要する間接費用と施工に要する直接費用がある．前者は一定の比率（たとえば，本社経費率は請負金額の3%，支店経費は6%というように）で，一律に配賦される．現場の事務所は，後者の直接費用を管理する．

本部は，プロジェクトチームすなわち工事現場の事務所を所管する上位機関として，現場から元帳の記録を定期的に受けて，プロジェクトごとに税法上の規定

に照らして調査したうえで，費用化の適否を判定して必要な調整を行う．プロジェクトチームによる収支予測の適否を照査して，悪化傾向にあるプロジェクトには，必要な指示や対策の提示を行う．

(7) 外貨の為替管理

外国で行うプロジェクトや外国から調達する場合，外貨を使用する機会がある．その際には，使用される外貨を円転し，為替差損益を計上する必要がある．

円転とは，外貨を日本円に両替して日本円に為替換算することをいう．日本の企業として，あらゆる通貨の流れを，日本円で計上して決算するからである．

為替差損益とは，外貨を両替して日本円に換算する際に発生する差額の損失または利益をいう．そのために，入札前に作成する見積りや契約後の実施予算の策定時に，工事期間中の為替換算率を想定しておく必要がある．粗利益の確定は，為替差損益の影響を受ける．

たとえば，基準になる想定為替換算率を1ドル100円と決裁した場合，実施予算の1,000ドルの円転額は100,000円と計上される．工事期間中に，その1,000ドルの通貨が動いた（取下金または支払金が発生した）時点で為替換算率が1ドル120円に変動していた場合には，円転額は120,000円と計上される．この120,000円が取下金の場合は，実施予算に対する120,000−100,000＝20,000円の差益が計上される．支払金の場合には，20,000円の差損が計上される．

決裁した想定為替換算率が円安に（外貨に対する円貨額が大きくなる：たとえば1ドル100円→120円）変動したときに外貨を円転すると，取下金では為替差益が発生し，支払金では為替差損が発生する．円高に（外貨に対する円貨額が小さくなる：たとえば1ドル100円→80円）変動したときに外貨を円転すると，取下金では為替差損が発生し，支払金では為替差益が発生する．円建てで決裁・決算する会社が，発注先や下請・納入業者と外貨建てで契約するプロジェクトでは，契約時点よりも円高の場合に支払いを行うと為替差益が得られ，取下げを行うと為替差損になる．円安の場合に支払いを行うと為替差損になり，取下げを行うと為替差益が得られる．決裁した想定為替換算率は，プロジェクトの全期間の為替換算率を想定した値であって，決裁時点の為替換算率ではない．長期の工事期間中の為替換算率を想定することはリスクを伴う．これを為替リスクという．

6.8　収支の管理

6.8.1　コストの推定

建設プロジェクトは，見積りや予算策定で推定したときに予想しなかった不測の事態が発生することが多い．たとえば，価格変動，予想と異なる土質条件，降雨続きなどに遭遇すると，購入価格，施工法，施工能率などが変わって，発生コストが推定コストより高くなる．推定した見積コストや予算コストの価格が，発生コストとして確定する保証はない．したがって，着工後も推定コストの見直しが欠かせない．発生コストが推定コストを上回るときは，ただちに原因を究明し対応を急ぐ．

6.8.2　コストの確定

(1) 事前に対価の確定が可能なコスト

仕様や数量を正確に決めた材料や機械器具の購入費，使用期間や型式や規模を正確に決めることができる機械器具や仮設材料・地代家賃の賃貸料金や償却費は，契約時に対価を決めることが可能なので，コストを発生前に確定できる．均一的で単純な構築工事の外注費なども，仕様や数量を変更しない前提で，コスト発生前に確定できる．

(2) 事前に対価の確定が不可能なコスト

あらかじめ仕様や数量を正確に決めることが難しい，たとえば，土工事や基礎工事などの外注費や突発的な工事の労務費などは，作業が終わるまでコストを確定できない．したがって，確定するまでは，予算金額や推定金額を使って収支管理を行う．

6.8.3　収支の推定

収支は，収入金（発注者からの取下金）と受注者の支出金の推移から推定する．推定方法[18]には契約基準による方法と支払基準による方法がある．

契約基準とは，契約金額を既成費，未契約金額を未成費とする考えである．支払基準とは，実際の支払金額を既成費，未払金額を未成費とする考えである．

既成費＋未成費の推定金額＝推定される最終時点の工事コストの総額

請負契約金額（または予算総額）－推定される最終時点の工事コストの総額＞0であれば利益，＜0であれば損失が出ると推定される．

6.8.4　契約基準による管理

契約の締結を基準にして行う管理で，既決未決の管理と称される．個々の契約

を締結した時点で，未決定金額から既決定金額に移し替え，最終時点のコスト（推定コスト）の総額を算出する．

　最終コスト（推定コスト）総額＝既決定金額（既成費）＋未決定金額（未成費）

　比較検討の結果，最終コスト（推定コスト）総額＞実行予算（予定コスト）総額であれば，損失（赤字）が出ると推定される．最終コスト（推定コスト）総額＜実行予算（予定コスト）総額であれば，利益（黒字）が出ると推定される．

　この推定方法は，比較的早期に予想の見通しを立てられる．数量変更がまったくないか，あっても非常に少ないことが前提である．いったん契約を締結したら，後に契約変更を行わない総価（ランプサム）契約のコスト管理に適している．変更のリスクを下請業者が負う建築工事で利用される．

6.8.5　支払基準による管理

　実際の支払いを基準にして行う管理で，既払未払いの管理と称される．特定時点で，既払金額とその時点の残工事で予想される未払金額から，最終時点のコスト（推定コスト）の総額を算出する．

　最終コスト（推定コスト）総額＝既払金額（既成費）＋未払金額（未成費）

　比較検討の結果，最終コスト（推定コスト）総額＞実行予算（予定コスト）総額であれば，損失（赤字）が出ると推定される．最終コスト（推定コスト）総額＜実行予算（予定コスト）総額であれば，利益（黒字）が出ると推定される．

　既払コストは，戻入金や支払留保などを調整して算定する．さらに，未払金額（予定コスト）のもとになる未着手の工事数量をその都度，正確に算定し直す．

　表6.9は，出来高が約50％（7,165÷14,270＝0.502≒50％）における土工事の既払未払調書の例である．土採り，埋戻しは予算単価より発生単価が安く，掘削，床付け，路面仕上げは高く，残土処理は単価の変更がなかった．この既払いの調査時点で，残工事部分の測定と測量を行って未払金額を算定したところ，床付け，路面仕上げは予算時の施工数量よりも最終時点の推定施工数量が少なく，土採り，掘削，埋戻しは多く，残土処理は数量の変更がなかった．そして，埋戻し，水替えは予算金額より最終推定金額が安く推定され，掘削，床付け，路面仕上げは高く推定され，土採り，残土処理は金額の変更はないと推定された．その結果，最終コストの金額は，予算金額を下回ると推定される（粗利益が予算より増える）ことを示している．

　目標進捗度（たとえば，出来高が10％，25％，50％，75％など）の到達時点で推定を行うことをルール化する．数量変更が多い単価契約の土木工事のコスト管理に適している．

表6.9 既払未払調書による最終コストの推定例

項目	呼称	予算金額(千円)			既払金額(千円)			未払金額(千円)			最終推定金額(千円)	
		数量	単価	金額	数量	単価	金額	数量	単価	金額	数量	金額
土工事												
土採工	m^3	800	0.9	720	400	0.8	320	500	0.8	400	900	720
掘削工	m^3	2,700	2.0	5,400	1,300	2.1	2,730	1,500	2.2	3,150	2,800	5,880
床付工	m^2	200	1.2	240	150	1.7	255	0	1.7	0	150	255
埋戻工	m^3	2,900	1.7	4,930	1,500	1.4	2,100	1,600	1.4	2,240	3,100	4,340
路面仕上工	m^2	1,000	1.1	1,100	200	1.3	260	700	1.3	910	900	1,170
残土処理工	m^3	600	0.3	180	0	0.3	0	600	0.3	180	600	180
水替工	式	1		1,700			1,500	0		0	1	1,500
計				14,270			7,165			6,880		14,045

わが国の公共工事の総価契約では,元請会社が数量変更のリスクを負っている.元請会社と下請業者は,数量精算を前提とする単価契約を締結している.元請会社は,未払金額(予定コスト)を早い段階に把握して最終コスト(推定コスト)総額の見通しを立て,リスク対応を講じる.

6.8.6 EVMS(アーンドバリュー・マネジメントシステム)手法による管理

(1) 基本概念

アーンドバリュー・マネジメント(Earned Value Management:EVM)とは,アーンドバリュー(EV)分析の手法を用いて進捗状況の把握・管理を行うプロジェクマネジメントの一手法である[19].アーンドバリュー分析とは,作業の到達度を金銭の価値(すなわち出来高)に換算し,アーンドバリュー(Earned Value:EV)という概念で把握する.このアーンドバリュー・マネジメントで採用されている一連のシステムをEVMSと称する.

コストとスケジュールを数量的に別々に把握する伝統的な管理手法から,コストとスケジュールを数量的に統一させて把握する出来高払いの概念に発展させた手法である.スケジュール管理は,日数・時間単位ではなく,コスト単位またはコスト換算による到達度(%)で把握して行う.

(2) 管理手法

具体的にはプロジェクトの開始後,特定の時点までに到達した成果の金額的な換算量(Earned Value:EV)すなわち実際の出来高と,開始時点で予測したそ

6.8 収支の管理

の時点で到達する予定の計画量(Planned Value:PV)すなわち予定の出来高を比較する.この結果をもとに,プロジェクトの進捗状態と収支状態を検証分析する.

出来高請求による発注者からの入金と,発生コストに対する下請業者への出金には時間差が発生するので,出来高の計画と実績,およびコストの計画と実績の比較を行う.その結果,同一の時点で,出来高とコストの差が発生することも把握できるので,同一時点における入金と出金の比較も行う.具体的には,表6.10に示す特定の時点の計画出来高(PV:Planned Value),実際に到達した出来高(EV:Earned Value),計画出来高に対する予定のコスト(PC:Planned Cost),実際の出来高に対する実際のコスト(AC:Actual Cost),の推移を曲線で表現して,図6.4のように図示する.

そして,①EV−PV=Sv:スケジュール差:Schedule Variance(計画と実際の進捗度の差),②PV−PC=Dp:計画の出来高と計画のコストの差(計画の入金と出金の差),③EV−AC=Da:到達した出来高と実際のコストの差(実際の入金と出金の差額),④PC−AC=Cv:コスト差:Cost Variance(計画と実際のコストの差),の時間的変化を把握し竣工時点のコスト総額を推定する.

図6.4に示すように,着工時点でAC>PCであることは,着工前の実際の出金が予定より多かったことを意味し,工程の途中でAC<PCに逆転していることは,後半段階に入ってから実際の出金が予定より少なくなったことを意味している.さらに,前半段階でAC>EV,後半段階でAC<EVと,工

表6.10 EVMSの管理曲線の種類

	計画	実際
出来高または進捗度	PV	EV
コストまたは支出金	PC	AC

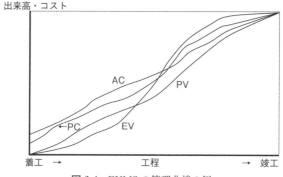

図6.4 EVMSの管理曲線の例

程の途中で逆転していることは，前半の段階では実際の出金が入金より多かったが，後半の段階に入って出金は入金を下回った状態を示している．

　この管理曲線で，①では進捗度の差異から0以上であれば良好，②では当初に予定した資金繰りの差異から0以上であれば良好，③では実際の資金繰りの変化の経緯の状況から0以上であれば良好，0以下でも差異の変化の推移が減少傾向にあれば良好，④では資金繰りの状況の差異から0以上であれば良好，0以下でも差異の変化の推移が減少傾向にあれば良好，と判断する．たとえば，①では予定よりも実際の進捗度が遅延しているのに，④では予定よりも実際のコストの発生が大きい場合には，発生コストが着手以前に推定した予定コスト総額を超過する恐れがある．

　さらに，⑤ EV÷AC＝CPI（コスト効率指数，Cost Performance Index）：1以上であれば良好．ただし，初期段階では1以下でも，漸増傾向であれば工程進捗とともに向上する期待がある．

　⑥ EV÷PV＝SPI（スケジュール効率指数，Schedule Performance Index）：1以上であれば良好．ただし，初期段階では1以下でも，漸増傾向であれば工程進捗とともに向上する期待がある．⑦ AC＋(BAC－EV)÷CPI＝EAC（完成時総コスト推定額，Estimate at Completion）．ただし，BAC：完成時総予算（Budget at Completion），⑧ (BAC－EV)÷CPI＝ETC（残工事のコスト推定額，Estimate to Completion）．①から⑧のように，計画と実際や出来高とコストの差異，変化の状況から，竣工までに要するコストの総額や竣工時の損益が推定できる．この推定をもとに，出来高や遅延，コストの発生状況やコスト高騰を把握して対策を講じる．

(3) 適用の背景

　1967年にアメリカ国防総省の調達規則の一部として制定されたシステムが元になっている．1990年代に存在が見直され，アメリカ連邦政府機関の調達規則に取り入れられて，連邦政府の大型契約で受注者に対応を義務付けている．

　海外の建設プロジェクトでは，毎月出来高精算・支払いが制度的に定着しているので，わが国の建設会社は，海外建設プロジェクトで，このシステムに取り組んだ経験が多い．プリマベーラなど様々な市販ソフトが利用されている．

6.9 収支の改善

6.9.1 収支の悪化
　収支の悪化とは，収入から支出を引いた差額が減るか，支出が収入を超過した状態をいう．収支が悪化した状態を，最終的に支出が収入を超過しないで利益を確保するように対策を講じることが収支改善である．竣工まで何度も，予算策定時の計画の見直しを重ねる．

6.9.2 検討の着手時期
○ 発生コスト総額とその後の推定コスト総額が予算コスト総額を超過する予兆を示した時点
○ 予算コストに対して発生コストに増加傾向や激増状態が認められた時点
○ 発生コストが対応する費目や項目の予算コストを上回った時点
で，ただちに改善に着手する．

6.9.3 改善の直接的方法
（1）直接的な原因
　収支悪化の原因が顕在化している状態である．たとえば，
○ 個々の工種や費目の支出金額が，個々の予算金額より多いこと
○ 実際の入金額が，その時点の入金予定額より少ないこと
○ 入金時期が，その予定時期より遅れていること
○ 実際の出金額が，その時点の出金予定額より多いこと
○ 出金時期が，その予定時期より早いこと
などが挙げられる．

（2）入金対応
1）契約枠内での対応
　a.　現行の工程のもとでの入金の確保促進
○ 出来高請求の締切時期や査定基準に効果的で効率的に対応した施工
○ 速やかな取下げの励行
に努める．
　b.　現行の工程の組替え
○ 取下金の早期確保
○ 多額の取下げが期待できる工事の早期着手
を図って，効果的な工程に組替える．

2) 契約枠外での対応
○ 定期的な入金ができるように発注者と交渉し，毎月出来高払いや中間払いをルール化する．
○ 価格高騰や設計外の費用が発生した場合は，ただちに発注者と交渉して，発生した費用の迅速な入金を図る．

(3) 出金対応

1) 過払いの是正　下請業者や納入業者への支払金が，発注者からの取下金を超える過払い状態に陥ると，元請会社は外部資金の調達が必要になる．資金調達で発生する金利の負担は，収支の悪化につながる．支払請求や支払金額を精査検討して，過払いの低減と過払い状態の慢性化防止に努める．

2) 出金額の低減　支払先に対する値引き交渉を行う．次いで，実際の発生コストと想定コストを比較して，発生コストが想定コストを上回る原因を究明排除し，その後の発生コストの低減につなげる．

3) 対象工種・費目　金額が大きいまたは数量が多い，たとえば，
○ 土工事（掘削工・盛土工・土運搬工・捨土工・土採工・置換土工など）
○ 基礎工事（杭打ち工・杭材など）
○ コンクリート工事（コンクリート材料・コンクリート工・型枠加工・型枠組立工・型枠材料・鉄筋材料・鉄筋加工・鉄筋組立など）

などの改善効果が期待できる工事を重点的に取り上げて，出来形測定，出来高査定，単価，金額などを再検討する．

(4) 材料調達の検討・改善

金額が大きい，または数量が多い材料を重点的に取り上げて，調達先，調達時期，価格，品質など，収支悪化につながる原因を究明し排除に努める．

1) 自然材料

a. 土工事の材料：盛土や埋戻しの材料は場内の発生土を転用し，不足した場合に限って場外から購入するように，予算策定時に想定した調達源を再検討する．最も望ましい調達源は，発生土を場外搬出に迫られる現場である．そのような調達源が存在しない場合に限って，土採場を求める．最寄りに土採場がない場合に限って，土採場を開発する．高い費用で多量な購入土が集中しないように，クリティカルパスをネットワーク上で調整して，経済的に調達できる時期を選んで着工する．

b. 捨土の処分：切土や掘削の発生土は，場内転用に努める．場内転用が不可能な場合に限って，場外搬出を選ぶ．第一の選択肢は，土を求めている現場への供

給である．不可能な場合に限って，土捨場を開発して捨土処分する．高い費用で多量な処分が集中しないように，クリティカルパスをネットワーク上で調整して，経済的に調達できる時期を選んで着工する．

　c．コンクリート工事の材料：現場練りのコンクリートを使用する場合は，コンクリートの試験練りを繰り返し，最も経済的な配合を，用途に応じてできるだけ細かく設定する．

2) 工場製品の検討・改善

a．施工・加工の検討・改善

① 転用回数の検討：たとえば，コンクリート型枠の，転用回転数や使用個所の重要度と仕上がりレベルを再検討し，転用回数を増やせる個所では調達数量の低減に努める．

② 端材発生の抑制：現場加工で発生する端材・加工屑の抑制に努める．たとえば，設計図や加工図で寸法が決まる鉄筋を定尺鉄筋から加工すると，再利用が不可能な加工屑が発生する．重ね継ぎは鉄筋量が増える．加工屑や重ね継ぎを減らすように，加工や配筋の計画を見直す．

③ 品質・品種の精査：もっと望ましい調達を採用できるように，たえず計画を見直す．たとえば，外部のプラントから調達するレディミクストコンクリートには，調達の呼び強度と設計所要強度との乖離，注文単位数量の制約，価格，調達先など，より良い条件の探索を続ける．

b．調達方法の検討・改善

① 直接調達か中央調達：現場が直接調達する直接調達か，本部の調達部門が調達する中央調達か，の選択肢である．中央調達には，多量かつ高額な調達では価格低減効果がある．調達数量が少ない現場では価格低減が期待できる．直接調達には，時期を問わず調達できる利点がある．生コンクリート価格に地域差が存在する地域では，直接調達に強みがある．

② 直轄調達か外部調達：元請会社の現場や本部が調達する直轄調達か，外部の業者に調達業務を外注委託する外部調達か，の選択肢である．調達コストと委託業者の信頼度から，調達方法を選択する．

③ 調達時期・数量の調整（一括調達か分割調達）：全量を一度に調達する一括調達か，複数回に分けて調達する分割調達か，の選択肢である．調達量が多い場合は，一括調達が有利である．市況が弱含み（値下がり傾向）の場合は，使用時期に合わせた分割調達を採用する．強含み（値上がり傾向）の場合は，使用に先立ち前もって一括調達を採用する．

調達後に発生する無駄を少なくするように努める．1つの方法は，実際の消費と調達残の量をリアルタイムで監視して，数量を調整しながら段階調達を採用する．もう1つの方法は，規格化・標準化の活用である．たとえば，生コンクリートの注文数量の最小単位を考慮して現場の打設数量をリアルタイムで把握し，打設時に無駄が発生しないように，数量を細かく調整しながら時間と数量を細分化した注文の採用である．

④ 工場渡しと現場渡し：注文主が調達品を工場で引き取り注文主自らが輸送する工場渡しか，製造者が注文主の現場まで輸送する現場渡しか，の選択肢である．コストとリスクの比較が，選択の判断基準になる．

⑤ 輸送・保管計画の検討・改善：調達品の納入が，市況や輸送などが原因で遅れることがある．市場の品薄や輸送手段の不足混乱が発生すると価格が高騰する．加えて工事遅延にもつながって収支に悪影響が出る．納入が遅れないように，市況や輸送事情に対してたえず関心を払う．納入の遅れは，製造工程の混乱，不合格品の頻発でも発生するので，重要な調達品は，製造現場の実態の把握に努める．

とくに，数量が多く重量が大きい調達品は，輸送費の比重が高いので，

○ 輸送手段（鉄道・自動車・船舶など），輸送時期，輸送経路，輸送回数や頻度
○ 荷渡し条件（工場渡し・倉庫渡し・積込渡し・現場渡しなど）
○ 輸送実施者（製造業者・流通業者・納入業者・下請業者・元請業者自身など）
○ 資機材保管責任（製造業者・流通業者・納入業者・下請業者・元請業者自身など）

を再検討して，より経済的で効率的な輸送や保管の方法を選択する．さらに，輸送中や積換時の横持ちや外部保管の削減・短期化を図る．

(5) 労務計画の検討・改善

労務調達の遅れ，採用人数の過不足，作業員の技能不良，作業の非効率，劣悪な作業環境は，収支に悪影響が出る．通常，労務管理は下請側に契約責任があるが，元請側は，日頃の下請側の労務管理に注目して，適宜，助言や指導を行う．

労務集約的な工種は，実際の歩掛りと見積りや予算の策定時に想定した歩掛りを比較検証して，発生コストの実態を分析する．能率が問題の場合は，管理方法や作業環境，管理者や作業員の人的資質に注目して，労働意欲を高めて作業能率の向上につなげる．問題がある管理者には必要な助言や指導，または更迭を図る．

6.9 収支の改善

作業員に問題がある場合には,調達源や調達方法を見直して入替えを図る.価格が問題の場合は,作業編成や調達を見直す.

(6) 機械計画の検討・改善

機械コストの比重が高い工事では,着工後も状況の変化に合わせて機械計画の検討を続け,機械コストの低減に努める.

工事現場の機械コストは,機械使用料の時間単価と稼働時間で決まる.

$$C_m = \Sigma U_i \times T_i$$

ただし,C_m:機械コスト,U_i:特定の機械使用料の時間単価(運転経費と維持費を含む),T_i:特定の機械の稼働時間.

上記の関係式から,機械コストの低減を図る方法は,

A. 機械使用料の時間単価の低減,または,より安い時間単価へ機械の取換えを図る.
B. 機械の稼働時間の短縮を図る.

である.既に工事現場に配備されている機械(既往の配備機械)について,コスト低減の可能性を検討して対策をたてる.

1) 時間単価の検討・改善　次の方法がある.

a_1. 機械の所有者・管理者と交渉して,機械使用料を低減する.

a_2. 機械使用料が,より低い同一機種の機械と交換する.

使用料が安い機械は,耐用や能率が劣る場合がある.実態を確認して交換する.

a_3. 機械使用料がより低い,別の機種の機械に変更する.

異なる機種への変更は,既往の施工計画や機械計画を見直す.新たな配備機械が現有機械の能力を下回らないこと,組み合わせた他の機械に悪影響がないこと,を確認して変更する.

2) 稼働時間の検討・改善　作業に貢献しない時間や冗長な作業時間は,無駄な機械コストの発生原因になる.稼働時間の縮減を図るには,次の検討を行う.

b_1. 遊休時間の削減を図る.

遊休とは,作業しない機械を現場内に放置して,機械の使用料(リースやレンタルの使用料や機械損料,償却引当金の現場勘定)が生じる状態をいう.遊休が発生しないように,作業開始直前に機械を現場に搬入して稼働を開始し,作業終了後ただちに現場から搬出して返却する.現場に不要不急の機械を置かない.リースやレンタルの機械は,遊休期間や使用期間の短縮に努める.

b_2. 待機時間の削減を図る.

待機とは,作業に着手する必要があるにもかかわらず,前工程の作業や作業開

始の準備が遅れて，無駄な機械使用料と人件費や燃料代が発生する状態をいう．準備の徹底，作業開始の時期の明確化，異なる作業場所や作業の間の円滑な連携，などの調整・連絡・確認を図る．

b_3. 作業効率の向上を図る．

冗長な作業時間が発生する原因は，機械操作員・補助作業員・作業指示者の対応力不足，連携作業の拙さなどが原因である．人為的な能力問題は，指示や訓練の徹底または人事的措置で対応する．作業のサイクルを検証して無駄な時間の発生原因を排除し，作業の効率化を図る．

b_4. 作業効率の高い機械と交換する．

低効率の作業は，機械の低能力が原因で発生することがある．老朽化，整備の不足，故障の頻発，稼働力の劣化など機能上の不備が原因である．機械の実態を把握して，現場で修復や修正が困難な機械はただちに交換する．

b_5. 作業効率の高い型式や機種に変更する．

低効率の作業は，機械の型式や機種が作業に適さないことが原因で発生することがある．原因となる型式とは，たとえば敷均機はブルドーザの普通型6t級か9t級か，原因となる機種とは，たとえば掘削機はパワーショベルかバックホーか，積込機はホイルローダかクローラローダか，そのどちらが適当かという判断の問題である．既往の機械計画を再検討して，既に配備している機械をより適切な型式や機種に変更する．特定の機械に限定せず，他の機械との組合せや連携に支障が起きないように検討する．

b_6. 作業効率の高い機械配備の組合せに変更する．

低効率の作業は，2つの原因で発生する．1つは，機械の組合せが適性でないために連携作業が円滑に行われないことが原因で発生することである．原因となる組合せとは，たとえば掘削積込作業に際してパワーショベル・ブルドーザ・ダンプトラックの組合せか，トラクターショベル・ダンプトラックの組合せか，どちらが適当か，という問題である．もう1つは，作業量の規模に対して採用した機械の型式や台数が適当ではないことが原因で発生することである．原因となる型式や台数とは，たとえば普通型ブルドーザ6t級7台か，より大型の9t級5台か，そのどちらの組合せセットが適当か，という問題である．既往の機械計画を再検討して，既往の配備機械よりも能力と機械コストが勝れている型式・機種・台数に変更する．

上記のaとbを実行する際に，考慮すべきことが2つある．

その1つは，機械計画を再検討して現場の機械を再配備するには，調達の可能

性の確認と準備・取換えの時間が必要であることである．より優れた機械を選択しても，迅速に調達できないと実現は難しい．調達可能でも，新旧の機械取換え・準備に要する期間や手間が多いと，コスト比較は机上の空論となり，その変更は無駄や浪費を伴う．

もう1つは，機械コストの縮減につながる費用の低減と稼働期間の短縮が，必ずしも連動しないことである．たとえば，a_3 の方法で選択した安い使用料の機種が，作業効率が低いために必要な作業時間が長くなることがある．逆に，b_5 の方法で選択した作業効率が高い機種の使用料が高くなることがある．使用料と作業効率の相反関係は，機種や型式の選択を混乱させる．その解決は，複数の選択肢を設定して，その中から判断する．

6.9.4　改善の間接的方法

(1) 間接的な原因

現場管理の非能率や不活性のように，その状態が収支の悪化に直接，金銭的な形で顕在化していない原因である．たとえば，

○ 工事進捗の遅滞
○ 現場事故の頻発
○ 品質不合格の頻発
○ 担当者と管理者の間の情報の非対称
○ 不適切な現場体制
○ 劣悪な職場環境
○ 関係者間の不和

などが挙げられる．これらを改善すると，結果として収支改善が期待できる，ということである．

(2) 契約管理の検討・改善

収支改善が見られない場合，契約管理に問題があることがある．たとえば，

○ 契約約款に対する理解・認識の不足
○ 契約上の権利の軽視・放置
○ 契約上の権利の要求・主張の不徹底
○ 契約想定外の事態の把握・認識の不足
○ 想定外の事態解決の不作為

などが挙げられる．専門家を交えて現状の認識に努め，効果的な管理体制を構築する．

(3) 施工計画の検討・改善

あらかじめ策定した施工計画を全体的に再検討する．とくに，工事全体にわたる工程上の関連性に注目する．下請業者の外注時期，材料や機械の調達時期，クリティカルパスの工種，作業員の集中や分散の状態などの関連性を検討し，潜在化する無駄や冗費の発見抽出に努める．

(4) VE 提案による検討・改善

VE とは，Value Engineering の略称で，本質的な機能や特性を損なうことなく，コストの増大につながる要素や因子を削減するか，コストを増大することなく機能や特性を向上させる試み[10]をいう．発注者自身や発注者が委託した専門家などによる内部検討型と，入札参加者や落札者，請負業者などによる変更提案型の2種類がある．変更提案型を対象とする．変更提案型には，自発的な提案と，発注者側が強制する提案がある．ここでは，自発的な提案を対象とする．

1) 設計 VE　　入札や契約の前に，入札者や落札者が原設計に対して行う変更や改善の提案である．

a. 基本設計に対する VE 提案：原設計の設計思想とは，完全に異なる設計の提案である．トラス橋の設計に対してアーチ橋を，重力式擁壁の設計に対して矢板式擁壁を提案するような例である．

b. 詳細設計に対する VE 提案：設計的に基本的な変更はないが，部分的な改善や訂正を求める提案である．より合理的な設計のための条件や諸元の変更や見直しなどがある．たとえば，騒音防止に既成杭を場所打杭に，汚濁防止に現場コンクリート打ちをプレキャストに変更するような提案である．

c. 加工図・実施図に対する VE 提案：設計には触れずに，もっぱら作業上や調達上の低廉さや容易さを理由とする提案である．たとえば，鉄筋の径と配筋間隔の変更，定尺に合わせた寸法に変更するような提案である．

2) 施工 VE　　たとえば，仮設，施工法，機械，材料などに工夫を施して施工の費用低減を求める提案である．

○ 施工方法や段取りを改善して中間工程を省略する．

○ 調達方法を工夫して輸送，保管，横持ちなどの費用の低減や期間の短縮をはかる．

○ 現場の労務集約的な施工や手作り生産を，機械化，規格化に代えて労務費を低減する．

○ 施工法の採用を受注者の一存で決めることができない，たとえば発注者側の設計で採用が制約される施工法，機械，仮設備の場合は，設計にも検討を加え

る.
(5) 施工管理体制の検討・改善

1) 労務管理体制の検討・改善　労務管理が拙いと,作業員の気力不足・作業の非能率・動員力不足などが原因で,工事の遅れや事故の多発や工事のやり直しなどが起きる.実態を調査して歩掛りを精査して,作業の能率向上や余剰作業員の排除に努める.就業日報を検査して慢性的な待機・超過勤務を廃止して,労務費の冗費節約を図る.たとえば,歩掛りや代価表による作業編成の構成を検証して状況に応じて編成を替える.現場の可働作業員には,作業の有無にかかわらず,当日の賃金を払う義務があるので,遊休者や低効率の作業が発生しないように,作業の内容,量,人数,役割分担を監視する.

下請側の労務管理に介入するためには,元請会社は現場の日常的な実態に精通する.下請業者を抜本的に改善するには,分離発注,一括発注,別途発注などの選択肢がある.

2) 工程管理体制の検討・改善　工程が遅れているプロジェクトは,収支が悪化していることが多い.収支が悪化しているプロジェクトもまた,工程が遅れていることが多い.遅れる原因には,着工の遅れと進捗の遅さがある.

着工が遅れる原因には,
○ 契約締結の遅れ
○ 土地収用の遅れ
○ 現地住民などの抵抗や阻害
○ 準備不足
○ 段取りの不手際
○ 調達の遅れ

進捗が遅くなる原因には,
○ 労働力や機械力の不足
○ 不適切な施工法の採用
○ 非能率な管理体制
○ 出来高管理の不徹底
○ 環境や条件の変化への対応力の欠如

遅れにつながる原因を明らかにして,本来の工程に復せるように努める.

3) 品質管理体制の検討・改善　品質上の欠陥が発生すると,予定外の作業,材料の取換え,再作業などの出費が発生する.改善が遅れて弊害が慢性化すると,収支を悪化させる.そこで初期の段階で,

○ 管理体制
○ 使用材料の品質
○ 施工方法の弊害や欠陥
などを検討し原因を排除して，適切な改善策を講じる．

　品質欠陥の発生頻度が高いプロジェクトは，構造的な問題に着目する．たとえば，
○ 監督者の品質仕様に対する理解度
○ 監督者と技能工の意思伝達
○ 作業員達の認識
○ 時間帯や作業環境
○ 作業員数とその配置
などに検討を加えて，品質管理体制の改善を図る．

　4）安全管理体制の検討・改善　　事故の発生は，工事中断による工期遅延，被害者の救済や補償，破損や倒壊の復旧再施工など，収支に与える悪影響が大きい．
　検討・改善に際して，事故発生につながる現場の体質的，構造的な状態に注目する．たとえば，安全管理のルールを整備し，認識の不足や緊張感の欠如を解消し，指示命令系統の明確化を図る．瑣末な事故は大事故や事故頻発の予兆と捉えて，管理体制を刷新する．
　5）作業環境の検討・改善　　作業環境とは，作業時間帯，拘束時間，作業の交代時刻，作業空間の広さ・明るさ・空気の清浄度，作業動線，安全・救護対策，給食設備，厚生娯楽設備，夜間作業管理体制などである．弊害を抽出して改善を行う．

　(6) 作業所管理体制の検討・改善
　作業所体制に潜在する構造的な問題が，収支悪化の原因につながることがある．適材適所の配置，最適な員数を再検討し，指揮命令系統，意思決定機能を整備する．
　リスク（採算上の損失）マネジメントは慎重，クライシス（災害）マネジメントは冷静かつ果断，ナレッジ（知識的）マネジメントは合理性，コンフリクト（人間関係）マネジメントは公正，サプライチェーン（調達）マネジメントは適正，コンストラクション（施工）マネジメントは効率，が要求され期待される．
　人材の適性や能力に問題がある場合，更迭・罷免を果断に決断する．既往の任命責任に拘泥してトップや幹部の人事処理に逡巡し判断が遅れると，改善修復が不可能になる．

(7) 仮設備計画の検討・改善

段取りとは工事の準備を指す．仮設備の計画と設営がその中心である．仮建物，貯蔵施設，囲い，上下水道や電気・電話・ガスなどのユーティリティーの計画などは，作業の能率，工事の進捗に影響を及ぼす．非能率や進捗の阻害を察知した段階で見直して，阻害する原因を排除する．

(8) 下請・納入業者対応の検討・改善

進捗が遅れがちな，あるいは収支状態が悪いプロジェクトの多くは，下請業者や納入業者の活動が不活性である．その原因には，
○ 契約が未締結である．
○ 契約条件の理解に相違がある．
○ 当事者間に不信感がある．
○ 発注者側の元請管理能力が乏しい．
○ 下請・納入業者の履行能力が乏しい．
ことが挙げられる．これらの原因を排除して，業者の履行状態を改善する．

(9) その他の関係者との対応の検討・改善

発注者，所管官庁，地元・近隣の関係者達との不和は，工事の進捗を阻害し彼らの非協力を招き，収支に悪影響をもたらす．悪影響を排除するには，次のような努力が求められる．
○ プロジェクトの存在意義の理解の徹底
○ プロジェクトの進捗を阻害する言動の排除
○ 情報発信の促進と意思疎通の徹底
○ 利害関係者の不信感の排除と相互理解の徹底
○ あらゆる関係者の間の迅速な情報伝達経路の確保
○ 当事者達に向けた適切かつ時宜を得た情報開示
本支店の上層部や広報機能と情報を共有し，メディアとの関係構築に努める．

6.10 設 計 変 更

6.10.1 設計変更の基本概念

設計変更とは「最初に締結した契約の内容を契約締結後に変更すること[2]」をいう．狭義には，設計図書の内容の変更であり，必ずしも契約の変更を伴うことではない[20]，との意見もあるが，受注者が承知する通常の設計変更とは，請負金額や工期の変更を含む広義の概念である．

6.10.2 設計変更の発生原因

設計変更は，契約締結時に把握できなかった事態に遭遇して，契約書類を構成する設計図書どおりの履行が不可能になった場合に必要になる．建設プロジェクトは，契約を履行する前に条件や価格を確定せざるをえないので，履行開始後に必ず変更がありうると認識すべきである．

6.10.3 設計変更の動機

設計変更には，発注者側の都合と受注者側の要望による，2つの動機がある．

前者には契約締結時に考慮されていなかった，たとえば，完成物の供用上の変更が挙げられる．この動機は発注者側の必要性を実現する変更なので，受注者は，発注者からの設計変更の指示を異論なく受け入れる．

後者は主に，施工上の支障に関わる，たとえば，出水の発生や岩層の露呈に遭遇して，準備した工法や予定の工期では完成できない問題が挙げられる．この動機は，必ずしも発注者側の必要性から発生したものではないので，金額の増加や工期の延長を巡って，両者の見解が分かれることがある．発注者は契約金額の増加を抑えようと努める一方，受注者は契約金額の増加を図るので，設計変更の交渉は，双方の主張が対立する．受注者は，設計変更の必要性を発注者側に伝えて，認識を共有する．

6.10.4 準拠する規定

設計変更が必要になったときに備えて，あらかじめ契約約款に設計変更の条項を設ける．公共工事標準請負契約約款には，設計変更に関する以下の条項がある．

○ 条件変更（第18条）
○ 設計図書の変更（第19条）
○ 工事の中止（第20条）
○ 乙の請求による工期の延長（第21条）
○ 甲の請求による工期の延長（第22条）
○ 賃金又は物価の変動に基づく請負代金額の変更（第25条）
○ 臨機の措置（第26条）
○ 一般的損害（第27条）
○ 第三者に及ぼした損害（第28条）
○ 不可抗力による損害（第29条）

6.10.5 設計変更の手続き

変更の必要性が判明したときは，そのつど，変更すべき理由と内容をただちに明らかにして，設計図書の内容を変更する．契約を履行する費用が変化する場合

には金額を具体的に算出し，設計書を変更して契約金額を見直す．そのうえで，発注者と受注者の双方が変更の内容と価格を協議して合意を取り付ける．

設計図書は発注者の要求を示すもので，図面および仕様書（現場説明書，現場説明に対する質問回答書を含む）から構成される．設計書，設計計算書，数量計算書を含める場合もある．

設計書には，一般の設計とは別に，工事数量，単価，金額を項目ごとに記載し，頭書きには，工事の名称，施工場所，工期，工事概要，施工概要，工事金額などを明記し，内訳書を添付する．設計書は発注者の積算作成に必要な書類となる．一般の設計とは，構造物の構築などの構想や計画をもとに構造計算などを行い，仕様書や図面を作成して明示する一連の活動を指す．つまり，設計変更は，変更する対象の設計が一般の概念の設計ではない，ということである．

受注者は，以下のような認識に立って，設計変更や契約変更の手続きを進める．
① 変更に着手する前に，変更する指示を書面で受領する．
② 指示がなければ，指示書の発行を書面で要求する．
③ 着手する前に，変更の内容と金額を明記した見積りを提出して発注者の確認印を得る．
④ 変更の内容を，議事録や確認書などの文書で残す．口頭による指示や受諾を行わない．
⑤ 精算方法を発注者と協議し，結論を明記した書類に当事者が確認印を押す．
⑥ 要件を満たした指示書の発行を待って，受注者は設計変更部分の履行に着手する．

6.11 決　　算

6.11.1 決算の基本概念

決算とは，会計年度ごとに一企業全体として収支の最終的な計算を行い，損益を計上することをいう．個々のプロジェクト単位の会計情報は，本支店で集計して決算処理を行う．

6.11.2 単独工事の決算

建設会社は，個々のプロジェクトが完成した会計年度末に，最終の経理状態をもとに決算報告書を作成して会社の決算に組み入れる．この時点でそのプロジェクトの収支の最終状態が確定する．

決算報告書には，以下の収入の合計金額と支出の合計金額およびその内訳を計

上する[10].
○ 完成工事受入金：決算時点で発注者側から受け取っている合計金額
○ 完成工事未収入金：決算時点で発注者側から受け取っていない残額の合計金額
○ 完成工事支出金：決算時点で支出した合計金額
○ 完成工事未払金：決算時点で支払っていない残額の合計金額

それぞれの金額は，収入金額（契約金額と変更金額とその合計金額），支出金額（材料費，労務費，労務外注費，機械使用料，機械償却費，間接工事費，作業所経費，その他，およびその合計金額である工事原価計），工事損益，合計金額から成る．

収入の合計金額と支出の合計金額の差額が工事損益である．すなわち，収入の合計金額 − 支出の合計金額（工事原価）＝差額：損益，である．

差額 > 0 の場合が作業所利益：粗利益の計上（黒字決算）である．この粗利益が，本支店で発生する販売費や一般管理費をまかない，利益を生み出す．

6.11.3 共同企業体の決算

共同企業体によるプロジェクトは，完成した会計年度末に，企業体内の収入支出を整理集計する[10]．この最終の経理状態の計算結果をもとに，共同企業体に出資している企業体，すなわち共同企業体の構成企業に対して決算報告書を作成する．この時点で共同企業体の業績が確定する．

共同企業体は，出資しているいずれの企業からも独立する一企業体として業務を行う．プロジェクト単位で決算する点では，単独工事の決算と同じである．経理業務の内容の点では，会社の決算と同じである．損益は，共同企業体を構成する企業の出資比率に応じて配分される．

決算報告書は貸借対照表と損益計算書から成る．さらに工事原価報告書を加える．

1) 貸借対照表　　共同企業体解散時点における企業体が所有する財産（資産，負債，資本など）を集計した表．資産の部は預金，完成工事未収入金，未受領出資金，未収入金などから成る．負債および資本の部は工事未払金，混成工事未払金，取下未配分金，未返戻出資金などから成る．

2) 損益計算書　　決算時点における共同企業体の損益の数字を集計した表．完成工事高，完成工事原価，完成工事総利益などから成る．

3) 完成工事原価報告書　　共同企業体がプロジェクトの完成のために消費した原価の構成を，出資企業に報告するために整理集計した表．材料費，労務外注

費，外注費，経費などから成る．

6.11.4 建設会社の決算
(1) 決算の内容

建設会社は，会計年度末に収入支出の記録を整理集計して帳簿を締め切って，会計年度中の1年間の経営状態と年度末時点の財政状態を計算して確定した決算報告書を作成する[10]．決算報告書は，一会計年度の業績と年度末の財政状態を明らかにする目的で，会計記録に基づいて作成する．決算に必要な決算財務諸表は，損益計算書，貸借対照表，完成工事原価報告書，利益・損益処分，勘定明細票，主な資産・負債および収支内容などから成る．完成工事原価報告書とは，特定の会計期間の工事収益に対する工事コストを総括的に明細表示したものである．決算の業務は，証券取引法，商法，法人税法，建設業法などを遵守して行われる．

(2) 計上基準

1) 基準の種類　建設業の計上基準には，工事完成，部分完成，工事進行，工事遅払の4つの基準がある．小規模の建設会社では，代金を請求した時点（請求伝票に入力した時点）で売上計上して，代金の支払時点（仕入伝票などの入力時点）で完成工事原価とみなす発生主義をとることがある．主に採用される計上基準は，工事完成基準と工事進行基準の2つである．

2) 工事完成基準　工事の完成引渡日が属する会計年度に収益（完成工事高）の計上を行う．支払いが完了した時点で計上した未成工事支出金を，引渡しが完了した時点で完成工事支出金に振り替える．

3) 工事進行基準　引渡しが完了しない未完成の長期工事について期末出来高相当額を算出して，その期の完成工事高として計上する．税法規定に従って工事進行基準を適用する場合は，法人税法第64条の

a. その工事が1年以上の長期工事であること

b. 赤字が予想されない工事であること

工事進行基準をいったん適用した工事は，着工年度から完成引渡年度まで継続して適用する．

4) 計上科目　損益計算書には，以下の科目を計上する．

Ⅰ 売上高（完成工事高と兼業事業等売上高から成る）

Ⅱ 売上原価（完成工事原価と兼業事業等売上原価から成る）

Ⅲ 販売費及び一般管理費

Ⅳ 営業外収益

Ⅴ 営業外費用

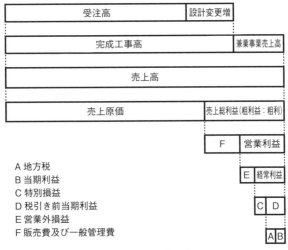

図 6.5 建設業の決算の構成例

Ⅵ 特別利益
Ⅶ 特別損失

これらの金額をもとに，

　Ⅰ－Ⅱ＝売上総利益

　完成工事高－完成工事原価＝完成工事総利益

　売上総利益－Ⅲ＝営業利益

　営業利益－(Ⅳ＋Ⅴ)＝経常利益

　経常利益－(Ⅵ＋Ⅶ)＝税引き前当期純利益

　税引き前当期純利益－法人税住民税事業税等＝当期純利益

　当期純利益－前期繰越利益＝当期未処分利益

を計上する．この構成を図 6.5 に図示[10]する．

参 考 文 献

1) 大蔵省企業会計審議会「原価計算基準」，昭和 37 年
2) 土木学会「土木用語大辞典」，技報堂出版，1999 年
3) 国土交通省技術調査課監修「平成 26 年版 国土交通省土木工事積算基準」，建設物価調査会，pp.11-16
4) 小林康昭「コスト縮減の論議に思う」，土木施工，山海堂，pp.71-75，1997 年 7 月

号
5) 通産省産業構造審議会「コスト・マネジメント」答申書,昭和42年
6) 建設物価調査会「国土交通省土木工事標準積算基準書（共通編）」,p.I-3-①-2,2005年
7) たとえば,
国土交通省大臣官房技術調査課監修「国土交通省土木工事標準積算基準」,
日本道路公団/高速道路技術センター「日本道路公団土木工事積算基準」,
農林水産省「土地改良工事標準積算基準（土木工事）」,
下水道新技術推進機構「下水道工事積算基準」など
8) 「予算決算及び会計令 勅令第165号」,昭和22年,第80条第2項
9) 「地方自治体施行令 政令第16号」,昭和22年5月
10) 小林康昭「最新 建設マネジメント」,インデックス出版,2013年
11) たとえば,
建設物価調査会「建設物価」,「下水道工事標準積算単価」,「月間建設単価」,「建設資材情報」,（季刊誌）「土木コスト情報」,経済調査会「物価資料」など
12) 建設物価調査会「平成25年版 土木工事積算基準マニュアル」,p.159
13) 建設業法第19条,下請代金支払遅延防止法第3条
14) 中央建設業審議会「公共工事標準請負契約約款（建設工事請負契約書）」,昭和25年2月
15) 会計法第29条の5
16) 公共工事の前払い金保証事業に関する法律（昭和27年法律第184号）第2条第5項
17) 中央建設業審議会「公共工事標準請負契約約款」（平成15年2月10日改正）,第37条
18) 全国土木施工管理技士会連合会「監理技術者講習テキスト平成26年版」,全国土木施工管理技士会連合会,pp.35-36
19) Fleming, Q.W.「アーンド・バリューによるプロジェクトマネジメント」,日本能率協会マネジメントセンター,2004年
小林康昭「マネジメントの基本的概念の研究」,足利工業大学総合研究センター年報,平成26年第15号,p.9
伊藤弘之・小林康昭ほか「建設PM（EVM）現状と展望」,JACIC情報79号,日本建設情報総合センター,pp.5-22,2005年
20) 木下誠也「公共工事における契約変更の実際」,経済調査会,pp.44-45,2014年

7. 調達のマネジメント

7.1 調達の基本概念

調達とは「工事遂行に必要な労務，資機材を取揃えること．調達業務は調達物件の品質，価格，納期などの条件を考慮し，労務や資機材を建設現場に搬入する一連の活動であるが，また，市場調査，協力会社や資機材発注先の情報収集，分析も含んで」[1]おり，需要者（買い手，借り手，発注者，施主など，と状況に応じて使い分ける）と供給者（売り手，貸し手，受注者，業者など，と状況に応じて使い分ける）との間で行われる商行為である．

公共工事では，たとえば国が発注者（買い手）の場合，会計法の規定に従って，公告して申込みをさせて競争に付さなければならない[2]．予定価格の範囲で最低価格を提示した者を契約相手とする[3]．国以外の公共工事は会計法の適用を受けないが，おおむね国の調達方法にならっている．

民間工事の場合には，会計法に従う必要はない．公告せず競争にも付さず，買い手が自由に選んだ相手と契約して構わない．制限価格を設ける必要もない．

本章の対象は，元請業者が下請業者や納入業者などを対象とする民間調達である．

7.2 調達の対象

元請業者が調達するものには，労務・サービス業務，材料，機械，不動産，公共インフラ（電気・上下水道など）サービス業務などがある．

労務・サービス業務は，現場作業員や管理・技術などの専門家達が提供者であり，請負・派遣・委任などの契約によって，下請・派遣・専門業者などから調達する．

材料や機械は，工事に使う材料や消耗品，機械器具や車両などであり，購入・

賃借などの契約によって，製造・販売・賃貸業者などから調達する．

不動産は，仮設用の建物や土地などであり，賃借契約によって調達する．

公共インフラサービス業務は，電力・上下水道・ガス・電話などであり，現地の所管機関が定める所定の手続きによって調達する．

元請業者とは，発注者（国や自治体の発注機関など）から直接受注する総合建設業者（ゼネコン）である．元請業者から受注（下請け）する者を一次下請業者，その一次下請業者から受注する者を二次下請業者といい，以下，複数の階層から成る下請業者層がある．これを，元請業者を頂点とする重層構造という．

7.3 調達の主体

現場調達，中央調達，外部化などがある．複数の方法を組み合わせると，効果が上がることが多い．

7.3.1 現場調達

プロジェクトチーム（現場の組織）が，現場所長などの権限と責任で行う調達方法である．調達者が即，需要者であるので，即断即決が容易である．

7.3.2 中央調達

本社や支店などの中央部署が調達を行う方法である．調達業務が集約されるので，調達の規模や数量が大きくなる．汎用性が高い材料，器具，工具，機械や，規格化・量産化される調達物の価格には，スケールメリット（規模や数量の効果）が働くので，買い手側にとって経済効果が大きくなる．

中央が調達の権限と実施を合わせもつ場合は，社風が中央集権的になる．中央の調達権限が大きくなると，中央の意向が現場の要求や希望と乖離することがないように，現場との意思の疎通や現場の需要を把握することが必要である．中央が現場の委託を受けて調達の実施だけ受けもつ場合は，現場の運営が，より独立採算的になる．

7.3.3 調達の外部化

子会社，系列会社，調達専門業者などの外部の組織に，調達業務を委託する方法である．委託する権限や責任を，契約で規定しておく必要がある．

7.4 調達計画

調達計画は，先立って行われる施工計画や工程計画などに基づいて行われる．

したがって，事前の計画の正確さや適切さが，調達計画の成果に影響する．

7.4.1 労務の調達計画

計画に必要な資料は，施工計画書，労務山積表，工程表，実施予算書などである．労務山積表とは，全工事期間にわたる労働力の動員数を示した労務集計表である．山積表によって各時期の所要労務調達量と開始・終了の時期を決める．実施予算書によって単価や仮設備（宿舎や食堂など）を決める．

7.4.2 材料の調達計画

計画に必要な資料は，施工計画書，材料表，工程表，工事仕様書，実施予算書などである．材料表は，設計図面から得た材料の集計表である．材料表によって材料の数量・規格・仕様・品質・形状などを決める．工程表によって材料の調達時期を決める．実施予算書によって目標の購入価格を決める．

7.4.3 機械の調達計画

計画に必要な資料は，施工計画書，機械計画書，工程表，実施予算書などである．施工計画書をもとに策定した機械計画書によって，使用する機械の種類・型式・規格・台数を決める．工程表によって使用期間を確認して調達時期を決める．実施予算書によって目標の調達価格を決める．

7.4.4 調達の目標

① 工期・納期：時期に遅れないように，工程表に準拠して目標の時期を決める．
② 価格：予算を超えないように，実施予算書に準拠して目標の価格を決める．
③ 仕様：品質・形状・性能を満足させるように，工事仕様書と設計図に準拠して，仕様の合否を決める．
④ 支払条件：実施予算と契約交渉に基づいて，支払時期・現金または手形などの支払方法や条件を決める．
⑤ 引渡条件：実施予算と契約交渉に基づいて，納品場所・保管責任・輸送負担などの条件を決める．

7.5 供給者の選定

7.5.1 選定の方法

供給者である売り手，貸し手，調達先，受注者，下請業者，納入業者などの選定には，競争性と非競争性の方法がある．前者の方法によって選んだ相手からの調達を競争取引，後者の方法によって選んだ相手からの調達を相対（あいたい）取引という．

7.5.2. 競争取引

複数の供給者の希望者の間に競争状態を設けて，特定の供給者を選ぶ方法である．競争入札，提案審査（コンペ），相見積りなどがある．

(1) 競争入札

契約条件をあらかじめ公示して，複数の応募者に文書で価格などを提示させる．建設プロジェクトの価格競争の入札では，最低価格の提示者を契約相手に選ぶ．契約を締結する資格を得ることを落札するといい，その資格者を落札者という．競争入札には，希望する者のすべてを無制限に参加させる無制限（完全自由）競争入札と条件を設けて入札参加者を制限する制限付き競争入札があり，制限付き競争入札には，入札前審査付き競争入札，入札後審査付き競争入札，指名競争入札などがある．

(2) 提案審査（コンペ）

あらかじめ条件を示して提出・応募された提案を審査し，最も優れた提案者を選ぶ方法である．契約条件，設計代案（設計 VE という），施工法（施工 VE という），専従者の資質，安全対策，環境保全など，価格以外の提案の審査や選定に採用される．価格競争入札と価格以外の提案評価を併用して契約相手を選ぶ方法を，二段階方式または総合評価方式という．設計の審査・選定方法のコンペの通称で知られる．コンペは英語の competition の略語である．

(3) 相見積り

複数の供給者の希望者から見積りの提出を求め，その見積りを吟味分析して個別に交渉を行い，双方が納得する結論に達した者を契約相手に選ぶ方法である．供給者の見積り（予算）と売り手候補者の見積り（予想費用）の金額と条件をもとに交渉することを，相見積りまたは見積り合わせという．この方法を，相対取引とみなす意見もある．

7.5.3 相対取引

競争させないで，初めから供給者を特定して選ぶ方法である．随意交渉，特命などがある．

(1) 随意交渉

随意に選んだ供給者の希望者と交渉して，契約相手に選ぶ方法である．交渉した結果，満足できない場合には，満足できる相手を特定できるまで交渉を重ねて，満足できる相手を特定する．価格交渉には，希望者の見積りを比較する相見積り（または見積り合わせ）が採用される．あらかじめ，複数の交渉相手を選んでおいて交渉する方法を，競争取引とみなす考えもある．

(2) 特命

あらかじめ唯一つだけに特定した相手との交渉を通じて，双方が合意した条件で契約を締結する方法である．民間工事で使われている名称である．公共工事では，この方法を随意交渉という．

7.6 契　　約

調達のマネジメントに関わる契約問題について述べる．

7.6.1 契約の種類

(1) 売買契約

売り手（供給者）が所有権を買い手（需要者）に譲渡して，買い手が売り手に対価を支払うことを約束する契約である．材料，建設機械，消耗品などの物品や知的所有権などの調達に採用される．

(2) 貸借契約

貸し手（供給者）の所有権を移動することなく，借り手（需要者）が使用した後に返還させることを約束し，借り手が貸し手に賃借料を支払うことを約束する契約である．工事用の仮設事務所，仮設用地，仮設宿舎などの不動産，それに付帯する設備や什器備品，工事用の車両や重機械，その他の機械器具，仮設資機材などの調達に採用される．長期間にわたる賃借をリース，短期間の場合をレンタルという．

(3) 委任契約

当事者の一方（委託者）が相手側（被委託者）に，法律行為や事務処理などの特定の仕事を行うことを委託して，委託を受けた相手側がこれを承諾することで効力が生じる契約である．委託された仕事を処理すること自体が目的であり，仕事の完成を要件とするものではない．委託とは，法律行為や事実行為を他人に依頼することであり，建設プロジェクトでは，設計，測量，調査，税務，会計，法務などを処理する業務である．委託される者には，建設コンサルタント会社，設計・調査・測量会社，技術士・建築士・弁護士・弁理士・税理士・公認会計士・行政書士・司法書士などの法人や個人がある．

(4) 雇用契約

当事者の一方（労働者）が相手方（使用者）に対して労務に服することを約束し，使用者がその労務に対する対価として報酬を与えることを約束する契約である．組織の間で交わされないので，直接契約という．建設プロジェクトでは，工

事など特定の仕事を行おうとする者（個人，プロジェクトチーム，企業など）が，自ら従業員や作業員などを直接雇い入れて，彼らを指図してその仕事を完成させる場合に採用される．労務それ自体の提供であって，その労務による成果は，契約上では問題とされない．

(5) 労働者派遣契約

労働者派遣契約[4]に基づいて，派遣元（労働者を派遣する側）の事業者が，派遣先（労働者の派遣を受け入れる側）に対して，派遣元の事業者が雇用する労働者を，派遣先の指揮命令の下に，派遣先のための労働に従事させることを約束する契約である．派遣元が，賃金の支払責任をもつ．派遣先が，労働時間管理や労働安全衛生管理の責任をもつ．派遣先と雇用関係が生じるものは，労働者派遣契約には該当しない[5]．

(6) 請負契約

特定の仕事（建設プロジェクトなど）の完成を約束した者（受注者）が自己の責任で完成させ，相手側（発注者）がその仕事の結果に対して報酬を払うことを約束することで効力を生ずる契約である．請負契約の受注者を請負者，請負人，請負業者という．ほとんどすべての建設工事に採用されている．仕事の完成が請負の対象である．途中で履行を中止して完成することを放棄した場合には，契約不履行として契約違反に問われることがある．

7.6.2 契約上の権利と義務

契約当事者は双方ともに，契約約款に以下に挙げる権利や義務の規定があることを，あらかじめ確認しておく必要がある．規定が明確でない場合，契約上の権利の行使や義務を果たすことができなくなる恐れがある．

(1) 契約目的の達成不能 (frustration)

戦争，革命，騒乱のようなきわめて大事態の発生が原因で，契約の履行がまったく不可能になることをいう．契約免責条項として，契約に明記する必要がある．契約を解除して，新たに契約を再締結するか当事者間で協議する．

(2) 契約の不履行 (breach of contract)

一方の契約当事者が，契約条件を遵守しないことをいう．遵守しない者は，結果責任を負う義務がある．

(3) 契約の解約 (termination)

契約当事者双方が合意して，契約終了前に契約履行義務を打ち切ることをいう．

(4) 不可抗力 (force majeure, act of God)

契約当事者が，通常必要とみなされる注意や予防対策を施し尽くしてもなお防

止することが容易ではない，と双方が確認し認識した事象をいう．
　(5) 契約の中断（suspension of contract）
　契約当事者双方が合意して，契約履行の継続が困難か不可能との根拠で，再開を前提とした契約履行をいったん中断することをいう．
　(6) 契約の放棄（abandonment）
　契約当事者の一方が，契約履行義務を放棄することをいう．通常は，放棄した側が結果責任を負う義務，放棄された側が結果責任を追及する権利が，契約約款に明記される．
　(7) 先取特権（mechanical lien, mechanic's lien）
　他の債権者に優先して債務者の財産から弁済を受ける担保物権をいう．法律で決められた権利である．
　(8) 瑕疵担保責任（warranty）
　売り手が，法律や契約で規定する状態や性能を維持する責任をいう．要件に欠ける場合には，修復義務と結果責任を負う義務がある．
　(9) 工期の延長（extension of time for completion）
　契約で定められた工期を延長することをいう．不可抗力による工期延長の結果責任を，売り手側が負う義務はない．
　(10) 地役権（easement）
　自分の土地の便益のために，他人の土地を利用できる権利をいう．
　(11) 通行権（right of way）
　自分の土地の便益のために，他人の土地を通行できる権利をいう．

7.6.3　契約金額

　通常の入札では，基本的に価格交渉はない．相対取引の場合には，価格交渉で合意に達した価格が，契約価格になる．交渉には，段階を踏む場合と一方的な場合がある．前者では，交渉の第一段階で買い手が，売り手候補者の提出見積りを検討し，高いとみなす金額や冗費を抽出して縮減や削減を要求する．それでも満足できない場合には，見積条件を変更して更なる減額を要求する．それでも目標に達しない場合には，売り手候補者に妥協を強いたり指値をして，買い手が希望する価格まで誘導する．指値とは，一方的に価格を提示して受け入れることを強制することをいう．買い手の予算は下請契約交渉では，下請候補業者の立場で見積ることが必要である．元請側が下請候補業者の立場で見積ることを割出しという．
　後者では，買い手が初めから一方的に妥協の強制や指値を提示して迫る．買い

手市場の場合は，立場が強い買い手側の意向が通る可能性が高い．売り手市場の場合は，売り手候補者達は採算が悪い仕事の受注を敬遠するので，買い手側の意向が通る見込みは低くなる．

通常，契約金額の規定は，以下に挙げる形態の中から採用される．

(1) 総価による一括

唯一つの固定総額で契約金額を規定している形態である．この形態の契約を総価契約，固定金額契約，定額契約，一括総額契約，総額確定契約，一式契約などという．英語ではランプサム（lump sum）契約という．

(2) 単価による数量精算

当事者どうしが契約締結時に，各工種または費目ごとに単価を合意して確定する形態である．合意される単価は，契約締結前に当事者どうしが合意した数量を前提に設定される．この形態で契約金額を確定する契約を単価契約という．英語ではユニットプライス（unit price）契約という．契約締結時の契約金額は，工事の途中で実際の施工数量に合わせて修正され，最終の契約金額が決まる．

(3) 実費精算

契約を履行するために実際に支出した費用を，支払金額として精算することを規定している形態である．この形態で契約金額を確定する契約を，実費精算契約という．英語ではレインバース（reimburse）契約という．わが国では，契約締結時点で正確な契約金額を確定できない特別に認められた事情や条件，たとえば不慮の災害直後の応急的な復旧工事や調査工事などの場合に限って，特例として採用されることがある．

(4) 報酬つき契約金額

契約金額の中に，契約履行のための費用に加えて報酬（フィーまたはボーナス）を含むことを規定している形態である．この形態で契約金額を確定する契約を，報酬加算型契約と称する．英語ではコストプラスフィー（cost plus fee）契約という．報酬は，あらかじめ当事者どうしで合意した契約目標（たとえば工期の短縮など）を受注者が達成した場合に与えられる．

7.6.4 支払い

契約には，支払時期，一括か分割か，現金か手形か，などの支払条件を定めなければならない．

支払条件の中でも，とくに支払時期は，支払いを受ける側の採算に影響を与える．受ける側は早めに支払いを受けて，資金繰り（キャッシュフロー）に余裕をもたせたいと思う．一方，支払う側は現金払いせずに，決済日を遅らせる手形を

発行することで，支払いを遅くして資金調達を楽にしたいと目論む．その結果，双方の思惑が対立する．支払いを受けることを取下げという．取下げが遅くなって支払いを受ける側の資金繰りが悪化する．そうすると，受ける側は支払う側から受け取る金額よりも工事で消費する支払金額のほうが多くなって，当座借越し（オーバードラフト）の状態になる．オーバードラフトになると，外部から資金（たとえば金融資金）を導入して支払いにあてる必要に迫られるので，金利負担分だけ採算が悪くなる．受け取る側は早めの取下げを催促する．

財務状態が悪い会社は，現金を急いで手にしたい態度を露わにする．そのような会社は，資金繰りが逼迫しており，取下金をほかの建設プロジェクトや社内の運転資金に流用する恐れがある．こうした自転車操業の企業は，当の建設プロジェクトの履行に必要な資金が枯渇して，工事を進めることができなくなる恐れがある．交渉相手の財務力と契約履行力は，契約相手を決める重要な判断根拠になる．

企業は，個々の建設プロジェクトごとに勘定科目をたてて，支払業務の窓口（本社・支店の経理部・会計課，出先の現場事務所など），時期（締切り，請求，支払いなどの時期），方法（借掛金勘定，小払精算など），種類（約束手形，現金など），臨時的処置（下請業者の資金繰り対策，臨時払い）などについて，綿密な社内規則を設けている．建設プロジェクトの幹部（現場所長や事務責任者など）は，その規則に定められている手続きを忠実に遵守して支払業務を進める義務がある．

通常，契約で規定される支払条件は，以下に挙げる種類の中から採用される．

(1) 一括支払い

金額の支払いを，唯一回に限定する方法である．わが国の請負契約では「仕事の目的物を完成して引き渡すと同時に，その報酬を与えなければならない」とし「引き渡しが出来ないときには，報酬の請求が出来ない」とする民法の規定[6]があるので，基本的には，工事完成時点における一括支払いが原則である．

(2) 分割支払い

金額の支払いを，複数回に分割する方法である．

建設工事は契約金額が大きく工期が長い場合が多いので，受注者が自己資金だけで工事を行うと，工事中の資金負担が過大になる．資金不足を補うために金融資金を導入すると金利が発生し，その金利を工事費に転嫁すると，発注者が請求される工事費は高額になる．その負担を軽減するために採用されている．分割支払いの契約を，英語では installment payment 契約という．具体的には次のような方法がある．

1) 前払金・前渡金　契約締結時や契約で定めた時期に，着工に先立って契約金額の一部を支払う方法である．受取る（受注者）側からは前受金ともいう．前払金は，中間や最終の支払金から差引いて精算される．英語では advance payment という．金額や精算の方法は，あらかじめ契約で規定しておく必要がある．

2) 出来高払い　工事の進捗に応じて，定期的に出来高相当額を支払う方法である．通常は，毎月出来高払い方法が採用される．英語では，progress payment という．

3) 均等払い　均等に分割した同一金額を定期的に支払う方法である．通常は，毎月均等に支払う方法が採用される．英語では payment by equal installment という．

4) 事前約定払い　あらかじめ当事者間で合意した支払予定に従って支払う方法である．通常は毎月支払う事前約定毎月支払方法が採用される．英語では schedule payment という．

5) 保留金　支払い（発注者）側が支払うべき金額から差し引いて，手元に保留するものをいう．通常は，工事途上の中間支払金に適用される．保留率（毎回の支払金額の5～10％程度）や保留金限度額（契約金額の5～10％程度），解除の時期などは，あらかじめ契約で規定しておく必要がある．保留した総額は，完成後の引渡し時や瑕疵担保期間満了時に，受取り（受注者）側に返却される．英語では retention money という．

7.6.5　契約変更と紛争解決の手段

当事者がいくら努力しても，工事完成まで契約条件がまったく変化しないことはありえない．契約に影響を及ぼすような変化に遭遇した場合には，当事者達はそれぞれの立場から要求を繰り広げることになる．主な状況変化の原因には，引渡しの遅れや工事を阻害する障害，間違った設計の訂正や現地状況に合わせた設計の変更，設計は変更せずに工事内容を変更する見なしの設計変更，原契約に含まれない追加工事，材料や工法の代替え，工事中の法令改定，予見不可能な天候・地質などの自然条件の相違，異常な値上りや労働争議などの経済的変化，政変や騒乱などの社会的変化，変更や追加に伴う工事期間の延長，などが挙げられる．

契約の変更や修正が必要になった場合や契約で決めていなかった状況が発生した場合には，まず当事者どうしが話し合って解決を図る．解決が図られない場合や紛争が生じた場合には，民法の規定が解決の手段になる．

(1) 協議

当事者が直接協議して，双方が納得する結論を出す方法である．通常は，定常

業務の一部として行われる．結論が出ない場合や交渉が長引く場合には，以下の方法に移行する．

(2) 変更命令・変更願の申請

発注者が変更命令を発行するか，受注者が変更願（要求）を提出して，条件交渉に入る方法である．

(3) 紛争処理委員会

各都道府県に設けられている委員会に処理をゆだねる方法である．

(4) 調停

当事者双方が合意した調停人を介して，双方が納得する結論を引き出す方法である．双方の信頼性に基づく合意があれば，調停人の専門性や経験を必須の条件としない．簡便な解決法として頻用されている．

(5) 仲裁

双方が合意した仲裁機関に依頼して指名された仲裁人を介して，双方が納得する結論を出す方法である．仲裁人は，国際的な公的資格者である．欧米で慣用されている方法である．

(6) 裁判

法廷で双方の主張を裁判官が法的に判断して，判決を出す方法である．判決は法的拘束力のある最終的な結論となる．結論が出るまでに，時間と費用がかかるのが短所である．

(7) 裁判上の和解

迅速な解決を図る目的で，裁判官の面前で行われる和解の方法がある．調書に記載されると，確定判決と同等の効力が生じる．

7.7 労務の調達

7.7.1 調達の対象

建設プロジェクト単位で調達する労務には，
① 施工に直接従事する技能作業員や一般作業員など
② 事務所や施設の維持管理に従事する車両の運転手，電気工，機械工，修理工，守衛，清掃人などの技能作業員や一般作業員など
③ 事務に従事する事務職員，施工管理の技術者，専門家（測量・試験・検査・分析・調査・設計などの専門職，工事現場の運営に必要な弁護士，医師，看護師，薬剤師，料理人，理容師，税理士，公認会計士など）などがある．

①は直接工事費，②は間接工事費，③は作業所経費に計上される．

7.7.2 調達の方法

　直接雇用，請負，労働者派遣，委託などの方法がある．しかし，通常は①を請負，②と③を社内からの転属もしくは下請会社，系列会社，労働者派遣会社などからの出向や派遣で調達する．プロジェクト単位で直接雇用する例は少ない．

　(1) 社内転属

　わが国では，企業のプロジェクトチームは，基本的に所長以下の要員を社内の従業員で構成する．その編成は，人事権者が発令する人事異動によって実施される．

　(2) 出向

　社内から適材を得られない場合には，子会社や他社から出向の形で，要員をあてることがある．

　(3) 直接雇用

　使用者側と本人が直接，第三者を介さないで雇用契約を締結することで雇用関係が成立する．

　使用者側には，法定福利や雇用原則などの義務を遵守する使用者責任がある．使用者側には，指示命令や管理監督を直接行える点が長所であり，雇用責任の制約を受ける点が短所である．わが国では，使用者側の一方的な都合で安易に解雇できないので，期間を限定した雇用を避ける傾向がある．

　(4) 労働者派遣

　派遣元（労働者を派遣する側）が雇用している労働者を派遣先（労働者の派遣を受ける側）に派遣する派遣契約を，派遣元と派遣先が締結して，派遣先自身の事業遂行にその労働者を使用する形態である．

　工事中に発生する請負契約外の特定作業に限定して，労務単価で実費精算する場合（常備：じょうよう）に採用されることがある．下請業者が雇用する労働者を元請業者が直接指示命令して仕事を行わせた後で，実費精算する常備による労務賃金精算方法は，請負対象外の仕事を一時的に作業単位で労働者派遣の形で，精算処理したものとみなされる．労務請負は7.10節，委託は7.11節で述べる．

　1）契約　　派遣される労働者と派遣先は雇用関係にはない．したがって，指揮命令の中には，雇用関係に基づく指揮命令は含まれない．労働時間管理や労働安全衛生管理などは派遣先が責任をもたなければならない．

　派遣先が派遣元と請負契約を締結していないにもかかわらず，自己の責任が軽い請負の形態をとりたがる傾向がある．請負の形態をとりつつ，派遣先が直接，

派遣労働者をあたかも請負労働者のように指揮命令する，という請負の形を装う偽装請負は，違法行為である．

労働者派遣法は，建設業務に労働者派遣を行うことを禁じている．建設業務とは，土木建築その他の工作物の建設，改造，保存，修理，変更，破壊もしくは解体の作業またはこれらの準備の作業に関連する業務である．ただし，施工管理の作成，工程管理，品質管理，安全管理などの施工管理業務や建設現場の事務職員の業務は建設業務から除外され，派遣の対象にすることができる[7]．

以下は，厚生労働省が例示する「労働者派遣法で法的に必要最低限とされる労働者派遣契約の事項」[8]である．派遣経費，債務不履行の損害賠償などは，当事者の自由裁量に委ねられている．

（労働者派遣契約の例）
1. 業務内容：事務・営業・製造など具体的な業務の内容
2. 就業場所：所在地・建物・就業する部屋など
3. 指揮命令者：業務を指揮命令する個人名・所属・職制上の地位
4. 派遣期間：開始日から終了日までの暦日表示
5. 就業日：たとえば，土日を除く平日など
6. 就業時間：たとえば，9時から17時まで
7. 休憩時間：たとえば，12時から13時まで
8. 安全及び衛生：危険有害業務の内容，健康障害防止措置，換気・採光・照明等職場環境管理事項，安全衛生教育，労働災害被災時連絡報告義務等
9. 派遣労働者からの苦情処理：苦情申出で，苦情処理方法
10. 労働者派遣契約の解除：解除の事前の申入れ，就業機会の確保，損害賠償措置，労働者派遣契約解除の理由の明示
11. 派遣元責任者：個人名・所属・職制上の地位
12. 派遣先責任者：個人名・所属・職制上の地位
13. 時間外労働：6.の就業時間外の就業を指示命令できる範囲
14. 派遣人員：業務ごとに具体的に表示
15. 便宜供与：娯楽施設・医療施設・給食施設の利用など

2）支払い　派遣元が派遣する作業員の労務単価（時給，日給，手当の額など）だけを派遣先と派遣元が派遣契約で決めて，契約期間中の作業時間に応じた実費を，派遣先が派遣元に支払う．派遣元が賃金の支払責任をもつ．

7.7.3 労務の原価

直接雇用の場合は雇用する企業の社内規定に基づいて，労働者派遣の場合は派

遣元と派遣先の双方が合意する条件で決める．
　原価は，本人に支払う賃金・給与，賞与，基準外賃金（休日出勤手当て・時間外手当てなど），手当て（通勤，住宅，家族，転居など）に加えて，本人を雇用または使用することによって，使用者側が負担すべき法定福利（健康保険，労災保険，失業保険など）や退職引当金などから構成される．

7.8　材料の調達

7.8.1　調達の対象

　工事に使用する材料で，本設材料と仮設材料に大別される．

（1）本設材料

　本設材料とは，工事の対象物に使われる材料である．たとえば，土や石などの土石材料，丸太や合板などの木材，鉄筋や形鋼などの鋼材，コンクリートやタイルなどの窯業製品，プラスティックや薬液乳剤などの化学油脂合材，その他，電力，用水，油脂燃料などがある．

（2）仮設材料

　仮設材料とは，施工を行うために必要な材料であるが，工事の対象物として消費されないで，使用する目的が終わると撤去される材料である．たとえば，コンクリート工事の型枠・足場・支保工，基礎工事用の仮設鋼材，工事現場の仮囲いや仮柵などの材料，施工中の対象物を保護するために使用する被膜材や被覆材など，工事中に使用する仮建物やテントなどの仮施設，その仮施設を維持運営するための電線，照明用具，動力用水光熱などに関連する仮設物，その仮施設で消費・消耗する燃料・油脂などの材料，などがある．

　工事中に消費してしまうか，摩耗・老朽化して価値がなくなってしまう消費財と，工事が終わっても耐久性があり，次の工事に転用可能な償却財がある．

　償却財は，1つのプロジェクトで使ったあとも，耐用限度が尽きるまで転用され続けて使用される．使用することによって損耗や老朽化して資産価値が減少するに伴い，その減少した価値を耐用年数内の各年度に配分して負担する会計処理上の償却手続きを行う．償却財は，7.9節「機械の調達」に述べる．

7.8.2　調達の方法

　消費財は購入によって調達する．償却財は，購入か賃借によって調達する．

（1）購入による方法

　土石材料など数量が多く重量が大きなものは，輸送費の負担が大きくなるので，

できるだけ最寄りの場所から調達する．工業製品は，JIS規格などの公認された品質基準で製造している工場から調達することが望ましい．

(2) 賃借による方法

賃借契約の期限がきたら精算して，提供された物品を返却する方法である．購入より安価で，提供も迅速で，品質・仕様や提供中のサービスの質に確信ができる場合に採用される．提供される物品が常に新品とは限らないので，契約に先立って，実物を実際に確認することが望ましい．長期の貸借をリース，短期をレンタルという．

7.8.3 材料の原価

(1) 消費財

材料の価格には，定期刊行誌[9]に掲載される公表価格，業界紙や代理店の資料などに提示される市場価格，業者から提出させた見積価格などがある．これらを参考にしたうえで納入会社と交渉して購入価格を決める．

一般に建設材料は，地域や時期による価格変動や地域による価格差が生じやすい．長期間の工事では，価格の高騰を招きやすいので，たえず最新の市場価格を把握するように努める．

(2) 償却財

購入材料は耐用期間中，いったん会社の資産として保有し，その費用を使用する複数のプロジェクトの勘定で負担する．償却の計算方法には，7.9.4の(1)に述べるような定額償却法と定率償却法の2つの方法がある．

賃借で調達する材料は，その材料を使用する特定の一プロジェクトが費用の全額を負担する．

7.9 機械の調達

7.9.1 調達の対象

対象になる機械には，建設機械，コンクリート製造機械，アスファルト混合機械，汎用機械，修理機械，照明機械，通信機械，空気調整機械，事務器具，厨房器具，計測機械，測量機器，試験機械，検査機械などがある．

機械本体のほかに，機械本体に使用する燃料・油脂や消耗品や修理に使用する修理部品などの調達が必要になる．

7.9.2 調達の方法

工事に使用する特定の機械を手に入れるには，購入（直接所有）と賃借（レン

タルとリース)の方法がある．
 (1) 購入(直接所有)
 購入した機械は，会社の資産として扱われる．会社が直接所有すると，いつでも使用できる保証がある．自ら管理できることも長所である．その一方で，購入代金を負担するために，たえず工事を確保して売上高を維持し続ける必要がある．更新がはかどらずに，古い機械を使用せざるをえないことも短所である．
 (2) 賃借(レンタルとリース)
 機械の賃借は，直接所有に代わる機械確保の一手段である．レンタルは短期間だけ借り入れることであり，リースは長期にわたって借り入れることである．仕事に適した機械を選ぶことができること，その機械を使う仕事の受注が見込めない場合に都合がよいこと，などが長所である．

7.9.3 調達機械の選定
 (1) 容量と台数
 施工計画で決定した能力に見合う機械の調達計画には，少数の大容量の機械か多数の小容量の機械かの選択肢がある．大容量の機械で台数を少なくするか小容量の機械で台数を多くするか，複数案の組合せを比較検討する．
 前者は，運用管理が容易である．後者は，機械に故障が発生しても，能力低下のリスクが少ない．施工計画段階で選択した案を調達に際して再検討し，複数の選択肢を比較して，最適な結論を導き出すように努める．
 (2) 新品と中古
 新品は調達価格が高価である．しかし，性能は安定しており，維持費は安価である．
 中古は調達価格が安価である．しかし，性能に当たり外れがあるうえに，維持費が高価である．
 施工計画時に行った市場調査をあらためて再調査・再検討して，最新の市場環境の把握に努めると同時に，計画時よりも有利な条件を導き出すことが望ましい．

7.9.4 調達費用
 (1) 購入機械の償却費
 自己資産の機械を使用する際の費用は，減価償却費で算出する．減価償却とは，取得した資産を取得時にただちに一度の費用として計上しないで，使用によって生じる損耗や老朽化で資産価値が減少するに伴って，その減少分を耐用年数の期間中の各年度に配分して計上する会計上の処理手続きの方法であり，償却と略称する．

取得した資産を取得時に一括して費用に計上すると，適切な損益計算ができないので，考え出された方法である．工期が非常に長いプロジェクトだけで寿命が尽きてしまい，他のプロジェクトに転用される機会がない機械は，その１つのプロジェクトだけで取得金額の全額を負担する．

商法では，規則的で計画的な減価償却の計算を義務付けている．

計算の根拠は，①取得金額（S）：10万円以上が対象，②償却期間（T）：耐用年数．財務省の耐用年数表に準拠する，③償却法：定額法と定率法が一般的である，④残存価格（L）：最終的に処分して回収する金額，⑤償却可能限度額（W）：減価償却の対象となる金額，の５項目である．

償却費を割り振る方法には，定額と定率がある．定額法とは毎年定額で償却する定額償却法，定率法とは毎年定率で償却する定率償却法を指す．

耐用年数とは，新品で購入した資産が使用に耐えられなくなって価値が消滅する限界年数をいい，法的に定められた限界年数を法定耐用年数という．

資産価値の減少額が償却費に当たる．１年間に計上する償却費は，その１年間に使用したことで減少した資産価値である．資産価値から償却費を差し引いて，残った資産価値が残存価値（残存簿価）である．使用することで償却費が発生する期間を償却期間という．償却期間が法定耐用年数に達すると廃棄処分の対象になる．

定率法では，t年度の減価償却費は$A_t = R(1-R)^{t-1} \times S$，未償還残高は$B_t = (1-R)^t \times S$である

定額法では，t年度の減価償却費は$A_t = R \times S$，未償却残高は$B_t = (1-tR) \times S$で計算される．

ただし，Rは償却率，Sは取得金額である．

以下に，機械（法定耐用年数５年，購入価格8,000万円，償却率0.200：定額法，0.369：定率法，残存価格10％）の償却費の算定例を示す（表7.1）．

(2) 賃借機械の使用料

他社資産の機械を有償で使用する際の費用は，使用料（たとえば，レンタルやリースの料金）がもとになる．

1）レンタル　一般に，機械の使用期間や回数に対して，購入費用が高すぎる場合

表7.1　減価償却費の算定例

年度	定率法		定額法	
	減価償却費	未償却残高	減価償却費	未償却残高
1	2,952,000	5,048,000	1,440,000	6,560,000
2	1,862,710	3,185,290	1,440,000	5,120,000
3	1,175,370	2,009,920	1,440,000	3,680,000
4	741,660	1,268,260	1,440,000	2,240,000
5	467,980	800,280	1,440,000	800,000
計	7,199,720		7,200,000	

に採用される．しかし，機械の継続的な使用が見込めない場合には，所有費用より高くついたとしても，レンタルの採用を考えることが望ましい．機械のレンタル料率は，慣行として日単位（8時間），月単位（25日または200時間）で計算される．大型機械では月単位だけの場合がある．月単位の単価が日単位の単価より安いように，レンタル期間が長いほど安く設定されている．レンタルの可能性を考慮するには，基本的な費用を比較して判断する．たとえば，特定の建設機械についてレンタル契約の使用料が，日単位契約（16,000円/日），月単位契約（250,000円/月），一方，直接所有の社内年間使用料（1,500,000円）の場合，以下のような検討を行って，採用を決定する．

表7.2 レンタル契約の選定例

	日単位契約	月単位契約	直接所有
契約金額	16,000 円	250,000 円	1,500,000 円 （年間償却金額）
日単価	16,000 円	10,000 円※	5,000 円
最長限界	15 日 (250,000÷16,000=15.675)	6 か月 (1,500,000÷250,000=6)	法定償却期間 300 日（仮定）
最短限界	1 日	16 日	6 か月

※月当り稼働日数を25日と想定

　表7.2によると，機械の使用期間が15日以内であれば，日単位契約が安い．16日以上であれば，月単位契約が安い．6か月以内であれば月単位契約が安いが，6か月以上であれば直接所有の機械を使用したほうが安くなる．ただし，レンタルと直接所有の比較は，レンタル料と減価償却費の税法上の措置も含めて考慮する必要がある．中途解約が可能である．使用中の機械の整備や修理に要する費用は，レンタル契約条件に規定される．

　2）リース　　リースとは，借り手が選択した機械類を購入したリース会社から，長期にわたって賃借する取引をいう．長期とは，対象物の耐用年数に対して比較的長い期間を意味する．対象物の所有権は貸し手であるリース会社にあるが，借り手である会社が管理するので，会社は直接所有と同じように使用できる．当事者のどちら側からも，契約期間中の契約破棄はできない．リース期間終了前に借り手が解約すると，借り手は貸し手のリース会社に違約金を支払う．中途解約した場合でも，リース期間終了まで借りる場合よりも支払総額は安くなることがないように設定されている．リースを採用する長所には，費用の平準化ができること，早期の費用化ができること，購入時の出費を回避できること，事務が省力

化できること，銀行の融資枠を温存できること，などが挙げられる．

7.10 請負による調達

7.10.1 調達の対象

建設業法[10]では建設工事を，土木一式工事，建築一式工事，大工工事，左官工事，とび・土工・コンクリート工事，石工事，配管工事，電気工事，管工事，タイル・れんが・ブロック工事，鋼構造物工事，鉄筋工事，舗装工事，浚渫工事，板金工事，ガラス工事，塗装工事，防水工事，内装仕上工事，機械器具設置工事，熱絶縁工事，電気通信工事，造園工事，鑿井工事，建具工事，水道施設工事，消防施設工事，清掃施設工事，解体工事の29種類に分類している．該当する工事業の資格を備えている業者が，下請調達の対象になる．

公共工事では建設業法によって，元請業者が請負った工事のすべてを，一括して1社だけに下請け発注すること（トンネル契約）を禁じている[11]．

7.10.2 調達の方法

わが国では，ほとんどの場合，系列会社や協力会社などの中から特定した会社と相対取引で交渉して下請契約を締結している．入札を採用しない理由は，永年の取引を通じて元請と下請の間で信頼関係が培われており，整合性のある管理体制が構築されているからである．元請側がたえず管理の目を光らせていなくても，下請業者は十分に品質・工期・安全の管理と遂行を円滑に進めることを保証している．結果として元請会社は，管理の権限を大幅に下請側に委譲することで，現場管理の省力化が可能になる．

外国では，入札によって下請業者を選定する例が多い．わが国の建設会社が外国で工事をする際も，下請希望業者を募集して入札で決める例が多い．

7.10.3 原価の算出

相対取引の場合には，契約金額その他の条件を決める前に契約相手が特定されるので，契約金額を設定するための工夫が必要になる．下請業者に対する原資は，元請契約のなかの外注費として既に上限額の枠が決まっているので，これを超過することは許されない．

(1) 下請原価の構成

元請業者はまず，工事の範囲，支給品，貸与品，支払いなどの条件を下請候補業者に提示して，見積提出を求める．これを引合いに出す，引合いを取る，などという．併行して元請側では，価格交渉する目的で下請業者の立場に立って見積

りを行う．見積価格は，下請業者側の工事原価に相当する．通常は，歩掛りの算定→代価の作成→総原価の算出→元請・下請の責任分担の決定→割出し→下請原価の決定，という手順を踏む．

工事原価は，直接工事費，仮設工事費，現場経費などから成る．

直接工事費は，土工事，基礎工事，コンクリート工事などの本体工事の各工種の労務費，材料費，機械費，外注費（二次以下の下請契約）などから構成される．

仮設工事費は，基本的には元請業者と同じように，準備管理費，仮設備費，機電設備費，運搬荷役設備費，汎用機械工具費，環境公害対策費，仮建物費，動力用水光熱費，借地借家費，補償費，安全衛生管理費などから構成される．

現場経費も，基本的には元請業者の作業所経費と同じように，人件費，労災保険料，事務用品費，通信交通費，雑費，以上のいずれにも属さないその他の経費，工事貸借利息などから構成される．

下請候補業者が元請業者に提出する見積書は，直接工事費の各工種の費目に，仮設工事費や現場経費，そのほかの金額を割掛けた金額を計上している．割掛けた金額では実際の原価が把握できないので，元請業者が下請候補業者と価格交渉を行う際には，元請業者が算出した原価と，下請候補業者が算出した原価を比較検証できるように，下請候補業者に元請業者が算出した計上形式と同じ形式で提出を求めることが望ましい．

(2) 直接工事費の算定

直接工事費の算定方法には，様々な方法が頻用されている．その中でも，歩掛りと代価表を用いた方法は，代表的な存在である．以下に，具体例による手順を述べる．

1) 歩掛り　歩掛りとは，生産能率の逆数である．たとえば，型枠加工の型枠工の労務作業を $6.7\,\mathrm{m^2/人}$ とすると，歩掛りはその逆数の $0.15\,\mathrm{人/m^2}$ となる．この歩掛りを使って，単位生産量の単価（＝歩掛り×労務単価）を計算する．

型枠工の労務単価を $24{,}000$ 円/人とすると，単位生産量である型枠 $1\,\mathrm{m^2}$ の加工単価は，$0.15 \times 24{,}000 = 3{,}600\,\mathrm{円/m^2}$ と計算される．工事費を拙速で簡易に算定する際には，公刊されている平均的な歩掛りの数値を利用してもよいが，実際の歩掛りは個人能力や職場環境によって差異が存在するので，正確な工事費を算定するときには，日常の作業記録をもとに設定した現実味のある歩掛りを使うことが望ましい．

2) 代価表　1つの工事は複数の作業から構成されている．したがって，工事の単価は，個々の作業の歩掛りから求められる単価を合成した複合単価である．

代価とは，特定の工種の単位量（たとえば，1つの作業グループによる1工程や1日単位などで行う作業量）を基準として，材料，労務，機械などの歩掛りや単価を用いて算出した工事の費用や複合単価である．具体的には，構成される工種や項目を表記した集計表である．

たとえば，型枠加工・設置・撤去の単位量を $100 \, \mathrm{m}^2$ として型枠工の代価を求めると，

型枠工の必要数量は，代価基準数量×歩掛り＝ $100 \times 0.15 = 15$（人）．

型枠工の労務単価を 24,000 円／人とすると，

$100 \, \mathrm{m}^2$ 当りの型枠工の労務費＝数量×労務単価＝ $15 \times 24,000 = 360,000$

（すなわち型枠工の代価は，代価基準数量×歩掛り×労務単価＝ $100 \times 0.15 \times 24,000$ として算出される）

型枠工以外の代価も加えて算出して，型枠加工・設置・撤去に必要なすべての材料費，労務費，機械費から成る型枠 $100 \, \mathrm{m}^2$ 当りの代価を算出する．この代価は，表7.3のような代価表にまとめられる．

表7.3 代価表（型枠加工）の例

	（規格・仕様等）	（呼称）	（数量）	（単価）	（原価）	（適用）
材料費						
型枠材料	：木製合板(1.2×0.9×1.8)	平方米	110	500	55,000	補正係数 10%
雑材	：桟木、釘、消耗品など	式	1		15,000	
<u>材料費小計</u>					<u>70,000</u>	
労務費						
世話役	：	人	3	35,000	105,000	
型枠工	：　加工、設置	人	15	24,000	360,000	
普通作業員	：運搬、雑作業、撤去	人	10	16,000	160,000	
<u>労務費小計</u>					<u>625,000</u>	
機械費						
機械損料	：トラック・クレーン	式	1	120,000	120,000	
機械運転費	：トラック・クレーン運転	式	1	60,000	60,000	
雑消耗品	：	式	1		5,000	
<u>機械費小計</u>					<u>185,000</u>	
<u>合計</u>					880,000	型枠 100 平米当り

1平米当りの複合単価＝代価÷生産単位＝ $880,000 \div 100 = 8,800$ 円と算出される．

表7.4 直接工事費（型枠工事）の算出例

工種名	単位呼称	数量	単価	金額
型枠工事費	m^2	20,000	8,800	176,000,000
内訳				
材料費				
型枠材料：木製合板(1.2×0.9×1.8)	m^2	22,000 (補正係数10%)	500	11,000,000
雑材：桟木、釘、消耗品など	式	1	3,000,000	3,000,000
材料費小計				14,000,000
労務費				
世話役：	人	600	35,000	21,000,000
型枠工：加工、設置	人	3,000	24,000	72,000,000
普通作業員：運搬、雑工事、撤去	人	2,000	16,000	32,000,000
労務費小計				125,000,000
機械費				
機械損料：トラック・クレーン	式	1	24,000,000	24,000,000
機械運転費：トラック・クレーン運転	式	1	12,000,000	12,000,000
雑消耗品：	式	1	1,000,000	1,000,000
機械費小計				37,000,000

表7.5 下請外注費（型枠工事）の交渉原案算出例

	単位呼称	数量	単価	金額
型枠工事下請外注費	m^2	20,000	10,000	200,000,000
内訳				
直接工事費	m^2	20,000	8,800	176,000,000
仮設工事費	式	1	14,000,000	14,000,000
現場経費等	式	1	10,000,000	10,000,000

3) 直接工事費の算出　この代価表をもとに，下請業者の型枠工事の直接工事費（請負数量 20,000 m^2）は，表7.4のように算出される．

(3) 下請外注原案の算出

下請への外注は，分割発注が原則である．そこで，元請側は下請に外注する範囲を具体的に区分する．工事の区域で分ける場合が工区分け，専門工事ごとに分ける場合が工種分けである．個々の工区または工種ごとに下請候補業者を特定して，それぞれの予算金額を算出する．

元請側は特定の直接工事費を算出した後，下請側がこの直接工事を行うのに必要な仮設工事費，現場経費などを算出する．この合計金額が，下請側が分担する工事に必要な金額になる．これが，下請外注の交渉のための原案になる．

たとえば，上記の(2)項の3)で直接工事費を算出した型枠加工の下請外注金額は，表7.5のように算出される．

この金額を原案として，下請候補業者との下請契約交渉を行う．上記の外注費単価10,000円と直接工事費単価8,800円の比から1を引いた数値：10,000/8,800 − 1 = 0.136 を割掛率という．直接工事費の単価に割掛率を掛けて，提出単価を算出することを割掛けるという．

下請側は直接工事費のほかに，0.136倍の費用が必要ということになる．

(4) 下請契約交渉

相対取引では，下請契約の条件交渉が不可欠である．競争取引では，応札業者の提示額を受け入れた後は，元請側は下請業者を突き放し，契約責任だけを求めればよい．しかし，相対取引では，双方が責任をもって分担する範囲に遺漏がないように詳細かつ具体的に突き合わせて，下請側を説得しながら条件を調整して双方が納得する契約金額が設定できるように，下請候補業者を誘導しなければならない．その結果，元請側には，履行途上の管理責任が生じることを認識する必要がある．相対取引における下請契約は，相互の信頼関係で機能している．

1) 突き合わせ　元請側は下請候補業者に引合いを出して，見積りを提出させる．提出された見積書を原案と突き合わせて，下請候補業者が設定している契約上の責任分担範囲などの見積条件，計上金額などを検証する．割出原案と提出見積りに相違があれば，その相違の原因の解明を行う．たとえば，外注原案と提出見積りは，表7.6のように示される．

元請側の外注原案と下請候補業者の提出見積りの間の金額や条件の相違の理由を，直接工事費，仮設工事費，現場経費の中から抽出して確かめながら，必要であれば時価や原価の再調査，双方の責任分担の見直し，費用負担の金額の調整などを行って，廉価になるように相手側を説得しながら交渉を行う．

2) 提出見積りの仕訳　下請候補業者の提出見積りが元請側の期待に添わない場合には，元請側の原案を基準にして，下請候補業者の提出見積りの個々の費目ごとに，妥当性を検証する．そのためには，元請側は，下請候補業者に対して詳細な内訳や補足資料の追加提出を求める．原案と提出見積りで計上金額に相違が生じた場合には，その理由を問い質し，原因を突き止める．これらの一連の作業を仕訳という．

通常，計上金額に大きな隔たりが生じる原因には，

○ 契約・見積条件について誤解をしている．

○ 金額の算出に誤りがある．

表7.6　外注原案と提出見積りの比較例

費目	外注原案	提出見積り
直接工事費	176,000,000	273,000,000
仮設工事費	14,000,000	23,000,000
現場経費など	10,000,000	17,000,000
合計金額	200,000,000	313,000,000

○ 時価やそのほかの調査が不徹底である．
○ 恣意的に過剰な余裕を見込んでいる．
○ 不適切な業務が含まれている．

などが挙げられる．解決の方策が見つかれば，双方合意のもとで，計上金額を修正する．

　計上金額に妥当性を認められ，それでもなお提出見積りの金額が高い場合には，下請候補業者の分担する責任範囲のいくつかを，元請側が引き受けることによって，減額できる余地がある．

　元請側と下請候補業者側の責任分担範囲を調整するには，重複や遺漏があってはならない．

　責任分担範囲は，以下のような判断基準に従って調整する．

　元請側が分担することが望ましいと判断されるものは，

○ 元請側が既に所持している．たとえば，既往プロジェクトの残余物など
○ 元請側による調達費用が下請側によるよりも廉価である．たとえば，大型の建設機械など
○ 元請側と共同で使用する．たとえば，同居する仮建物など
○ 元請側の作業と併行して行われる．たとえば，仮設用の上下水道管の敷設など
○ ほかの下請業者も使用する共通性がある．たとえば，共同で利用する廃棄物処理施設など
○ 下請側の判断に一任することが適当ではない．たとえば，検査機械や高額の技術料を伴う製品など
○ 下請側が分担した経験がない．たとえば，先端技術分野の新製品など

　一方，下請側が分担することが望ましい，と判断されるものは，

○ 下請側が既に所持している．
○ 下請側による調達費用が元請側によるよりも安価である．たとえば，労務募集費など
○ 下請側が常に分担している事実がある．
○ 下請側が有する知識や経験が元請側よりも詳しい．
○ 下請側の責任に委ねることで冗費を節約できる．たとえば，水道や電気の使用料，釘や結束線などの消耗品

　調整された責任分担範囲に基づいて，元請側が負担する費用と下請側が負担する費用を修正する．

　3) 提出見積りの修正　　修正の具体例に，上記 (2) 項の 2) の型枠工事を取り

表7.7 内訳の比較（外注原案と提出見積り）例

外注原案				提出見積り			
費目	内訳		計	費目	内訳		計
材料費	型枠材料	11,000,000		材料費	型枠材料	16,000,000	
	雑材	3,000,000	14,000,000		雑材	6,000,000	22,000,000
労務費	世話役	21,000,000		労務費	世話役	30,000,000	
	型枠工	72,000,000			型枠工	93,000,000	
	普通作業員	32,000,000	125,000,000		普通作業員	64,000,000	187,000,000
機械費	機械損料	24,000,000		機械費	機械損料	40,000,000	
	機械運転費	12,000,000			機械運転費	20,000,000	
	雑消耗品	1,000,000	37,000,000		雑消耗品	4,000,000	64,000,000
合計		−	176,000,000	合計		−	273,000,000

あげる．

○ 直接工事費：外注原案と提出見積りの内訳の構成は，表7.7のようである．

突き合わせと仕訳の結果，下請候補業者の提出見積計上金額が（ ）内に示す原案の計上金額より高い原因は，

材料費について：
・型枠材料の木製合板の調達単価を 640 円（500 円）
・その補正係数を 25%（10%）
・雑材を2倍の金額

に計上しているからである．

労務費について：
・世話役の単価を 37,500 円（35,000 円）
・その代価数量を 4 人/100 m^2（3 人/100 m^2）
・型枠工の単価を 24,500 円（24,000 円），
・その代価数量を 19 人/100 m^2（15 人/100 m^2）
・雑工事の普通作業員の単価を 20,000 円（16,000 円）
・その代価数量を 16 人/100 m^2（10 人/100 m^2）

と，いずれも原案より高い金額を計上している．

機械費について：
・トラック・クレーンの機械損料を 200,000 円/日（120,000 円/日）
・機械運転費の運転工の単価を 100,000 円（60,000 円）
・雑消耗品の計上金額は 20,000 円/日（5,000 円/日）

と，いずれも原案よりも金額が高く出るように計上している．

○ 仮設工事費：外注費を決めるための割出しの原案は 14,000,000 円，提出見積

りは 23,000,000 円である．構成する金額の中で，仮建物の建築・撤去費用，上下水道・電気・電話・ガス設備の敷設費用が大きな相違になっていることがわかった．

○ 現場経費など：人件費が占める割合が大きい．提出見積りでは，施工管理に関わる業務（施工図・組立図の作成，写真撮影・管理，基本測量など）に要する人数が多いことがわかった．

一連の交渉を通じて，元請側は原案自体の検証も併行して行い，その妥当性を自己評価することも必要である．

4) 割出し：下請外注原案の修正　下請候補業者との交渉の結果，必要と判断した場合，元請側は下請外注原案を修正するために割出しを行う．割出しとは，下請側の立場に立って，元請側が見積りを行うことをいう．割出しに際して，元請と下請が分担する範囲を設定して，双方が負担すべきそれぞれの費用を算出する．

最終的に設定された責任分担範囲のもとで，負担費用を算出する．上述 (3) 項の 3) の算定結果を例に挙げると，その割出しは以下のようになる．

○ 直接工事費：木製合板を元請側が調達して無償支給．双方合意の上で，世話役の単価を 35,000 円，代価数量を 3 人/100 m^2，型枠工の単価を 24,000 円，代価数量を 15 人/100 m^2，普通作業員の単価を 16,000 円，代価数量を 10 人/100 m^2 とする．機械を元請側が調達して無償貸与とする．機械運転工の単価を 60,000 円にすることを合意する．

○ 仮設工事費：仮建物は元請側が無償貸与する．建築・撤去の費用は元請側，使用期間中の維持管理は下請側の責任とする．

○ 現場経費など：施工管理に関わる業務（施工図・組立図の作成，写真撮影・管理，基本測量など）は元請側の責任分担とし，下請側は，その業務に充てる要員の数を減らす．

直接工事費の金額を調整した結果は，表 7.8 のようになる．

仮設工事費は，仮建物と電気・上下水道などの設営撤去の費用を元請側負担とする．下請候補業者の計上金額から 14,000,000 円を差し引く．その一方で，元請側が 3,000,000 円の費用を負担する．

現場経費では，施工管理に当たる人件費を，下請候補業者側から 10,000,000 円を差し引く．そのうえで，元請側が 2,000,000 円の費用を負担する．いずれも元請側と共同で使用したり，併行して行われる工事を一括して同時に施工することで，費用効果を図ることができる．以上の費用の調整結果は，表 7.9 のように表

表7.8 修正見積りと元請負担の対比例

① 修正見積り				元請負担		
費目	内訳		計	費目	内訳		計
材料費	型枠材料(無償支給) 雑材	3,000,000	3,000,000	材料費	型枠材料 雑材	11,000,000 —	11,000,000
労務費	世話役 型枠工 普通作業員	21,000,000 72,000,000 32,000,000	125,000,000	労務費	世話役 型枠工 普通作業員	— — —	—
機械費	機械損料(無償貸与) 機械運転費 雑消耗品	12,000,000 1,000,000	13,000,000	機械費	機械損料 機械運転費 雑消耗品	24,000,000 — —	24,000,000
合計	—		141,000,000	合計	—		35,000,000

表7.9 提出見積りの調整例

	提出見積り	控除金額	修正見積り	元請負担
直接工事費	273,000,000	132,000,000	141,000,000	35,000,000
仮設工事費	23,000,000	14,000,000	9,000,000	3,000,000
現場経費など	17,000,000	10,000,000	7,000,000	2,000,000
合計金額	313,000,000	156,000,000	157,000,000	40,000,000

示される.

　下請候補業者の修正見積額（下請外注金額）と元請側負担金額が,
157,000,000円＋40,000,000円＝197,000,000円≦200,000,000円（原案の金額）
となった.

　この結果は，元請側自らが負担する金額を含めても，当初の目論見（原案の金額）よりも3,000,000円安価になって，下請外注が可能になったと元請側が判断できる結果を得たことを意味する.

　修正見積りは，基本的に下請候補業者が作成するものだが，元請側が期待する内容に誘導する目的で，元請側も対案として同じものを作成することがある.

　5）割掛け　　通常，下請外注費は毎月出来高数量で精算することが多いので，最終的に決まった下請外注費は，支払い時の精算に適した様式に仕上げておくことが必要である．具体的には，1か月間の出来高数量に対して，下請側が支払い請求する際に，出来高の対象となる直接工事費に加えて，それ以外の仮設工事費や現場経費などの請求金額も，双方が納得する形で適切に算定されることが必要である．その場合，それ以外の支払金額を出来高の直接工事費に連動する割掛算出方法を採用することが多い．

　表7.9の修正見積りを例にとれば，下請業者に毎月出来高払いをするためには,

表7.10 最終提出見積り

型枠工事費	単位呼称	数量	単価	金額
直接工事費	m^2	20,000	7,050	141,000,000
仮設工事費	式	1		9,000,000
現場経費など	式	1		7,000,000
外注費合計	m^2	20,000	7,850	157,000,000

下請側の最終提出見積りとして表7.10のような様式に仕上げておくことが必要になる.

表7.10の例の$7,850 \div 7,050 - 1 = 0.111$が割掛率であり,毎月の出来高数量に割掛けを加えた単価で支払金額を算出することになる.

(5) 下請契約の締結

交渉を重ねても妥結に至らないで,幾度も価格や条件,分担や負担の範囲の調整が繰り返されることがある.交渉を重ねても妥協が成立しなければ,元請側は別の下請候補業者を選んで,あらためて交渉を行うことになる.

上記の場合には,交渉が妥結したので,元請側は下請候補業者を下請業者に選定して,元請側と契約金額を157,000,000円で下請契約を締結した.

元請側は一連の下請契約交渉を通じて,下請側の現場体制,調達能力,管理能力などを把握し熟知できたはずであるから,着工後は,それらの把握し熟知した蓄積を活用して,作業能率の向上,採算の維持など,想定以上の成果を上げられるように努めることが望ましい.

7.10.4 労務請負の業務

下請業者は元請業者から請け負った仕事を,自己責任で雇用する労働者を直接指揮して,仕事を完成させる.

請負には,労働力だけの提供と,労働力の提供に加えて材料も提供,がある.前者を労務請負,後者を材料込み施工,略して材工込み請負という.広義の材工込みには,さらに機械の提供を含むこと(機材工込み)がある.

請負では,元請業者は下請業者の管理者だけに指揮命令することができる.元請業者は下請業者を差し置いて,直接,労働者に指揮命令を行ってはならない.下請業者は,下記のように,労務管理と請負業務の独立処理を実行する要件を備えていなければならない.

(1) 労務管理
① 業務の遂行に関する指示,その他の管理を自己の雇用する労働者に直接行うこと
② 始業終業時刻,休憩,休日,時間外労働に関する指示,管理を自ら行うこと
③ 服務に関する指示,労働者の配置の決定,変更など職場秩序確保のための管理を自ら行うこと

(2) 請負業務の独立処理
① 業務処理に要する資金は，自ら調達し支弁すること
② 業務処理について，法に規定する事業主責任を負うこと
③ 自己の責任で準備する機械，設備などを使用するとともに，自己の有する技術などで業務を処理し，単なる労働力を提供するものではないこと

したがって，下請業者の選定に際しては，労働力の募集能力と作業統制管理力を備えていることを，契約締結前に必ず確認しなければならない．

7.10.5 下請契約約款

元請会社と下請会社との間で締結される下請契約は，一般に個々の元請会社がそれぞれに制定する専門工事請負契約の様式に基づいて運用されている．その専門工事請負契約書の書式は原則として，基本契約書，基本約定書，注文請書などから構成されている．

(1) 専門工事請負基本契約書

元請会社（甲）が特定の専門工事業者などの下請業者（乙）との間で，具体的な取引関係に先だって締結する．甲と乙の商号や代表者名の明記，甲が乙に発注するあらゆる専門工事請負工事への適用の原則，契約有効期間を1年とする原則，双方に異論なければ同一条件で継続の原則，など普遍的な数か条から構成される．いったん締結すると，その後は個々の工事に関係なく，再締結は不要である．つまり，この基本契約書を締結したことで，両者は末永く取引関係を続けることを約束したことを意味する．

(2) 専門工事請負契約基本約定書

専門工事請負契約の基本的な条件を定めた契約約款である．契約当事者（元請業者：甲と，専門工事業者などの下請業者：乙）の契約上の権利，義務，責任，請負代金の支払方法，契約の変更や紛争の解決手段などを規定する．つまり，両社が取引関係を続ける限り，この基本約定に従うことを約束したものである．したがって，いったん締結したならば，その後，個々の工事ごとに取り交わす必要はない．

(3) 注文請書

元請業者（甲）が発注する特定の工事を，専門工事業者などの下請業者（乙）が引き受けたことを約する書類である．特定の契約年月日，工事名，工事場所，着手期日，完成期日，請負代金額などが，具体的に明記される．内訳書，費用負担の特約，施工条件の明示書などが添付される．

内訳書は，請負代金額を構成する個々の工種，費目について名称，品質寸法，

呼称，数量，単価，金額を列記する．工事の途上で条件や状況の変更に遭遇した場合の検証や交渉の基準になる．

費用負担の特約には，工事中に発生すると予想されるあらゆる費用を負担する義務を，元請業者（甲）と下請業者（乙）別に明記する．

施工条件の明示書は，あらゆる工種について，下請業者（乙）が施工するために必要な本工事や仮設工事の労務，資材，機械などの条件を明記する．

7.10.6 支 払 い

通常，下請業者には，毎月出来高払いを行う．その場合，直接工事の1か月間の出来高数量に割掛けを加えた単価で算出した金額が支払金額となる．あらかじめ，毎月出来高締切日，出来高支払請求書提出日，出来高支払日を定めておく必要がある．

7.11 委託業務の調達

7.11.1 調達対象

設計，測量，調査，その他の専門的なサービス業務などを対象とする．具体的には，設計コンサルタント・建築設計事務所，測量会社，土質調査会社，法律事務所，会計士事務所，税理士事務所，行政書士事務所，病院・診療所・医院，興信所などの業務提供者である．

7.11.2 契約条件

委託を受けた者が行うべき業務の範囲，発注者が負担する支給品や貸与品など，工期・納期，瑕疵責任，支払条件などが挙げられる．

7.11.3 原価設定

積上げ方式と定額方式がある．

(1) 積上げ方式

委託業務に従事する本人の人件費，使用する資材や器具備品・事務用品などの費用，提出する図書図面書類の作成に関わる費用，業務遂行上に必要な通信交通などの費用，事務所経費などを具体的に算出して，金額を計上する．設計，測量，土質調査などの委託に際して採用される．算出に際しては，必要な人数，期間，業務，使用する数量などを的確に想定しなければならない．

(2) 定額方式

弁護士，会計士，産業医などの委託に際して採用される方法で，業界や協会などで公表している標準価格などに準拠して決めた価格を採用して，契約金額を算

出するものである.

7.11.4 支払い

委託した業務の完成の有無を問わず，実際に行った業務に対して支払いを行わなければならない．支払うべき対価を決定するには以下の方法がある．

(1) 実施数量精算

あらかじめ履行すべき業務量を具体的に規定する．たとえば，設計図面1枚についていくら，というようにその業務量に応じて支払いを行う．

(2) 総価

あらかじめ履行すべき業務内容を具体的に，たとえば，調査報告書1式についていくら，というように規定しておいて，その業務の履行に対して支払いを行う．

(3) 拘束時間

あらかじめ契約対象の業務に服する時間単価を規定し，たとえば，1時間または1日につきいくら，というように業務に拘束された時間に対して支払いを行う．

7.12 引 渡 し

元請業者が，下請・製造・納入業者などの受注者に発注した，工事や製品の完成したものや製品の所有権や責任を，受注者から元請業者側に移転させることをいう．

7.12.1 工期と納期

(1) 工期

工事を請負った下請業者や業務委託を受けた者による施工やサービス業務（設計や調査など）の開始日から終了日までの期間をいう．開始日は，契約締結の日，工事許可が与えられた日，特定された年月日などであり，定められた日から何日間以内に着工（工事を開始）すべき，などと規定されることもある．終了日は，着工日から何日間以内，または特定された年月日などであり，いずれも契約で規定される．

下請業者の都合で着工が遅れた場合には，遅れた期間だけ工期が短くなっても，契約で定められた完成日までに，下請業者は工事を完成させる契約義務を負う．契約で定められた完成日よりも実際の完成日が遅れた場合に，元請契約の規定によって元請側が発注先から損害補償を要求される場合には，元請業者は，要求される損害補償義務を下請業者が負うことを，あらかじめ下請契約に規定して元請業者のリスク回避を図っておく必要がある．

契約交渉の過程で極端に短い工期を要求すると，下請業者は残業・徹夜・休日出勤などの時間外勤務で対応せざるをえなくなって，提出見積りが高くなる．強引に提出見積額を抑え込むと，工事中に履行不能に陥るなど，致命的な後遺症を発生させる恐れがある．どうしても工期短縮の必要がある場合には，部分引渡しなどで対応して，下請業者に過重な負担が起きないような工夫が必要になる．

工事完成の判定は，下請業者が工事完成を申請した時点，元請側が工事完成を確認または証明した時点，最終検査に合格した時点，実際に引き渡された時点など，あらかじめ契約で規定しておくことが必要である．

(2) 納期

納期とは，注文した調達物が完成すべき期限，または買い手側に届くべき期限をいう．売り手の希望を受け入れて納期を変更すると，価格を低減できることがある．そこで，納期を交渉の対象にする余地が生まれる．しかし，納入を過度に急がせると，製造，検査，梱包などが粗雑になったり，納入者側の費用負担が増えて見積価格が高くなる恐れがある．急がせざるをえない場合には，部分引渡しで対応するなどして，品質の劣化や価格増加を極力抑える工夫が望ましい．

7.12.2 輸送

注文を受けた売り手から，注文した買い手側へ調達品の所有権や責任が移転する時期・場所・費用負担は，契約形態によって異なる．たとえば，引渡しの納期は，売り手が買い手から本船に積込み開始を指示する通告を受けた時点，売り手が本船に積込みを開始した時点，売り手が本船に積込みを終了した時点，のいずれかを契約で明確に規定しておかなければならない．

一般的な輸送の契約形態には，EXW，FCA，CPT，CIP，DAT，DAP，DDP，FAS，FOB，CIF，CFR などがある[12]．

1) EXW (Ex Works)　出荷工場渡しの条件をいう．売り手は売り手の工場敷地内で買い手に渡して，それ以降の所有権は買い手に移転する．移転した以降の運賃，保険料，リスクは買い手が負担する．

2) FCA (Free Carrier)　運送人渡しの条件をいう．売り手が指定された場所（積み地のコンテナヤードなど）で運送人に渡すまでの一切の費用とリスクを負担した後，所有権は買い手に移転し，移転後の運賃，保険料，リスクは買い手が負担する．

3) CPT (Carriage Paid To)　輸送費込みの条件をいう．売り手は指定された場所（積み地のコンテナヤードなど）で運送人に渡すまでの一切の費用とリスクを負担する．それ以降の所有権は買い手に移転し，移転した以降の運賃，リス

クは買い手が負担する．保険料の負担は決めていない．

4）CIP（Carriage and Insurance Paid To）　輸送費込みの条件をいう．売り手は指定された場所（積み地のコンテナヤードなど）で輸送人に渡すまでの費用とリスク，および海上運賃と保険料を負担する．荷揚げ地からのコストとリスクは買い手が負担する．

5）DAT（Delivered At Terminal）　ターミナル持込み渡しの条件をいう．売り手は指定された目的地（積み地のコンテナヤードなど）で輸送人に渡すまでの費用とリスクを負担する．売り手は荷降しして買い手に引き渡す．当該仕向地での輸入通関手続きや関税は買い手が負担する．ターミナルとは，埠頭や保税倉庫，陸上・鉄道・航空輸送ターミナルを意味する．

6）DAP（Delivered At Place）　仕向地持込み渡しの条件をいう．DATとほぼ同様だが，引渡しはターミナル以外の任意の場所における車上・船上であり，荷降しは買い手が行う．

7）DDP（Delivered Duty Paid）　仕向地持込み渡し・関税込みの条件をいう．売り手は指定された目的地まで送り届けるまでのすべてのコスト（輸入関税を含む）とリスクを負担する．

8）FAS（Free Alongside Ship）　海上輸送の船側渡しの条件をいう．売り手は積み地の港で本船の横に荷物を着けるまでの費用を負担し，それ以降の費用およびリスクは買い手が負担する．売り手は船に積み込む義務はない．

そのほかに，海上輸送に採用されるFOB，CIF，CFR（C&F）がある[13]．

9）FOB（Free On Board）　本船甲板渡しの条件をいう．買い手が手配した積出し港に所在する本船に積み込めば，引渡し義務は終了する．買い手が負担する輸送費用は，海上運賃，保険料，到着現場における降ろし費用，降ろし場所から現場までの輸送費である．売り手が負担する輸送費用は，積込み場所までの運搬費と積込み費用である．

引き渡すものが本船の甲板に着地した時点で，所有権と責任が売り手から買い手に移転する．

10）CIF（Cost Insurance and Freight）　運賃・保険料込みの条件をいう．FOB価格に仕向け地までの輸送運賃と保険料を加えた費用が，売り手の負担になる．買い手が負担する輸送費用は，到着地における降ろし費用，降ろし場所から現場までの輸送費である．売り手が負担する輸送費用は，積込み場所までの運搬費，積込み費用，仕向け地までの海上運賃，保険料である．

引き渡すものが本船の甲板に着地した時点で，所有権と責任が売り手から買い

11）CFR（C&F：Cost and Freight）　運賃込みの条件をいう．CIFから売り手による保険の付保と保険料の支払義務を除いた条件をいう．

引き渡すものが本船の甲板に着地した時点で，所有権と責任が売り手から買い手に移転する．

7.12.3　検　収[14]

完成されたものや納品されたものを検査して，注文どおりのものであることを確かめた後に受け取ることを検収という．売買契約で調達する材料や機械器具類，竣工時に引渡しを受ける構造物などの検査が対象である．

(1) 目的

1) 量の確認　納品される材料や機械器具の数量や重量などが，注文どおりであることを確認する検査である．

たとえば，鉄筋や杭の本数や合板型枠の枚数などの数量，機械や器具の台数，アスファルト・セメント・燃料・砂・土・採石の容量や重量などの確認が対象である．目減りや欠損が生じることを考慮した数量や重量を見込む必要がある場合には，あらかじめ契約書や注文書で，その余裕量を規定しておかなければならない．

2) 形状寸法・長さ・距離などの確認　納品される材料や機械器具，あるいは完成された構造物などの寸法や形状などが注文どおりまたは設計どおりであること，あるいは，施工途上の状況や測量結果が，設計図や仕様書の規定どおりであることを確認する検査である．

たとえば，鉄筋の径や長さ，鋼材や型枠合板などの材料や構造物などの寸法や厚さ，鉄筋の配置間隔，路床・路盤や舗装の仕上高や厚さ，測量結果の距離・高低・角度などの確認が対象である．

合否判定の基準となる許容誤差や精度に関する規定を，あらかじめ注文書や仕様書に明記しておかなければならない．規定値は原則として，JIS規格などの公的規格の規定に準拠して決定する．

3) 質の確認　納品される材料の品質や機械器具の性能，あるいは完成された構造物や施工途上の状況などが，注文書や設計図，または仕様書の規定どおりであることを確認する検査である．

たとえば，鉄筋や鋼材の引張強度・曲げ強度・脆性・靭性・化学成分，建設機械や測量機械の性能や使いやすさ，土工事材料の乾燥密度や含水比，土工事の締固め度や支持力，コンクリートの圧縮強度やスランプ，骨材の粒度や安定性，ア

スファルト材料の針入度や混合温度などの確認が対象である．

　合否判定の基準となる許容誤差や精度に関する規定を，あらかじめ注文書や仕様書に明記しなければならない．規定値は原則として，JIS規格などの公的規格の規定に準拠して決定する．

　4）外観の確認　　納品される材料や機械器具などの，表面に生じた傷などの存在を確認する検査である．構造的に致命的な欠陥になる傷から，単に商品として見栄えが悪い程度のものまである．外観は通常，目視によって検査する．使用上で有害な欠陥があると認められたものは，修復するか取り替えなければならない．

　(2) 方法

　1）全数検査と抜取検査　　全数検査は，すべてを検査（100％検査）対象とするものである．全数を確実に確認したい場合，わずかの不良品混入も許せない場合，検査対象数が少なく抜取検査の意味がない場合，全数検査が容易に行える場合などに採用される．検測と呼ばれる数量確認や不適格品抽出，測量結果や鉄筋の配筋確認などは，全数検査の対象である．

　抜取検査は，全数検査が不可能か不経済な場合，検査個数や検査項目が非常に多い場合，連続体の場合などに採用される．検査対象の中から一部を試料として抜き取って検査し，その結果で合否を判定する．抜き取る試料の数や方法には，1回抜取検査，2回抜取検査，多数回抜取検査，逐次抜取検査などがある．抜き取る試料の抽出度，頻度，個数などは，あらかじめ規定しておかなければならない．

　2）破壊検査と非破壊検査　　破壊検査は，破壊しないと目的を達成できない場合，たとえばコンクリート，アスファルト，石材，鋼材など金属材料などの品質特性の確認に採用される．品質特性には，強度，剛性，弾性，歪みなどがある．あらかじめ規定した基準や方法に基づいて，実際に試験片や供試体に外力を加えて破壊して確認する．

　鋼材の品質が所定の規格に合っているか否かは，製造会社が納品時に鋼材に添付する鋼材検査証明書（ミルシート）を照合して確認する方法がとられている．ミルシートの記載事項の中で，とくに確認が必要な事項は，製品寸法，形状・外観検査，引張試験値，曲げ試験値，衝撃試験値，分析試験値，化学成分などである．

　非破壊検査は，破壊しないで目的を達成できる場合に採用される．色彩・光沢・仕上りなどの外観の目視や，形状（異形鉄筋表面の突起など），寸法（鉄筋の径や間隔，舗装や路盤の厚さ，合板の縦横長や厚さなど），数量（土石材料の積載量，合板型枠の枚数や鉄筋の本数など），容量（燃料や溶剤薬品など）を計測して確認

表 7.11 公的な規格や基準の例

名称	発行所
道路土工指針*	日本道路協会
地盤調査法	地盤工学会
土質試験の方法と解説	地盤工学会
コンクリート標準示方書*	土木学会
トンネル標準示方書	土木学会
トンネルコンクリート施工指針	土木学会
鉄筋継手指針	土木学会
土木材料実験指導書	土木学会
アスファルト舗装工事共通仕様書	日本道路協会
港湾工事共通仕様書	日本港湾協会
道路橋示方書・同解説	日本道路協会
日本工業規格*	日本規格協会

*用途に応じた各編各指針から，構成されている．

する．

肉眼で検出が困難な損傷や変状を検査する場合には，必要に応じて非破壊検査技術が採用される．たとえば鋼材表面の亀裂などの欠陥には磁粉探傷法や浸透探傷法，鋼材内部の亀裂などの欠陥には超音波探傷法などが採用される．既に硬化したコンクリートの強度の確認には反発度法や弾性波法，内部の空隙の確認には弾性波法や X 線法，鉄筋のかぶりや径の確認には電磁誘導法や電磁波レーダー法が採用される．

3）仕様確認と性能確認　仕様確認とは，あらかじめ定めた仕様の規定に従って製造もしくは施工されていることを確認することをいう．たとえば，路床や路盤の転圧を，転圧機械の重量や転圧回数などの仕様規定を守って施工していることを確認して，合否を判定する検査などがある．その仕様を守れば，所要の品質水準を必ず達成することを，あらかじめ試行して確認しておかなければならない．

売買契約や賃借契約で調達する機械器具などは，性能確認によって採用を決める．たとえば，車両や機器類は，カタログや性能書の記述，製造に際して準拠された公的規格，性能や機能などの品質を保証する基準などを確認し，現物と照合したうえで試運転などを行って採否を判断する．

(3) 判断の基準

通常，表 7.11 に示すような公的な規格や基準を参考にして，品質その他の判断基準を定めている．

参 考 文 献

1) 土木学会「土木用語大辞典」，技報堂出版，1999 年
2) 会計法第 29 条第 3 項，第 5 項
3) 会計法第 29 条第 6 項
4) 中川恒彦「派遣受入企業のための労働者派遣法の実務解説」，労働法令協会，p.28，2007 年
5) 上記 4)，pp.9-11
6) 民法第 633 条

7) 上記4），p.11, 13, 18, 19
8) 上記4），pp.37-42
9) たとえば，「建設物価」（建設物価調査会），「積算資料」（経済調査会）などの月刊誌
10) 建設業法第3条
11) 建設業法第22条第3項，公共工事の入札及び契約の適正化の促進に関する法律第12条
12) Incoterms 2010, International Chamber of Commerce (ICC)
13) 一般社団法人海外建設協会「契約管理用語」，p.62, 113, 2007年
14) 土木施工管理技術研究会「土木施工管理技術テキスト 施工管理編 改訂第11版」，財団法人地域開発研究所，pp.298-301, 2012年

プロジェクトマネジメントの行く末

　本書で述べてきたプロジェクトマネジメントのあり方は，あくまでも，現時点での様相なのである．この様相のままで維持し継続するとは考えられない．マネジメントは，社会変化の影響を受けるからである．
〈パラダイムの転換〉
　1990年代に世界の社会的なパラダイムは大きく転換して，新たな社会潮流が生まれた，といわれている．その転換の誘因は，社会の成熟である．過去の歴史を俯瞰すれば，いつの時代でも，その時点の成熟感を必ず抱くはずであるが，現代社会に見られる成熟感とは，たとえば，都市化，情報化，高齢化などの顕在化である．わが国でも，同様なことがいえる．
　建設の世界の例を挙げると，長きにわたって整備されてきたインフラの充足に，達成感をもたらした事実がある．その結果，拡大一方だったわが国の建設市場が，歴史始まって以来，初めて縮小に転じた．インフラの整備から維持管理そして長寿命化へと，社会的な要請が移行している．建設の世界に対する社会の時代的な要請が変化すれば，培われた価値観も未だ経験したことがない舞台への転換を強いられることになる．
●価値観の多様化
　こうした風潮は，価値観の多様性を，当然視することになる．今後の日本社会では，あらゆる面で「複雑さに，適切に対応できる力」が求められることになるであろう．
　わが国では，建設プロジェクトを企画し遂行する際の伝統的な価値観は，採算性の重視であった．だが，その結果，もたらした弊害は大きい．片務的な受発注者関係，工期優先による品質軽視，環境破壊，安全軽視の風潮などは，社会的に悪影響を与えた．こうした考えは排除され，改善されるべきであるが，この努力は受注者側だけでは解決不可能である．発注者側の意識改革と法令や規則の宿痾の刷新が不可欠である．そのうえで，時代的な変化に対応したビジネスモデルの確立が求められるのである．

その1つが,サプライチェーンマネジメントの発想である.サプライチェーンとは,作られてから供用を続け,最終的にその資産勘定が償却し尽くすまでに必要な過程の連続する系列を指す.つまり,建設プロジェクトを発想し構想する際に,新規建設の費用だけの利害得失や企業化の採算性を考慮するだけでは不十分ということである.企画化にあたっては,業際・学際を超えた知見が求められることになる.業際とは,従来の建設業を超えた産業領域を意味する.学際とは,従来の土木工学を超えた学問領域を意味する.だから,土木技術者の知見が,固定した狭い専門領域に留まっていては,適切な対応が不可能になる.土木技術者は,多様な価値観を取り入れる柔軟さを,求められるのである.

●プロジェクトマネジメントのあり方

「プロジェクトマネジメント」のあり方も,当然ながら影響を受ける.適切な情報の開示,広範な情報の収得,アカウンタビリティー(説明責任)の発揮,プロジェクトを取り巻く自然環境・社会環境への配慮と保全,プロジェクトに従事する技術者の倫理観の保持,プロジェクトの遂行におけるコンプライアンス(自律的法令遵守)などを強く求めるようになる.それに伴って,旧来の考え方は,徐々に変容していくに違いない.工事管理に一例をとると,情報の処理方法は,個人の頭の中に非公開的な知識や知恵として存在すればよいという認識では,対応が困難になるだろう.

太田は「個人を組織内部に囲い込んで管理する日本企業のシステムが時代に合わなくなり,ポスト工業化社会では,ネットワークで外部と結びついた個人が市場や社会に柔軟に対応できるシステムが必要であり,それを追究する考え方を適応主義と呼ぶ」と述べている[1].

建設環境の変化には,建設生産システムと建設労働の影響が大きい.生産システムでは,実質的に重層構造をとりながら,契約や積算では,直営直傭のしがらみを受けているという,制度と実態が乖離している問題がある.マネジメントを支配する顕在的な表向きの制度と潜在的な実態との乖離を排除する努力が必要である.

建設の担い手が減少していく時代的な流れは,建設業を超えて,社会的に共有された認識にある.わが国は,限られた人材を個々の企業,機関,団体が終身雇用的に抱え込むような,労働力を固定化する閉鎖的な雇用形態を採用しているが,開放的な労働市場の諸外国に比べて,労働力の活用が非効率的に陥る弊害がある.労働市場を流動化させて,有効活用を図る努力が必要である.来たるべき時代の建設プロジェクトマネジメント像は,流動化された労働市場と新たな仕組みの雇

用体系の上に確立されることを期待したい．

建設技術に加えられた改善と進歩は，もっぱら，建設現場の大規模化と複雑化に対して機能するような対応力の増強を目指していた．今後の技術が目指すところは，労働負荷の軽減と品質の向上に効果を上げるための多様化を予想する．具体的には，労働負荷の軽減効果を上げる省力化・自動化・無人化・軽量化・標準化を図ること，品質向上に効果を上げる標準化・プレキャスト化・工場生産化・流れ作業の大量生産化を図ること，生産技術の多様化を図る情報化施工・IT革新・ICT導入・i-construction定着など，を挙げたい．

技術の革新は，マネジメントの手法にも影響を及ぼす．その対応には，既存の土木技術一辺倒の認識では不可能であり，建設プロジェクトマネジメントを支えるには，業際的かつ学際的に拡大されるべきと認識すべきである．当然，土木の教育・学理にも変化が求められる．たとえば，ケースメソッド教育手法の導入，産学連携の関係強化，計画系やマネジメント学の重視拡大などが挙げられる．

近未来のプロジェクトマネジメントとは，図1に示すように，IT社会の意味を論じるTapscott[2]が唱えた「ネットジェネレーション文化・新しい仕事文化」の行動様式を取り入れていくことになるであろう．新たな行動様式とは，たとえば，知的開放性，開放的なインターネットワーキング，貢献による評価などである．その一部は既に，若い世代には取り入れられている．

●ネットジェネレーション文化	●新しい仕事文化
積極的な自立 →	分子構造化
感情的・知的開放性 →	開放性
包み込む文化 →	協調・集合的リーダーシップ
自由な表現と説得力のある見解 →	組織学習のためのインターネットワーキング
イノベーション文化 →	すべてのイノベーション
完成への没頭 →	献身で評価される人々
探求文化 →	新しい識者
即時性 →	リアルタイム企業
企業利益への感受性 →	ネットジェネレーション資本
識別検証文化 →	信頼と責任

図1　ネットジェネレーション文化と新しい仕事文化

●プロジェクトマネジャ像の時代的要請

プロジェクトマネジメントのトップであるプロジェクトマネジャは，より複雑化したプロジェクトを，持続する意思と説得力をもって，多数の関係者達の価値観を適正に調整し誘導して，プロジェクトの推進を図ることが求められる．そし

て，より以上の「高潔さ」と「広い見識」に基づく判断力が求められることになる．第3章のアンケートで明らかにされている若手のマネジャ層が示した意見の中の，「社会的責任能力」，「一般社会との接点」，「コンプライアンス・倫理観」の重要性は，その一端を示している．

ドラッカーが述べているように，新時代のプロジェクトマネジメントを執行する者は，現代におけるマネジメントが「既存の最適化」に留まらず，既存の概念を超えた「創造的な機能」を合わせもつ必要性を認識する必要がある．建設プロジェクトの「受注者(contractor)」の現場のトップであるプロジェクトマネジャは，「イノベーション」・「信頼」・「マネジメント」に立脚する「受注者責任(contractors' responsibility)」の担い手でもある[3]．「イノベーション」とは，技術および現場経営における新機軸の積極的導入という「攻め」を意味する．「信頼」の1つ目は顧客からの信用(trust)であり，倫理の欠如(moral hazard)がない状態であり，2つ目は，提供したサービス自体への顧客からの信頼(reliance)を指し，合わせて堅実な「守り」を意味する．秀逸な「マネジメント」は，ヒト・カネ・モノなどの諸資源を「バランス」させる役割を果たすわけである．

欧米の建設プロジェクトマネジメントで求められるマネジャには，適応主義で生きる非組織技術者，つまりプロジェクトごとに契約を交わして雇用される独立のプロフェッショナルである人々が珍しくない．

柴山は，"合理主義からポストモダンへ"，"集団主義から協同的な人間活動へ"というテーマのもとに，今後の土木技術者のあり方に関して，「土木事業を技術的・思想的に指導しうる技術者を土木家と呼び，彼らの配属が自由市場において決定されること」を主張している[4]．「土木家」とは，「当該土木事業の全体的見通しとコンセプトをもっており，集団外においては他者との相互作用において適切な交渉能力と幅広い判断力をもっている技術者」を指している．近い将来，このような「土木家」が「独立・移動型のプロジェクトマネジメントを引き受ける」役割を果たす可能性は十分に考えられる．

土木学会の報告書は1998年に，新たな時代には「土木技術者」自体のあり方や職業選択の変化を予測して[5]，「21世紀に向けて土木技術者の担うべき社会・経済問題の領域や仕事・職業と技術者個人の関係変化を考えると，現在の主要な職業分野にあわせ，新たな職業分野で活動する土木技術者の出現が期待」され，図2に示すように，ジャーナリスト，政治家，社会活動家，その他などを挙げている．

「土木家」として独立したプロジェクトマネジャは，新たな将来職業の未来像と

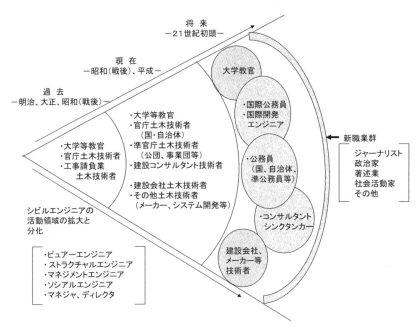

図2 将来の土木技術者の活動領域

みなすことができる.

現在の我々は,「プロジェクトマネジャ」とは, 総合建設会社の社員が人事異動の結果として就くポストと考えている. 欧米のように, 個々の建設プロジェクトごとに, プロジェクトマネジャ(PMr)を外部から雇用(アウトソース)するような, 一期一会的な完結型のやり方が採用される可能性も出てくる可能性がある. パラダイムの転換は, 新時代のプロジェクトマネジャは, 現在とは異なる前提条件でも機能しうる人材の登場を予期させる.

プロジェクトマネジャのあり方は, 図3に示すように, 常にそれを取り巻く社会, 文化, 制度, 慣習などの広範な変化を見据えて考えるべきものである.

●日本的なマネジメント文化の醸成

諸外国では, マネジメントされる側は, マネジメントする側から指示命令される以外をしてはいけないとするマネジメント文化がある. するべきことのすべてを, マネジメントする側が指示命令するのである.

わが国では, マネジメントされる側が, マネジメントする側からの指示や命令を従属的に服従するだけではなく, 指示や命令されないことでも自発的に判断し

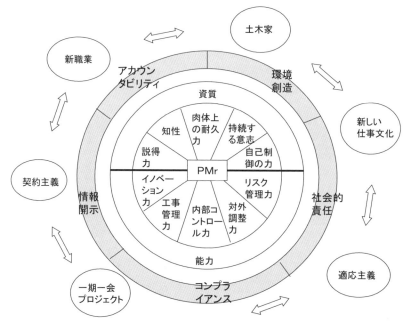

図3 新時代のプロジェクトマネジャ(PMr)像

て行う,マネジメントする側に具申する,ことを期待するマネジメント文化がある.伺い書や稟議書のボトムアップの制度化は,その一例である.わが国のマネジメント文化の是非は別として,世界的には特殊であるとの認識が必要である.

それに関して,マネジメントする者,すなわちマネジャの育成について考えてみたい.

マネジャの出自は,①マネジメントされる側からの昇進昇格か,それとも②初めからマネジメントする者として育った者に分かれる.①は,経験を積み重ねてマネジメントする術をマスターすることになる.長所はマネジメントが経験に基づくことであり,短所は視点が低いことである.②は,いわゆるエリート教育的なマネジメント教育が施されることが前提であり,長所は視点が高いこと,短所は経験が乏しいこと,である.マネジメント教育の仕組みが機能していれば,身分階級的なマネジメント階層によるマネジメントは成立するが,その仕組みが機能しなければ成立は難しい.わが国のマネジメント階層の育成が,外国と同じ様相に変化するには,マネジメント教育の制度化を図る必要がある.

マネジメント文化には,民族性,国民性がある[6].日本的なマネジメントとは,

マネジメントされる側が,自発的にマネジメントの改善・改良・変更を具申し促すような,わが国のTQCが実績を誇るように,諸外国が称賛して倣(なら)おうとした職場文化である.

マネジメントされる側が,自発的な積極性をもち続けられる理由は,マネジメントする側に向ける上昇志向を刺激するからである.この活力が維持されてこそ,日本的なマネジメント文化は機能するのである.わが国のマネジメントの根源は,職場の活力にある.マネジメントの将来も,この活力にかかっているのである.

● 建設の世界の時代的な認識

建設の世界は,たえず「今,時代的な転換期にある」とか,「歴史的な変わり目にある」とする論調や主張を繰り返してきた.この事実は,建設の世界に生きる有識者達は,常に宿痾の存在や時代的な課題を認識する問題意識を抱いていた証しでもあるのだが,その行く先はたいした変化をもたらさなかっただろうし,代り映えもなかっただろうし,省みられることもなかっただろう.

にもかかわらず,そのような有識者的な観察や意見が今後も繰り返されるに違いない.何故ならば,そのような認識に基づく論議や主張が,建設の世界の閉塞感を振り払い,人々に啓発と刺激を与える,と考えられるからである.

一見,無為に見える試みの中に,建設の世界に,わずかでもより良き方向に進んでいく期待が内在している,ということである

参 考 文 献

1) 太田 肇「21世紀の日本企業の組織型」,日本経済新聞記事,2005年2月11日(朝刊)
2) Tapscott, D. "Growing Up Digital", The Mcgraw-Hill Companies, 1998
3) 齋藤 隆「公共工事システムにおける受注者責任に関する基礎的研究」,東京大学大学院工学研究科社会基盤学博士論文,2004年
4) 柴山知也「建設社会学」,山海堂,1996年
5) 土木学会建設マネジメント委員会「21世紀社会に土木技術者はいかに生きるべきか―土木技術者ヴィジョン調査研究報告書」,土木学会,1998年2月
6) ドラッガー(上田惇生訳)「マネジメント」,ダイヤモンド社,2001年

あ と が き

　本書は，ある叢書の一部となる予定で企画されたものである．原稿は早期に準備できたが，これは種々の事情から本になるには至らなかった．その後，その原稿が陽の目を見て，出版の機会を得ることになった．

　激動を迎えたこの時期に，我々執筆者たちはあらためて，本書の内容を再確認する機会を持った．世に出て建設現場で働こうと希望している土木・建設系の学生たち，もしくはこれから現場の仕事を覚えようとしている技術者の卵たちにとって，指針となる教本を想定した．

　そこで，執筆者たちの所属する職場の現役の技術者たちに，プロジェクトのマネジメントに関わる教本に対する希望や期待を募った．我々から提示した啓蒙的，論理的，実務的な短いサンプルを示して比較していただき，希望や期待の度合を推し量った．本書は，その結果をもとにして，元の原稿に推敲を加え，実務的な骨子で構成している．本書が推敲の段階に入ってから，執筆者や推敲者が夭折し，上梓が遅れてしまった．ようやく，陽の目を見たことを喜びたい．　　　　　（小林）

索　引

欧　文

abandonment　192
AC　167
act of God　191
Actual Cost（AC）　167
AIA　63
Arrow　132
ASCE　62

BAC　168
BOTシステム　27
breach of contract　191
Budget at Completion（BAC）
　168

Carriage Paid To（CPT）　217
Carriage and Insurance Paid
　To（CIP）　218
CFR　219
CIF　218
CIP　218
CM　2
Cost and Freight（CFR）　219
Cost Center　51, 95
cost estimation　146
Cost Insurance and Freight
　（CIF）　218
Cost Performance Index（CPI）
　168
Cost Variance　167
CPI　168
CPT　217

DAP　218
DAT　218
DDP　218
Delivered At Place（DAP）
　218

Delivered At Terminal（DAT）
　218
Delivered Duty Paid（DDP）
　218
direct cost　142
Dummy　132

EAC　168
Earned Value（EV）　166
easement　192
Estimate at Completion（EAC）
　168
ETC　168
EV　166
Event　132
EVMS　166
extension of time for completion
　192
EXW　217
Ex Works（EXW）　217

FAS　218
FCA　217
FOB　218
force majeure　191
Free Alongside Ship（FAS）
　218
Free Carrier（FCA）　217
Free On Board（FOB）　218
frustration　191

GSA　63

indirect cost　142

mechanical lien　192
mechanic's lien　192

ODA　24

OJT　71
overhead　142

PC　167
PFI事業　24
Planned Cost（PC）　167
Planned Value（PV）　167
PMBOK　2, 66
PMI　2, 66
profit　142
Profit Center　51, 95
PV　167

quotation　146

Reveneu Center　51, 95
right of way　192

Sカーブ　129
Schedule Performance Index
　（SPI）　168
Schedule Variance　167
SPI　168
suspension of contract　192

termination　191

Value Engineering（VE）　176
VE　176
VE提案　176

warranty　192

あ　行

相対取引　189
相見積り　189
アーンドバリュー　166

意思決定　34, 92

索引

——のコンフリクト 81
意思の伝達 41
一現場一組織 95
一括調達 171
一般会計 22
一般管理費 183
委任契約 190
インセンティブメカニズム 44

ウェーバーの官僚制組織 78
伺い書形態 37
請負契約 191
内掛け方式 152
売上原価 183
売上総利益 184
売上高 183

営業外収益 183
営業外費用 183
営業利益 184
円転 163

オンザジョブトレーニング（OJT） 71

か 行

会計法 154
買い手市場 156
外部調達 171
科学的管理論（テイラーの） 76
瑕疵担保 156
瑕疵担保責任 192
仮設工事費 151
過払い 170
為替換算 163
為替差損益 163
為替リスク 163
完成工事受入金 182
完成工事原価 184
完成工事支出金 182
完成工事総利益 184
完成工事高 184
完成工事未収入金 182
完成工事未払金 182
完成時総コスト推定額（EAC） 168

完成時総予算（BAC） 168
間接工事費 142
間接コスト 142
カンパニー制 89
管理過程論（ファヨールの） 77
官僚制組織（ウェーバーの） 78

既決未決の管理 164
機能別組織 86, 96
既払コスト 165
既払未払いの管理 165
既未結管理表 162
既未払管理表 162
競争原理 44
競争入札 189
共同企業体 182
業務規定 43
業務分掌 93
近代的組織論（バーナード-サイモンの） 79
金融資金 24

クリティカルパス 135

経営戦略的リーダーシップ 32
計上基準 183
経常利益 184
下克上 33
月間工程表 122
決裁 143, 153
決裁金額 153
決裁者 153
決算 181
決算報告書 181, 182
原価 142
現金出納帳 162
権限委譲 93
検収 219
建設業法 153
建設プロジェクト 10
建設マネジメント 47
現代組織論 79
現場会計 161
現場代理人 50
現場調達 187
現場渡し 172

工期 216
工事完成基準 183
工事原価報告書 182
工事状況月報 162
工事進行基準 183
工場渡し 172
行動科学的意思決定論（バーナードの） 78
コスト効率指数（CPI） 168
コスト推定額（残工事の） 168
コストマネジメント 3
国家財源 22
コーディネート 60
コミュニケーションマネジメント 3
雇用契約 190
コンサルタント 17, 59
コンセプト 20
コンティンジェンシー理論 79
コントラクションマネジメント（CM） 2
コンフリクト（意思決定の） 81
コンペ 189

さ 行

最終コスト 165
財政投融資金 23
最早開始時刻 132
最早終了時刻 132
最大施工速度 126
最遅開始時刻 134
最遅終了時刻 134
先取特権 192
作業所経費 151
サプライチェーンマネジメント 224
サプライヤーズクレジット 24
産業基盤 13
残工事のコスト推定額（ETC） 168

事業種別分社 99
事業場別構造 102
事業部制 98
事業部制組織 52, 86
自己資金 24

索　引

指示起案形態　37
下請契約約款　214
下請代金支払遅延等防止法
　　153
実行予算　156, 165
実行予算書　156
実施予算　156
実施予算書　156
嫉妬　33
支払伝票　162
諮問答申形態　38
斜線式工程表　129, 131
週間工程表　123
重層構造　187
集団の意思決定　35
出金　143, 160
受動リスク　46
純粋リスク　46
上意下達の形態　36
仕様確認　221
償却財　200
消極的予測　17
消費財　200
職能的上司　77
職能的職長制度　76
職能別組織　107
職能別組織構造　100
シンクタンク　17
人材マネジメント　112
人的資源　16
人的資源マネジメント　3

随意交渉　189
推定コスト　143, 164, 165
スケジュール効率指数（SPI）
　　168
スコープマネジメント　3
ステークホルダー　117

生活基盤　14
生産品別事業部制　87
正常施工速度　126
性能確認　221
性能発注システム　27
税引き前当期純利益　184
積算　145, 146

施工サイクル　118
施工速度　125
施工 VE　176
積極的予測　18
設計・施工一括発注システム
　　26
設計・施工分離発注システム
　　26
設計直営・施工発注システム
　　26
設計 VE　176
設計変更　179
前期繰越利益　184
全数検査　220
全体工程表　120
専門工事請負基本契約書　214
専門工事請負契約基本約定書
　　214
総価　165
総価契約　166
総合エンジニアリング機能　59
想定為替換算率　163
組織的リーダーシップ　31
組織文化論　82
組織論研究　76
外掛け方式　153
粗利益　143, 151
損益計算書　182

た　行

対価　144
代価　149
代価表　149, 205
貸借契約　190
貸借対照表　182
タイムマネジメント　3
タスクフォース　8
ダミー　132
単一ライン　106
単価契約　166
ターンキーシステム　27

地域別事業部制　87
地域別分社　99
地役権　192

地方交付税　23
地方財源　23
チームリーダー　111
チームワーク　42
中央調達　171, 187
中間管理職層　45
中間払い　160
仲裁　156, 196
注文請書　214
調達マネジメント　4
調停　196
直営システム　26
直接工事費　142, 147
直接コスト　142
直接調達　171
直接的・個別的のリード　32
直接的リーダーシップ　31
直属一系考課　45

通行権　192
突き合わせ　208
ツーボスシステム　88

定常業務　30
定常的マネジメント　30
テイラーの科学的管理論　76
出来高　144, 158
出来高請求　144
出来高払い　159, 195

当期純利益　184
投機的リスク　46
当期未処分利益　184
統合マネジメント　3
統制力　84
特別会計　22
特別損失　184
特別利益　184
特命　190
独立型分社　100
トータルフロート　138
トップダウン　92
トップマネジメント　94
ドラッガー　29
取下げ　144, 160
取下金　144

索 引

な 行

二重籍管理　105
入金　158
入札　154
人間関係論的組織論（メイヨーの）　78

抜取検査　222

ネオコンティンジェンシー理論　81
ネットワーク型組織　88
ネットワーク工程表　130, 132, 137
年功序列　33

納期　217

は 行

売買契約　190
バイヤーズクレジット　24
破壊検査　220
バーチャート　127
発生コスト　143, 164
バーナード-サイモンの近代的組織論　79
バーナードの行動科学的意思決定論　78
バナナ曲線　136
パワーポリティカル理論　81
販売費　183

被考課者同意考課　45
ビジネスチャンス型プロジェクト　9
ビジネスモデル　47
非対称情報　39
非定常業務　30
非定例性　105
非破壊検査　220
標準契約約款　153
標準施工速度　126
ピラミッド型組織　90
品質保証　20
品質マネジメント　3

ファヨール　71
　──の管理過程論　77
フィージビリティースタディー　19
歩掛り　148, 149, 205
複数合意考課　45
複線ライン　106
部分使用　155
部分払　155
部門別構造　100
部門別組織　86
プライス　142
フラット型組織　90
プロジェクトチーム　49, 91
プロジェクトチーム構造　101, 103, 105
プロジェクトマネジメント　31
プロジェクトマネジメント契約　63
プロジェクトマネジャ　31, 49, 55, 57, 71
プロジェクトマネジャ構造　101
プロジェクトライフサイクル　22
分割調達　171
分権型組織　86, 97
紛争処理委員会　196

平均施工速度　126
ベクテル社　95

補助金　23
ボトムアップ　92
保留金　195
本支店経費　151

ま 行

前払金　158, 195
前渡金　195
マトリクス（型）組織　88, 109
マネジメント委託システム　27
マネジメント階層　89, 113
マネジメント的リード　32

見込み　145

見積り　146
見積金額　151
見積コスト　164
未払金額　166
身分制　33

無償援助資金　24

メイヨーの人間関係論的組織論　78
面従腹背　33

元帳　162
元積り　146
問題解決型プロジェクト　9

や 行

有償援助資金　24
予算金額　143
予算コスト　143, 164
予算実施対照表　162
予測モデル　18
予定価格　146
予定コスト　165, 166

ら 行

ライフサイクル　16, 48
ラインスタッフ組織　109
落札　154
ランプサム　165

リース　203
リスクマネジメント　3, 46
リーダーシップ　57, 65
稟議形態　38

レンタル　202

労働者派遣契約　191

わ 行

割掛け　148, 151, 212
割出し　211

資　料　編

――掲載会社――
（五十音順）

株式会社大林組 …………………………………………………2
鹿島建設株式会社 ………………………………………………3
清水建設株式会社 ………………………………………………4
大成建設株式会社 ………………………………………………5

地球に笑顔を

北極や南極の動物たちも、大空を飛ぶ鳥たちも、野に生い茂る草木も、花に集まる虫たちも、
地球という家で、いっしょに暮らす大切な家族です。

わたしたち大林組も家族の一員として、地球環境のことや、
そこに住むみんなのことを想いながら、ものづくりと自然との調和をめざしています。

みんなの明日を、笑顔で満たすために。

想像を、チカラに。

人が想像できることは、必ず人が実現できる。
鹿島の都市づくりは、100年先を見つめています。

100年をつくる会社
鹿島

For a Lively World

大成建設の技術で実現する未来都市

わたしたちは"人がいきいきとする環境を創造する"というグループ理念のもと、
自然との調和の中で、安全・安心で魅力ある空間と豊かな価値を生み出してきました。
For a Lively World…この思いとともに、これまで育んできた技術を、さらに高め次の世代へ。
わたしたちは、夢と希望に溢れた地球社会づくりに取り組んでいきます。

地球がいきいき、人もいきいき。大成建設がめざす未来です。

地図に残る仕事。®

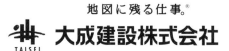

編著者略歴

小林　康昭
（こばやしやすあき）

1940 年	長野県出身
1963 年	早稲田大学第一理工学部卒業
1990 年	米国大成建設副社長
1997 年	足利工業大学教授，大成建設(株)顧問
2008 年	（一社）全国土木施工管理技士会連合会会長を経て
現　在	（一社）全国土木施工管理技士会連合会顧問
	早稲田大学理工学研究所招聘研究員など

建設プロジェクトマネジメント　　　定価はカバーに表示

2016 年 11 月 15 日　初版第 1 刷

編著者　小　林　康　昭
発行者　朝　倉　誠　造
発行所　株式会社　朝　倉　書　店
　　　　東京都新宿区新小川町 6-29
　　　　郵 便 番 号　162-8707
　　　　電　話　03（3260）0141
　　　　FAX　03（3260）0180
　　　　http://www.asakura.co.jp

〈検印省略〉

教文堂・渡辺製本

© 2016〈無断複写・転載を禁ず〉

ISBN 978-4-254-26169-1　C 3051　　Printed in Japan

JCOPY　<（社）出版者著作権管理機構　委託出版物>

本書の無断複写は著作権法上での例外を除き禁じられています．複写される場合は，そのつど事前に，（社）出版者著作権管理機構（電話 03-3513-6969，FAX 03-3513-6979，e-mail: info@jcopy.or.jp）の許諾を得てください．

大塚浩司・庄谷征美・外門正直・
小出英夫・武田三弘・阿波　稔著
コンクリート工学（第2版）
26151-6 C3051　　　A5判 184頁 本体2800円

基礎からコンクリート工学を学ぶための定評ある教科書の改訂版。コンクリートの性質理解のためわかりやすく体系化。〔内容〕歴史／セメント／骨材・水／混和材料／フレッシュコンクリート／強度／弾性・塑性・体積変化／耐久性／配合設計

芝浦工大 魚本健人著
コンクリート診断学入門
―建造物の劣化対策―
26147-9 C3051　　　B5判 152頁 本体3600円

「危ない」と叫ばれ続けているコンクリート構造物の劣化診断・維持補修を具体的に解説。診断ソフトの事例付。〔内容〕コンクリート材料と地域性／配合の変化／非破壊検査／鋼材腐食／補強工法の選定と問題点／劣化診断ソフトの概要と事例／他

足利工大 宮澤伸吾・愛知工大 岩月栄治・愛媛大 氏家　勲・
中央大 大下英吉・東海大 笠井哲郎・法政大 溝渕利明著
基礎から学ぶ 鉄筋コンクリート工学
26154-7 C3051　　　A5判 184頁 本体3000円

鉄筋コンクリート構造物の設計を行うために必要な基礎的能力の習得をめざした教科書。〔内容〕序論／鉄筋コンクリートの設計法／材料特性／曲げを受ける部材／せん断力を受ける部材／軸力と曲げを受ける部材／構造細目／付録／問題・解答

渡邉史夫・窪田敏行・岡本晴彦・倉本　洋・
金尾伊織著
新版 鉄筋コンクリート構造
26639-9 C3052　　　A5判 200頁 本体3200円

構造が苦手な初学者に向け、基本原理に重点をおいて解説した、ていねいな教科書。豊富な図解と例題で理解を助ける。〔内容〕材料／曲げと軸力／せん断／耐震壁／床スラブ／基礎／プレストレストコンクリート構造／プレキャスト構造／他

山肩邦男・永井興史郎・冨永晃司・伊藤淳志著
新版 建 築 基 礎 工 学
26626-9 C3052　　　A5判 244頁 本体3800円

好評を博した「建築基礎工学」の全面改訂版。〔内容〕土の分類と物理的性質／地下水の水理学／土の圧縮性・圧密／せん断強さ／土圧／地表面荷重による地中有効応力／地盤調査／基礎の設計計画／直接基礎の設計／杭基礎の設計／擁壁と山留め

福井工大 森　康男・阪大 新田保次編著
エース土木工学シリーズ
エース 土木システム計画
26471-5 C3351　　　A5判 220頁 本体3800円

土木システム計画を簡潔に解説したテキスト。〔内容〕計画とは将来を考えること／「土木システム」とは何か／土木システム計画の全体像／計画課題の発見／計画の目的・目標・範囲・制約／データ収集／分析の基本的な方法／計画の最適化／他

前阪産大 西林新蔵編著
エース土木工学シリーズ
エース 建設構造材料（改訂新版）
26479-1 C3351　　　A5判 164頁 本体3000円

土木系の学生を対象にした、わかりやすくコンパクトな教科書。改訂により最新の知見を盛り込み、近年重要な環境への配慮等にも触れた。〔内容〕総論／鉄鋼／セメント／混和材料／骨材／コンクリート／その他の建設構造材料

樗木　武・横田　漠・堤　昌文・平田登基男・
天本徳浩著
エース土木工学シリーズ
エース 交 通 工 学
26474-6 C3351　　　A5判 196頁 本体3200円

基礎的な事項から環境問題・IT化など最新の知見までを、平易かつコンパクトにまとめた交通工学テキストの決定版。〔内容〕緒論／調査と交通計画／道路網の計画／自動車交通の流れ／道路設計／舗装構造／維持管理と防災／交通の高度情報化

前名大 植下　協・前岐阜大 加藤　晃・信州大 小西純一・
北工大 間山正一著
エース土木工学シリーズ
エース 道 路 工 学
26475-3 C3351　　　A5判 228頁 本体3600円

最新のデータ・要綱から環境影響などにも配慮して丁寧に解説した教科書。〔内容〕道路の交通容量／道路の幾何学的設計／土工／舗装概論／路床と路盤／アスファルト・セメントコンクリート舗装／付属施設／道路環境／道路の維持修繕／他

田澤栄一編著　米倉亜州夫・笠井哲郎・氏家　勲・
大下英吉・橋本親典・河合研至・市坪　誠著
エース土木工学シリーズ
エース コンクリート工学（改訂新版）
26480-7 C3351　　　A5判 264頁 本体3600円

好評の旧版を最新の標準示方書に対応。〔内容〕コンクリート用材料／フレッシュ・硬化コンクリート／コンクリートの配合設計／コンクリートの製造・品質管理・検査／施工／コンクリート構造物の維持管理と補修／コンクリートと環境／他

京大 岡 二三生著
土 質 力 学
26144-8 C3051　　　　A5判 320頁 本体5200円

地盤材料である砂・粘土・軟岩などの力学特性を取り扱う地盤工学の基礎分野が土質力学である。本書は基礎的な部分も丁寧に解説し，新分野としての計算地盤工学や環境地盤工学までも体系的に展開した学部学生・院生に最適な教科書である

西村友良・杉井俊夫・佐藤研一・小林康昭・規矩大義・須網功二著
基礎から学ぶ 土 質 工 学
26153-0 C3051　　　　A5判 192頁 本体3000円

基礎からわかりやすく解説した教科書。JABEE審査対応。演習問題・解答付。〔内容〕地形と土性／基本的性質／透水／地盤内応力分布／圧密／せん断強さ／締固め／土圧／支持力／斜面安定／動的性質／軟弱地盤と地盤改良／土壌汚染と浄化

福田 正編 遠藤孝夫・武山 泰・堀井雅史・村井貞規著
交 通 工 学 （第3版）
26158-5 C3051　　　　A5判 180頁 本体3300円

基幹的な交通手段である道路交通を対象とした，交通工学のテキスト。〔内容〕都市交通計画／交通調査と交通需要予測／交通容量／交差点設計／道路の人間工学と交通安全／交通需要マネジメントと高度道路交通システム／交通と環境／他

北見工大 大島俊之編著
現代土木工学シリーズ1
構 造 力 学
26481-4 C3351　　　　A5判 224頁 本体3800円

例題を中心に，一年間のカリキュラムに対応してまとめたコンパクトなテキスト。〔内容〕力のつり合い／応力とひずみ／はりの断面力の計算／断面の性質／はりの応力とたわみ／圧縮軸力を受ける部材／エネルギーと仕事による解法／骨組構造

九大 前田潤滋・九大 山口謙太郎・九大 中原浩之著
建 築 の 構 造 力 学
26636-8 C3052　　　　B5判 208頁 本体3800円

わかりやすく解説した教科書。〔内容〕建築の構造と安全性／力の定義と釣り合い／構造解析のモデル／応力とひずみ／断面力と断面の性質／平面骨組の断面力／部材の変形／ひずみエネルギーの諸原理／マトリックス構造解析の基礎／他

巻上安爾・土屋 敬・鈴木徳行・井上 治著
土 木 施 工 法
26134-9 C3051　　　　A5判 192頁 本体3800円

大学，短大，工業高等専門学校の土木工学科の学生を対象とした教科書。図表を多く取り入れ，簡潔にまとめた。〔内容〕総説／土工／軟弱地盤工／基礎工／擁壁工／橋台・橋脚工／コンクリート工／岩石工／トンネル工／施工計画と施工管理

京大 宮川豊章・岐阜大 六郷恵哲編
土 木 材 料 学
26162-2 C3051　　　　A5判 248頁 本体3600円

コンクリートを中心に土木材料全般について，原理やメカニズムから体系的に解説するテキスト。〔内容〕基本構造と力学的性質／金属材料／高分子材料／セメント／混和材料／コンクリート（水，鉄筋腐食，変状，配合設計他）／試験法／他

港湾学術交流会編
新版 港 湾 工 学
26166-0 C3051　　　　A5判 292頁 本体3200円

東日本大震災および港湾法の改正を受け，地震・高潮・津波など防災面も重視して「港湾」を平易に解説〔内容〕港湾の役割と特徴／港湾を取り巻く自然／港湾施設の計画と建設／港湾と防災／港湾と環境／港湾施設の維持管理／港湾技術者の役割

エンジニアリング振興協会 奥村忠彦編
土木工学選書
社会インフラ新建設技術
26531-6 C3351　　　　A5判 288頁 本体5500円

従来の建設技術は品質，コスト，工期，安全を達成する事を目的としていたが，近年はこれに環境を加えることが要求されている。本書は従来の土木，機械，電気といった枠をこえ，情報，化学工学，バイオなど異分野を融合した新技術を詳述

東大 佐藤愼司編
土木工学選書
地 域 環 境 システム
26532-3 C3351　　　　A5判 260頁 本体4800円

国土の持続再生を目指して地域環境をシステムとして把握する。〔内容〕人間活動が地域環境に与えるインパクト／都市におけるエネルギーと熱のマネジメント／人間活動と有毒物質汚染／内湾の水質と生態系／水と生態系のマネジメント

日大 神田　順・東大 佐藤宏之編
東京の環境を考える
26625-2 C3052　　　　A5判 232頁 本体3400円

大都市東京を題材に，社会学，人文学，建築学，都市工学，土木工学の各分野から物理的・文化的環境を考察。新しい「環境学」の構築を試みる。〔内容〕先史時代の生活／都市空間の認知／交通／音環境／地震と台風／東京湾／変化する建築／他

岩田好一朗編著　水谷法美・青木伸一・
村上和男・関口秀夫著
役にたつ土木工学シリーズ1
海岸環境工学
26511-8 C3351　　　　B5判 184頁 本体3700円

防護・環境・利用の調和に配慮して平易に解説した教科書。〔内容〕波の基本的性質／波の変形／風波の基本的性質と風波の推算法／高潮，津波と長周期波／沿岸海域の流れ／底質移動と海岸地形／海岸構造物への波の作用／沿岸海域生態系／他

京大 小尻利治著
役にたつ土木工学シリーズ2
水資源工学
26512-5 C3351　　　　B5判 160頁 本体3400円

水資源計画・管理について基礎から実際の応用までをやさしく，わかりやすく解説。〔内容〕水資源計画の策定／利水安全度／水需給予測／流域のモデル化／水質流出モデル／総合流域管理／気象変動と渇水対策／ダムと地下水の有機的運用／他

杉山和雄著
橋の造形学
26140-0 C3051　　　　B5判 212頁 本体5000円

造形の基礎からデザイン法まで300余の図・写真を用いて解説。演習課題と解答例つき。〔内容〕思考の道具としての表示技術／形・色彩・テクスチャーの考え方／魅力づくり（橋の注視箇所，美的形式原理，橋の材料）／デザイン思想の変遷／他

北大 林川俊郎著
現代土木工学シリーズ5
橋梁工学
26485-2 C3351　　　　A5判 296頁 本体4700円

新しい耐震基準，示方書などに準拠し，充実した演習問題でわかりやすく解説した最新のテキスト。〔内容〕総論／荷重／鋼材と許容応力度／連結／床版と床組／プレートガーダー／合成げた橋／支承と付属施設／合成げた橋の設計計算例

東京都市大 三木千壽著
橋梁の疲労と破壊
—事例から学ぶ—
26159-2 C3051　　　　B5判 228頁 本体5800円

新幹線・高速道路などにおいて橋梁の劣化が進行している。その劣化は溶接欠陥・疲労強度の低さ・想定外の応力など，各種の原因が考えられる。本書は国内外の様々な事故例を教訓に合理的なメンテナンスを求めて圧倒的な図・写真で解説する

豊橋技科大 大貝　彰・豊橋技科大 宮田　譲・
阪大 青木伸一編著
都市・地域・環境概論
—持続可能な社会の創造に向けて—
26165-3 C3051　　　　A5判 224頁 本体3200円

安全・安心な地域形成，低炭素社会の実現，地域活性化，生活サービス再編など，国土づくり・地域づくり・都市づくりが抱える課題は多様である。それらに対する方策のあるべき方向性，技術者が対処すべき課題を平易に解説するテキスト。

堀田祐三子・近藤民代・阪東美智子編
これからの住まいとまち
—住む力をいかす地域生活空間の創造—
26643-6 C3052　　　　A5判 184頁 本体3200円

住宅計画・地域計画を，「住む」という意識に基づいた維持管理を実践する「住む力」という観点から捉えなおす。人の繋がり，地域の力の再生，どこに住むか，などのテーマを，震災復興や再開発などさまざまな事例を用いて解説。

日本建築学会編
図解 火災安全と建築設計
26634-4 C3052　　　　B5判 144頁 本体5000円

防災設計の基本・考え方から応用まで広範囲に解説。わかりやすいイラストや性能設計事例が多数収載され，火災の仕組みや火災安全のための技術を学ぶ。読者対象：建築を学ぶ学生から建築家・維持管理者・消防関係者・建築行政に携わる人

柏原士郎・田中直人・吉村英祐・横田隆司・阪田弘一・
木多彩子・飯田　匡・増田敬治他著
建築デザインと環境計画
26629-0 C3052　　　　B5判 208頁 本体4800円

建築物をデザインするには安全・福祉・機能性・文化など環境との接点が課題となる。本書は大量の図・写真を示して読者に役立つ体系を提示。〔内容〕環境要素と建築のデザイン／省エネルギー／環境の管理／高齢者対策／環境工学の基礎

前東工大 池田駿介・名大 林　良嗣・前京大 嘉門雅史・東大 磯部雅彦・前東工大 川島一彦編

新領域 土木工学ハンドブック（普及版）

26163-9　C3051　　　　B 5 判　1120頁　本体28500円

〔内容〕総論（土木工学概論，歴史的視点，土木および技術者の役割）／土木工学を取り巻くシステム（自然・生態，社会・経済，土地空間，社会基盤，地球環境）／社会基盤整備の技術（設計論，高度防災，高機能材料，高度建設技術，維持管理・更新，アメニティ，交通政策・技術，新空間利用，調査・解析）／環境保全・創造（地球・地域環境，環境評価・政策，環境創造，省エネ・省資源技術）／建設プロジェクト（プロジェクト評価・実施，建設マネジメント，アカウンタビリティ，グローバル化）

西林新蔵・小柳　治・渡邉史夫・宮川豊章編

コンクリート工学ハンドブック

26013-7　C3051　　　　B 5 判　1536頁　本体65000円

1981年刊行で，高い評価を受けた「改訂新版コンクリート工学ハンドブック」の全面改訂版。多様化，高性能・高機能化した近年のめざましい進歩・発展を取り入れ，基礎から最新の成果までを網羅して，内容の充実・一新をはかり，研究者から現場技術者に至る広い範囲の読者のニーズに応える。21世紀をしかと見据えたマイルストーンとしての役割を果たす本。〔内容〕材料編／コンクリート編／コンクリート製品編／施工編／構造物の維持，管理と補修・補強／付：実験計画法

京大 宮川豊章総編集
東工大 大即信明・理科大 清水昭之・前大林組 小柳光生・東亜建設工業 守分敦郎・中日本高速道路 上東　泰編

コンクリート補修・補強ハンドブック

26156-1　C3051　　　　B 5 判　664頁　本体26000円

コンクリート構造物の塩害や凍害等さまざまな劣化のメカニズムから説き起こし，剥離やひび割れ等の劣化の診断・評価・判定，測定手法を詳述。実務現場からの有益な事例，失敗事例を紹介し，土木・建築双方からアプローチする。土木構造物では，橋梁・高架橋，港湾構造物，下水道施設，トンネル，ダム，農業用水路等，建築構造物では集合住宅，工場・倉庫，事務所・店舗等の一般建築物に焦点をあて，それぞれの劣化評価法から補修・補強工法を写真・図を多用し解説

前京大 嘉門雅史・前東工大 日下部治・岡山大 西垣　誠編

地盤環境工学ハンドブック

26152-3　C3051　　　　B 5 判　568頁　本体23000円

「安全」「防災」がこれからの時代のキーワードである。本書は前半で基礎的知識を説明したあと，緑地・生態系・景観・耐震・耐振・道路・インフラ・水環境・土壌汚染・液状化・廃棄物など，地盤と環境との関連を体系的に解説。〔内容〕地盤を巡る環境問題／地球環境の保全／地盤の基礎知識／地盤情報の調査／地下空間環境の活用／地盤環境災害／建設工事に伴う地盤環境問題／地盤の汚染と対策／建設発生土と廃棄物／廃棄物の最終処分と埋め立て地盤／水域の地盤環境／付録

日本免震構造協会編

設計者のための 免震・制震構造ハンドブック

26642-9　C3052　　　　B 5 判　312頁　本体7400円

2012年に東京スカイツリーが完成し，大都市圏ではビルの高層化・大型化が加速度的に進んでいる。このような状況の中，地震が多い日本においては，高層建築物には耐震だけでなく，免震や制震の技術が今後ますます必要かつ重要になってくるのは明らかである。本書は，建築の設計に携わる方々のために「免震と制震技術」について，共通編，免震編，制震編に分け必要事項を網羅し，図や写真を豊富に用いてわかりやすく，実際的にまとめた。各種特性も多数収載。

工学院大 長澤　泰・日大 神田　順・前東大 大野秀敏・
前東大 坂本雄三・東大 松村秀一・東大 藤井恵介編

建 築 大 百 科 事 典

26633-7 C3552　　　　B 5 判 720頁 本体28000円

「都市再生」を鍵に見開き形式で構成する新視点の総合事典。ユニークかつ魅力的なテーマを満載。〔内容〕安全・防災（日本の地震環境，建築時の労働災害，シェルター他）／ストック再生（建築の寿命，古い建物はどこまで強くなるのか？他）／各種施設（競技場は他に何に使えるか？，オペラ劇場の舞台裏他）／教育（豊かな保育空間をつくる，21世紀のキャンパス計画他）／建築史（ルネサンスとマニエリスム，京都御所他）／文化（場所の記憶―ゲニウス・ロキ，能舞台，路地の形式他）／他

京大 古阪秀三総編集

建 築 生 産 ハ ン ド ブ ッ ク

26628-3 C3052　　　　B 5 判 724頁 本体32000円

建築の企画・設計やマネジメントの領域にまで踏み込んだ新しいハンドブック。設計と生産の相互関係や発注者側からの視点などを重視。コラム付。〔内容〕第1部：総説（建築市場／社会のしくみ／システムとプロセス他）第2部：生産システム（契約・調達方式／参画者の仕事／施設別生産システム他）第3部：プロジェクトマネジメント（PM・CM／業務／技術／契約法務他）第4部：設計（プロセス／設計図書／エンジニアリング他）第5部：施工（計画／管理／各種工事／特殊構工法他）

前千葉大 丸田頼一編

環 境 都 市 計 画 事 典

18018-3 C3540　　　　A 5 判 536頁 本体18000円

様々な都市環境問題が存在する現在においては，都市活動を支える水や物質を循環的に利用し，エネルギーを効率的に利用するためのシステムを導入するとともに，都市の中に自然を保全・創出し生態系に準じたシステムを構築することにより，自立的・安定的な生態系循環を取り戻した都市，すなわち「環境都市」の構築が模索されている。本書は環境都市計画に関連する約250の重要事項について解説。〔内容〕環境都市構築の意義／市街地整備／道路緑化／老人福祉／環境税／他

東大 西村幸夫編著

まちづくり学
―アイディアから実現までのプロセス―

26632-0 C3052　　　　B 5 判 128頁 本体2900円

単なる概念・事例の紹介ではなく，住民の視点に立ったモデルやプロセスを提示。〔内容〕まちづくりとは何か／枠組みと技法／まちづくり諸活動／まちづくり支援／公平性と透明性／行政・住民・専門家／マネジメント技法／サポートシステム

東大 西村幸夫・工学院大 大野澤　康編

まちの見方・調べ方
―地域づくりのための調査法入門―

26637-5 C3052　　　　B 5 判 164頁 本体3200円

地域づくりに向けた「現場主義」の調査方法を解説。〔内容〕1.事実を知る（歴史，地形，生活，計画など），2.現場で考える（ワークショップ，聞き取り，地域資源，課題の抽出など），3.現象を解釈する（各種統計手法，住環境・景観分析，GISなど）

日本都市計画学会編

60プロジェクトによむ 日本の都市づくり

26638-2 C3052　　　　B 5 判 240頁 本体4300円

日本の都市づくり60年の歴史を戦後60年の歴史と重ねながら，その時々にどのような都市を構想し何を実現してきたかについて，60の主要プロジェクトを通して骨太に確認・評価しつつ，新たな時代に入ったこれからの都市づくりを展望する。

千葉大 宮脇　勝著

ランドスケープと都市デザイン
―風景計画のこれから―

26641-2 C3052　　　　B 5 判 152頁 本体3200円

ランドスケープは人々が感じる場所のイメージであり，住み，訪れる場所すべてを対象とする。考え方，景観法などの制度，問題を国内外の事例を通して解説〔内容〕ランドスケープとは何か／特性と知覚／風景計画／都市デザイン／制度と課題

上記価格（税別）は 2016 年 10 月現在